国家重点研发计划 NQI 项目 2018YFF0213200

“支撑重大环保设施高质高效运营的关键技术标准研究及应用”专著

# 支撑重大水污染防治和固废处理处置设施高质高效运行的关键技术标准研究

黄进 张晓昕 褚华强 郭玉文 徐秉声 著

中国质量标准出版传媒有限公司
中 国 标 准 出 版 社

北 京

**图书在版编目（CIP）数据**

支撑重大水污染防治和固废处理处置设施高质高效运行的关键技术标准研究 / 黄进等著 . -- 北京：中国质量标准出版传媒有限公司，2024.9. --ISBN 978-7-5026-5399-6

Ⅰ. X703；X705

中国国家版本馆 CIP 数据核字第 20244653ES 号

中国质量标准出版传媒有限公司<br>中　国　标　准　出　版　社　出版发行

北京市朝阳区和平里西街甲 2 号（100029）

北京市西城区三里河北街 16 号（100045）

网址：www. spc. net. cn

总编室：（010）68533533　发行中心：（010）51780238

读者服务部：（010）68523946

北京九州迅驰传媒文化有限公司印刷

各地新华书店经销

*

开本 787×1092　1/16　印张 14.25　字数 260 千字

2024 年 9 月第一版　　2024 年 9 月第一次印刷

*

定价：85.00 元

# 著书人员


| | | | | |
|---|---|---|---|---|
| 黄　进 | 张晓昕 | 褚华强 | 郭玉文 | 徐秉声 |
| 姚　杨 | 阮久莉 | 林　翎 | 吴德礼 | 马　放 |
| 郑　洋 | 孙玉亭 | 张建强 | 候　姗 | 孙阳阳 |
| 刘　静 | 李山梅 | 李恩超 | | |

# PREFACE 前言

随着我国经济的迅速发展，资源大量消耗与环境污染问题日益凸显，污染物排放量仍处于高位，污染不断加剧，在环境治理工作取得部分进展的同时形势依然十分严峻。“十三五”期间，我国的生态环境问题正式迈入多型叠加期，生态环境质量进入缓慢改善期，污染治理主体承受能力步入下调期，公众环境诉求处于高涨期。国务院发布的《“十三五”节能减排综合工作方案》（国发〔2016〕74 号）中明确提出：到 2020 年，全国所有城市、县城污水处理率分别达到 95%、85% 左右，工业固体废物综合利用率达到 73% 以上。当前，以标准为引领，推动环境污染治理工作有效开展，进而通过技术耦合探讨、确立行之有效的成套集成解决方案已刻不容缓。

我国环境保护产业面临新情况、新挑战，规范并提高污染治理装备运行效率，形成装备及系统设施高效、安全运营最优条件是实现“十三五”乃至“十四五”期间减排工作目标的重要途径。目前，环境污染治理效果差，一方面主要是因为用于规范污染控制环保装备运行和评估的标准化研究工作未及时跟进，未能对污染治理设施的环保、经济、稳定可靠指标等进行系统全面的规范；另一方面，由于缺乏系统高效运行最优解决方案的指导，导致环保装备总体运行效果差，多地出现污染治理设施限制或间歇运行、形同虚设，完全实现不了污染物达标排放要求，治理工程运行效果及环境服务企业运营水平缺乏评判依据，造成企业污染处理效果与预期成果存在明显差异，环保设施的集成化运营、科学化管理问题逐渐成为阻碍我国环保治理工作的又一大难题，严重制约了我国节能减排战略的实施。由此可见，环保装备是环保技术的重要载体，环保装备成套解决方案则是环保产业发展的核心内容，推动环保装备运行效果的集成化发展是实现环境污染治理的重要途径。

为充分发挥标准化对于产业发展的规范和引领作用，以及在推进国家环境治理体系和环境治理能力现代化建设中的基础性、战略性作用，有效缓解环境压力，切实提高环境质量，2018 年 7 月，国家“十三五”重点研发计划专门设置了质量基础设施 NQI 项目 2018YFF0213200“支撑重大环保设施高质高效运营的关键技术标准研究及应用”。本项目针对当前我国污水处理、固废处理处置领域环保装备自主创新能力不足、高质高端技术装备供给能力不强、成套系统设施运行效果欠佳等现状，通过对典型行业污水处理和固废处理处置重大环保装备和系统设施运行效果的调研、监测和分析，形成高效能污水处理和固废处理处置重大环保装备综合性能评价，以及重大环保系统设施运行效果评价的模型、方法学和相关标准；形成重大环保装备和系统设施优化控制集成解决方案与应用指南，使污水处理、固废处理处置领域重大环保装备和新材料的质量、能效、高效能评价及系统设施运行效果监测与评价技术标准和污染物排放标准有效衔接，以实现高效能环保装备的生产、使用及环保设施的高质高效运营支撑污染物达标排放和环境质量的切实提升。研究成果产出包括涵盖污水处理、固废处理处置重大环保装备和产品的性能质量、技术工艺、高效能评价及系统设施运行效果评价方面的国家标准，高效能污水处理和固废处理处置工艺及装备评价、典型行业污水处理和固废处理处置环保系统设施运行效果评价、典型行业污水处理和固废处理处置重大环保装备和系统设施优化控制集成解决方案等，对促进环保产业的健康发展具有重要意义。

本书总结了该项目的研究成果，共分为 5 章。第 1 章“绪论”，阐述了我国污水处理及固废处置产业现状、污水处理及固废处置标准化现状和标准面临的问题及需求；第 2 章“高效能污水处理与回用工艺及装备评价技术标准研究”，阐述了污水处理用厌氧消化成套装置、高级氧化芬顿系统设施运行效果评价、成套生活污水处理装置、电镀废水高效处理与回用技术、高效能旋转曝气机评价、高效能中空纤维超滤膜评价等技术标准的研究；第3章“典型行业污水处理环保系统设施运行效果评价技术标准研究”，阐述了印染废水深度处理系统设施、市政污水综合处理系统设施、城镇污水MBR（膜生物反应器）处理工艺系统设施、高盐废水膜法处理模块化装备等运行效果评价技术标准的研究；第4章“高效能固废处理处置工艺及装备评价技术标准研究”，阐述了回转窑回收次氧化锌工艺技术、建材用回转窑水淬渣产品、等离子体处理危险废物技术及评价、高效能炉排炉评价等技术标准的研究；第5章“典型行业固废处理处置环保系统设施运行效果评价技术标准研究”，阐述了固废处理循环流化床装备、回转窑回收次氧化锌装备、污泥热解资源化成套装备等运行效果评价等技术标准的研究。参与本项目研究的单位包括中国标准化研究院、同济大学、中国环境科学研究院、中国循环经济协会、生态环境部固体废物与化学品管理技术中心、哈尔滨工业大学宜兴环保研究院、山东省标准化研究院、西南交通大学、宝山钢铁股份有限公司等。

本书可供污水处理、固废处理处置领域环保装备生产企业、用户、设计单位、工程服务单位、检测机构、政府管理部门、大专院校和科研机构等从事污水治理和固废处理处置行业的相关人员参考使用。本书撰写过程中得到了科技部、市场监管总局和国家标准委有关部门及领导的大力支持，在此表示衷心的感谢！

由于时间仓促，书中内容难免存在疏漏之处，敬请广大读者批评指正。

“支撑重大环保设施高质高效运营的关键技术标准研究及应用”项目组

2024年2月

CONTENTS 目录

# 1 绪论

## 1.1 我国污水处理及固废处置产业现状

### 1.1.1 污水处理装备行业现状

#### 1.1.1.1 厌氧消化成套装置行业现状

在废水治理领域，欧洲国家主要是投入巨资对工业化进程和经济发展带来的水污染进行治理。我国的废水排放量巨大，化工、冶金、印染、电镀等是我国废水治理中问题突出、重点整治的行业，具有废水产生量大、水质组分复杂、浓度高、降解难等特性，需要多种工艺的系统集成和技术耦合。

厌氧生物法是利用兼性厌氧菌和专性厌氧菌将有机物降解为$CH_4$、$CO_2$等的一种生物处理法，其与好氧处理相比有以下优点：不需充氧、能耗低、污泥量小、所需氮磷元素少、运行费用低，而且$CH_4$是一种有用的终产物。一般认为，当原污水中重铬酸盐需氧量（$COD_{Cr}$）在1000mg/L时，厌氧与好氧生物处理技术费用相当；当污水中$COD_{Cr}$达到4000mg/L时，采用厌氧处理就会有能量剩余，而且当采用高效厌氧反应器时，COD容积负荷可高达15～100kg/（$m^3$·d）。所以说，厌氧法是处理高浓度有机废水的一种切实有效的方法。厌氧生物法已有100多年历史，其发展经历了三个阶段，其中第二代厌氧生物处理工艺以升流式厌氧反应器（UASB）为代表，第三代厌氧反应器以厌氧颗粒污泥膨胀床反应器（EGSB）、内循环厌氧反应器（IC）等为代表。

高浓度有机废水厌氧消化成套装置，是专门针对高浓度有机废水处理开发的。该装置具有进水要求宽松、预处理要求低、使用寿命长、耐冲击、系统稳定、效率高、沼气资源化、能耗低等显著特点，被广泛应用在化工行业、食品行业生产排放的废水及畜牧业生产过程中的尿粪废水等的处理，这些废水的特点是成分复杂，化学需氧量（COD）、生化需氧量（BOD）、悬浮物（SS）含量高，如大量排放，将对水环境造成严重污染。

目前，厌氧消化成套装置还缺少相应的技术标准加以规范，装备和产品质量参差不齐，非标产品充斥，高质高端高效装备供给不足。在以往的污水厂处理工艺和运行管理中，技术人员由于缺乏理论指导，在设计中存在缺陷，导致很大的资源浪费。

随着环保政策对废水排放指标的要求更加严格，以及厌氧消化工艺处理高浓度有机废水的技术不断进步，国内多家公司致力于相关产品的创新及研发，解决了高浓度有机废水厌氧消化成套装置设计、生产的技术难题。

#### 1.1.1.2 高级氧化芬顿技术行业现状

在废水处理工程中，氧化芬顿法可用于生物处理前的预处理，也可用于深度处理；可作为一个独立单元用于氧化降解废水，也可与其他技术相互结合处理废水。比如与生物法、活性炭吸附法、混凝沉淀法等结合，可达到较好的处理效果。我国工业废水的排放量不断增加，这些废水中大多含有毒有害且难生物降解的污染物，这些污染物不易去除分离。芬顿反应作为一种非常有效的废水处理手段，既可以在废水处理的中段提高废水的可生化性，同时又可以在系统的末端对污水进行深度处理，再配合其他处理技术以达到中水回用，可以实现循环利用的目标。高级氧化芬顿技术具有处理速率快、降解效率高、适用范围广等优点，广泛应用于废水处理领域，特别是造纸、皮革、印染等难降解工业废水处理领域。

目前国内尚未建立高级氧化芬顿系统运行效果评价相关标准，对高级氧化芬顿系统各个环节的目标要求、运行效果的理解上还存在较大的随意性、主观性，工程设计的偏差大，部分设施实际运行难以达到预期效果。环保装备的质量、能效、环保和安全等方面性能参差不齐，缺乏科学的综合评价方法和评价标准，无法支撑高级氧化芬顿系统经济环保、高效稳定、安全可靠地运行。

#### 1.1.1.3 成套污水处理装置行业现状

发展集预处理、二级处理和深度处理于一体的中小型成套污水处理装置，是国内外污水分散处理发展的一种趋势。日本对小型污水净化槽的研究比较早，日本法律规定，凡是使用了水冲式厕所而没有下水道系统的地区，均应安装净化槽。自1955年起，日本就开始实行中水回用，中水回用设施建设在1980年后发展速度加快。在日本，约有66%的用户使用Gappei-shori净化槽或者集中处理系统处理生活污水。目前，日本安装有约800万个小型净化槽，服务人口约3600万，在缺乏排水系统的偏远乡村应用比较成熟。小型净化槽主要采用厌氧滤池与接触曝气池、生物滤池或移动床接触滤池的结合工艺，当前研究的热点问题是如何提高小型净化槽的脱氮除磷效果。欧洲许多国家也根据本国特点开发了不同形式的小型污水处理装置。例如在挪威，居民房屋分布比较分散，很多是建立在岩石上，无法通过土地渗滤进行污水处理，故发展了以 SBR（序批式活性污泥法）、移动床生物膜反应器、生物转盘、滴滤池技术为主，并结合化学絮凝除磷的集成式小型污水净化装置，如 Uponor、BioTrap 和 Biovac 等工艺设备。

污水处理设备是城市污水处理厂建设的基本组成部分。一般而言，污水处理设备的投资占污水处理厂全部建设投资的 35%～50%。显然，在城市污水处理厂建设市场中，污水处理设备的巨大市场不容忽视。近几年来，我国在城市污水处理厂利用外资的项目建设上，暴露出了一些问题，主要包括：在技术和成套装备的引进方面，无序引进和重复引进现象突出；国内环保企业因各种原因被挤出污水处理设备市场，许多老牌水处理设备制造厂因此陷入困境；以高出国产设备 3 倍至 6 倍的高价采购国外设备，使城市污水处理厂的建设投资增加了 20%～30%，等等。

#### 1.1.1.4　电镀废水高效处理与回用行业现状

由于电镀废水的产生量很大，虽然经处理后可以达到国家规定的排放标准，但排入水体的重金属离子的总量并不低，对水环境的影响仍不可忽视。因此，近年来国家对电镀行业的中水回用作出了具体的规定。中水回用虽然给企业的废水处理增加了难度，但这项工作做好了，会给企业带来实际的经济利益，应当引起企业足够的重视。

要做到中水回用，回用水指标的控制是最主要的。回用水指标的确定与废水的分类处理程度有很大关系。如果分类做得好，并能做到槽边实时处理，那么，只要针对性地将不利于该工序的成分去除就可以了。但是，如果出水是综合废水，那么对回用水的要求就会较高，难度会增加，常常需要根据不同的用途制定不同的指标。具体来说，对中水的金属离子含量、盐浓度及酸碱度等都要有合理的规定。

迄今为止，用于中水回用最可行的技术是离子交换法和膜分离法。虽然这两种方法的初期投资较大，但中水回用会给企业带来经济效益，而且对水资源综合利用和环境保护也有很大的贡献，因此，应该在一些经济实力较强的企业中大力提倡和推广。

（1）离子交换技术

近年来，随着科技的发展，离子交换树脂的交换容量和使用寿命均得到大幅改善，这一古老的技术又开始得到人们的青睐。经离子交换树脂处理后的水，离子含量极低，电导率甚至低于自来水，因此，被广泛用于中水回用。有的厂家声称用离子交换树脂可以做到中水的回用，但是这样的表述不完全正确，因为在电镀废水中除了离子外还存在其他污染物（如前期污水中主要的污染物是油脂和洗涤剂），在镀件漂洗水中也还存在许多电镀添加剂（如光亮剂等），而这些物质的去除需要采用其他的方法（如生物法等）。所以要做到百分之百回用，还是需要多种处理技术的配合，包括膜分离技术等。实际上，从中水回用的角度而言，离子交换树脂最佳的使用条件是建立槽边处理系统，使处理后的水直接回到原槽使用。如果生产厂家能降低自控系统的成本，这一技术的推广应该是很有前途的。

建立槽边回用系统，还有可能做到重金属的回收，减少污泥的处置费用。离子交换树脂使用过程中存在的最大困难是再生水的处理。当树脂交换饱和后需要用酸碱或碱金属盐类对树脂进行再生，产生的溶液不但酸碱度高，而且离子含量很高。虽然量小，但处置费用极高，若处置不当，会对环境造成二次污染。但如能做到槽边处理，重金属离子的含量比较单一，从再生水中回收重金属相对于处理费用来说可能更低、更合理。

（2）膜分离技术

膜分离技术用于电镀废水处理不但能有效截留离子，而且还能截留有机污染物或其他无机污染物，经膜处理的水水质一般都很好，可以达到饮用水的标准。常用的方法有纳滤和反渗透，以及与离子交换作用类似的电渗析和 EDI（连续电除盐）。由于投资和运行费用的问题，目前在电镀行业中水回用中使用较多的还是纳滤和反渗透。与反渗透相比，纳滤的运行压力低、流量大，且能去除高价离子，但是出水水质稍差，因此，应在纳滤后加一级反渗透，以降低投资成本、提高分离效率。

近年来，许多使用厂家对膜分离用于中水回用的评价都不是很好，原因是膜在使用过程中容易被污染，维护管理比较繁琐，同时膜的使用寿命相对较低，增加了运行成本。要解决这些问题，除了在设计中增加必要的预处理系统，以减小膜的污染、增加膜的使用寿命外，还可以使用下列方法：

a）大多数膜分离系统都用于混合水的系统，即在废水处理系统中同时包含前期水和电镀车间出来的废水。由于前期洗涤水中含有的是表面活性剂和油脂等有机污染物，它们的含量又较低，大多在纳管排放的范围内，经絮凝简单处理后，COD 会有所降低，结果在设计时就忽略了这些少量存在的有机污染物对膜的污染作用。所以，在中水回用处理时，可考虑将这部分废水分开处理，并纳管排放，或是将这部分废水先经过有效的生物处理，使 COD 降至 50mg/L 以下，甚至更低，再进入膜处理系统，以减轻膜的负荷。

b）大多数膜系统都是与中和沉淀法配套使用，即在膜处理前，先用中和沉淀的方法去除重金属离子。但中和沉淀会在系统中引入碱金属离子，它们虽然不会影响到水质和水的排放，但是却增加了废水的离子强度。实际上是增加了反渗透膜（RO 膜）的处理负荷。所以，在用膜分离的方法进行中水回用处理，特别是采用反渗透的方法来制备回用水时，完全有可能不需要经中和处理，而是将废水经过必要的前处理去除颗粒性的杂质后，直接进入膜系统净化，反而更加有效。另外要注意的是，有些离子（如铜离子）对膜有一定的破坏作用，对于这些离子，应采用沉淀的方法事先去除。

#### 1.1.1.5 污水处理用曝气机行业现状

污水处理用旋转曝气机主要是指由电动机驱动的机械旋转曝气机，按安装形式可分为立（竖）轴式（主要是倒伞型和泵型）旋转曝气机、卧轴式（主要是转碟和转刷）旋转曝气机和自吸式叶轮曝气机。旋转曝气机由电动机驱动减速机带动曝气叶轮在水体中旋转，搅动泥水混合体，并将其抛向空中，使其与空气接触，水中的氧含量低，空气中的氧便迅速地溶入水珠或水滴中，提高水中的溶解氧含量，完成氧的传质转移。同时，来不及溶入水的氧（空气）又被水体挟裹入水，进一步在水体中完成氧的传质转移，从而达到扬水并挟裹空气的目的（自吸式叶轮曝气机是通过叶轮高速旋转产生负压，利用负压将空气自动吸入后，在曝气机混合腔中与水体充分接触混合后再释放到水体中），使空气中的氧能快速溶入水中。水体中的溶解氧一方面使污水中的有机物得到充分的氧化分解，同时又为好氧微生物提供生命源。

（1）立轴式旋转曝气机的发展

国外的污水处理用立轴式旋转曝气机起源于 20 世纪 60 年代，以荷兰 DHV 型、美国 EIMCO 公司研发的休伯特型为代表的第一代倒伞型表面曝气机，理论动力效率（以 $O_2$ 计，下同）仅为 1.8～2.1kg/kWh［注：曝气机的性能评价一贯用“理论动力效率”或“动力效率”两项指标衡量，理论动力效率是曝气机的技术指标，以轴功率计算，即曝气叶轮每消耗 1kWh 的电能向水体充入的氧含量；而动力效率为经济指标，也是能效指标，是考核曝气设备整个系统的性能指标，即曝气设备（包括电动机、减速机、传动部件）系统消耗 1kWh 的电能实际向水体充入的溶解氧含量］；到 2001 年，美国西方技术公司研制出 LANDY-7 型立轴式旋转曝气机，其曝气充氧能力有了较明显的提高，理论动力效率达 2.5～2.7kg /kWh。

国内立轴式旋转曝气机起步于 20 世纪 80 年代，初始仿制引进荷兰 DHV 型、美国 EIMCO 公司休伯特型立轴式旋转曝气机，因为当时对曝气机认识不足，并未能掌握曝气技术的精髓，现场应用过程中表现出的共性问题为曝气充氧能力满足不了设计需求，且能耗较高；立轴式曝气核心技术一直未能突破，加之制造企业在生产、制造、检验能力和检测手段方面还很欠缺，故国产的立轴式旋转曝气设备无论从设计、还是制造的内在质量、技术性能方面都逊于进口设备。随着《中华人民共和国节约能源法》的实施，国内的部分曝气设备制造企业感到压力倍增，纷纷加大了研发力度。

国内关于立轴式旋转曝气机的国家标准和行业标准有多种版本，但所有标准中规定的动力效率都偏低，如 JB/T 10670—2014《倒伞型表面曝气机》中规定的动力效率仅为 2.2kg/kWh。这种低效能产品重复生产，严重制约了行业水平的提升。

（2）卧轴式旋转曝气机的发展

20 世纪 70 年代，卧轴式旋转曝气机在南非伴随着 Orbal 氧化沟开始应用，由美国 Envirex 公司推广。因为卧轴式旋转曝气机与水平面平行，而且在氧化沟中呈接力式安装运行，与立轴式旋转曝气机相比，其推流功能略占优势，曾在一段时间内得到较广泛的应用。在相同能源消耗条件下，卧轴式旋转曝气机的曝气充氧性能逊于立轴式旋转曝气设备。

国内的卧轴式旋转曝气机的发展初期以仿制为主。卧轴式曝气转碟为塑料一次性成型件，国内一些企业将曝气转碟制作成了“标准件”，因这类企业并非是专业的曝气设备研发企业，对曝气转碟的工作原理也未完全领悟，这种曝气转碟只能满足一般性的曝气需求，并没有真正达到节能、降耗、增效的目的。一些从事曝气设备销售的企业只需采购齐全电动机、减速机、传动轴及曝气转碟即可进行简易组装并可销售、应用。随着这种“标配式”的曝气转碟的诞生，卧轴式旋转曝气设备具有了成本低、供货快的特点，基本满足低价位竞争需求。

因为卧轴式旋转曝气机兼有推流功能，其曝气充氧能力相对较弱。国内一些企业为创建自己的品牌走创新模式，在曝气转碟上进行改进，如在扬水凸块的结构、形状、排布规律等方面进行了不同的创新设计，使卧轴式旋转曝气设备的曝气充氧能力（能效比值）较发展初期有明显的提升；还有少部分企业颠覆性地创新设计了与传统的曝气转碟结构完全不同新型曝气转碟，能效比值显著提高。

国内从 1998 年起便开始编制卧轴式旋转曝气机的产品标准，但在标准编制过程中存在保守、固步不前现象，如在 CJ/T 294—2018《转碟曝气机》中规定理论动力效率仅为 2.1～2.5kg/kWh（动力效率或能效比值仅为 1.7～2.0kg/kWh），与卧轴式旋转曝气机的创新发展明显脱节，变相保护了那些低产能设备，严重浪费了能源。

（3）自吸式叶轮曝气机的发展

自吸式叶轮曝气机属于底层曝气设备，一般用于工业污水处理项目且沟型较深的场合。自吸式叶轮曝气机工作时通过叶轮的高速旋转产生负压，从而将空气从管道吸入，在混合室内与水体相遇并充分混合、转移后再释放到水体，达到提高水体溶解氧含量的目的。因为叶轮需要高速运转才能产生足够的负压，所以叶轮直径不可能设计得很大，自吸式叶轮曝气机的额定功率一般不超过45kW。

目前，自吸式叶轮曝气机的配套电动机均为非标准能效电动机，因此，普遍效率较低，曝气充氧效果也很差。GB/T 27872—2011《潜水曝气机》即基于非标准能效电动机制定的，标准中规定的动力效率仅为0.64～0.85kg/kWh，导致低水平、低效率产品被重复性生产、应用，能源浪费现象非常严重。

#### 1.1.1.6 分离膜 / 中空纤维膜行业现状

膜处理技术是最具发展前景的高新技术之一，具有工艺流程短、抗负荷冲击能力强、出水水质稳定、占地面积小、易实现自动控制等特点，有效弥补了传统污水处理工艺的不足。目前，该技术已广泛应用于污水处理及再生水处理、自来水处理、工业水回用、海水淡化等领域，成为水处理工艺中不可或缺的关键技术。如高性能反渗透膜材料，可以大幅降低膜法制水成本，解决沿海地区缺水问题；高性能水质净化膜材料，可以提高自来水水质，保障人民身体健康；高强度、抗污染的膜生物反应器专用膜材料，可以实现市政污水回用，解决城市缺水问题；离子交换膜具有离子选择透过性，可用于氯碱电解、储能电池、氢燃料电池等新能源领域。高性能膜材料和膜技术已经成为解决水资源、能源、环境等重大问题的共性技术之一，膜材料的应用覆盖面在一定程度上反映一个国家在过程工业、能源利用和环境保护等方面的水平。

中空纤维膜是分离膜领域的一个重要分支，已广泛应用于水处理各相关领域。经过多年的发展，我国分离膜市场已逐渐走向成熟，各种膜技术在海水淡化、给水处理及污水回用等领域的应用规模迅速扩大，膜产业被国家定位为战略性新兴产业，得到了国家的高度重视和支持，膜产业迅速崛起。在21世纪，膜工业更是迎来了黄金发展期，一方面作为新材料的膜材料规模还有扩张的机会，另一方面传统转型升级的冲力和带动越来越大，膜产业“无孔不入”。调整产业结构、促进产业升级、发展循环经济等战略都给膜行业带来很大的机遇。

据统计，90%的膜技术应用在水处理领域，从发展形势和需求看，节能减排和工业流程再造对膜产业需求旺盛。《中国膜行业“十三五”战略发展规划》中指出，“十三五”期间膜产业的年增长速度在20%左右，到2020年达到2500亿～3000亿元的规模，其中膜产品年出口产值超过100亿元。中国膜工业力争实现“着力培育龙头企业”的目标，即培育10家年产值50亿～100亿元的企业、20家年产值10亿～

50亿元的企业，30家年产值2亿～10亿元的企业；布局若干膜产业集聚区，推动集群创新，显著提升产业的附加值，氯碱工业用的离子膜、海水淡化反渗透膜、高分子超微滤膜等重要膜品种的国内市场占有率提高30%以上。市场销售膜产品标准化覆盖率达80%以上，膜生产企业将实现有标准生产。由此可以看出，今后我国将重点突破海水淡化用高性能反渗透膜材料、高性能分离膜材料、离子交换膜材料等关键技术，以此推动膜材料在饮用水水质安全、污水达标排放、废水再生回用及海水淡化等水处理行业的应用。

#### 1.1.1.7 精细化工纺织印染行业现状

纺织工业作为我国传统优势支柱产业和重要民生产业，占全国工业总产值的3.60%，直接与间接从业人员1.22亿，中国现已发展成为全球第一大纺织品生产国和出口国，产量超过世界总量的50%，国际市场占有率超过1/3，未来仍将在国民经济中占重要地位。印染作为纺织工业产业链的必需、关键中间环节，是纺织品深加工、精加工和提高附加值的关键行业。我国印染行业整体运营平稳，要素成本下行叠加技术升级，整体上呈现出供给收缩、价升量减、区域集中度高的局面。

当前我国纺织印染行业发展总体存在以下问题：①行业集中度偏低，产业布局不合理；②国际竞争加剧；③技术创新能力不足，品牌附加值低；④废水及污染物排放量大，水污染治理难度大。近年来，纺织行业废水排放量约为21亿t，占全国工业行业废水排放量的14%，位居全国第三；COD排放量每年约20.6万t，在全国工业行业中占比11%，位居全国第四。其中，印染是废水及污染物排放量最大的环节，占纺织业的80%左右。印染行业的低利润率特征与废水治理的高标准要求制约了印染行业的可持续发展，因此，建立适用的印染废水相关污染治理运行设施评价标准尤为重要。

#### 1.1.1.8 市政污水处理技术行业现状

尽管我国的污水处理行业发展迅速，也取得了举世瞩目的成就，但是目前仍然有很多问题需要解决。未来我国污水处理行业的主要发展前景就是破解这些关键性问题，使污水处理在产生巨大的环境效益的同时也能成为一种新兴的资源。

（1）污水处理规模将得到持续快速的增长

截至2017年，我国城镇污水处理厂累计有4436座，污水处理能力达1.57亿$m^3$/d，全国累计污水处理量达462.6亿$m^3$，削减COD 1180.08万t、氨氮109.63万t。在污水处理工艺上，常用的有氧化沟工艺、活性污泥法工艺、SBR工艺、百乐克类工艺、A/O 类及其改良工艺、生物膜工艺和人工湿地类工艺等。根据《"十三五"全国城镇污水处理及再生利用设施建设规划》，我国城镇污水排放量随着城镇化发展呈逐年上升趋势，占全国废水排放总量的比例也越来越大，加强水污染防范与城镇污水治理是"十三五"期间环境治理的重点内容。"十三五"期间，城镇污水处理能力提升至 2.68 亿 $m^3/d$，新增污水处理设施投资金额达 1506 亿元。

（2）对现有污水处理厂实施提标改造

通过对发达国家的污水处理情况的调查研究发现，污水处理的发展趋势是持续不断地加强污水处理的深度。在我国目前已经投入使用的污水处理厂中，满足一级 A 标准设计和一级 B 标准设计的约占污水处理厂总处理能力的 56%，其中按一级 A 标准设计具有脱氮除磷功能的占 12%，按一级 B 标准设计的占 44%，按二级标准设计的占 35%。但是，这些按二级标准设计的污水处理厂不具有脱氮除磷功能。随着国家对水体环境质量的标准越来越严格，污水处理厂必须进一步提高污染物的去除率，因此，就必须要完善脱氮除磷设施和功能。也就是说，部分按照一级 B 标准设计的污水处理厂，必须要将排放标准提升到一级 A；按二级标准建设的污水处理厂，必须要将排放标准提高到一级 B 或一级 A。目前，国内许多城市，例如北京的污水处理厂正在实施提标改造，设计的出水水质可以达到超深度的处理水平。此外，基于水资源的可持续循环利用的需要，在一些缺水地区，例如西北地区，现有的污水处理厂也亟待进行提标改造。

（3）对现有污水处理设施进行提效改造

尽管城镇污水处理厂属于环保行业，但同时也是一个能耗相对较高的领域。在发达国家，如美国，水和污水处理能耗达到市政公用事业用能的 1/3，占总能耗的 3%，全年耗电量约 560 亿 kWh，其中 2/3 以上的能耗和费用是用于污水和污泥处理的。虽然我国目前污水处理等级略低于美国，污水的处理率也较低，但我国污水处理的年总耗电量也达到了 100 亿 kWh。目前，我国污水处理厂的平均单位电耗为 0.307$kWh/m^3$，而发达国家大都控制在 0.2$kWh/m^3$，能耗相对偏高也是客观存在的问题。此外，城市污水处理也是一个物耗很高的领域。我国污水处理所需的化学药剂如絮凝剂等的年消耗量已超过 3 万 t，美国更是高达 5 万 t。物耗高、能耗高不仅增大了污水处理的成本，还让污水处理厂成为一个不容忽视的污染源和碳排放源。污水处理厂能耗主要包括直接能耗和间接能耗，其中直接能耗为用于曝气鼓风机、提升泵、回流泵等运行所需要的电能，间接能耗包括化学除磷以及污泥脱水等投加的化学药品等。一般而言，在二级处理工艺电耗中，污水提升占 10%～20%，生物处理占 50%～70%，污泥处理处置占 10%～25%，此三部分所占比例在 70% 以上。随着我国城镇化建设及污水处理率的提高，城镇污水处理厂所占的能耗也必将加大，因此污水处理设施提效改造刻不容缓。

（4）污泥利用与处理处置设施将加速建设

随着我国城镇污水处理厂数量的不断增加，污水处理率的不断提高，随之产生的污泥量也大幅增加。据统计，我国 2010 年的污水处理规模为 344 亿 $m^3$，由此产生的污泥量约为 2000 万 t。随着我国城镇化程度的不断提高，污水的处理量也将不断增长。我国目前仅对污水处理行业 10% 的污泥进行了有效处置，处置方式主要包括焚烧或建材利用、卫生填埋、土地利用等，剩余的大多数污泥都没有进行规范处置。剩余污泥中含有较多的有害有毒物质，如持久性有机物和病原体等。未经妥善处置的污泥会污染土壤、地下水等环境系统，甚至会直接威胁人类健康和环境安全，从而使污水处理所产生的环境效益大幅降低。所以，未来必须加速建设污泥的利用设施与处理处置设施。

在美国，污水处理厂每年产生的 710 万 t 污泥中，约有 60% 的污泥经过好氧发酵处理制成农田使用的生物固体肥料，另外还有 20% 的污泥被焚烧处理，用于矿山恢复的污泥量占 3%，做填埋处理的占 17%。欧美一些国家鼓励将污泥进行土地利用，具体方式有三种：一是用作园林绿化和林地肥料，二是用作牧场草地、农作物肥料，三是用作废弃矿区、盐碱地、沙荒地等的土壤改良基质。由于操作难度和运输距离等客观原因，导致污泥的农用量要远远大于土壤改良和林用量。

（5）兴建城市污水处理概念厂

新加坡研究出了“NEWater”的污水深度处理工艺，将污水处理到饮用水的标准，使新加坡污水处理行业得到了跨越式的发展。世界污水处理有了更新的概念，进一步扩展了污水处理厂的内涵。我国需要借鉴国外成功的案例，学习污水处理的先进理念与经验，仿效新加坡的“NEWater 水厂”，建设符合我国国情的“中国城市污水处理概念厂”。

有关人士提出，应当为我国城市污水处理制定可持续发展主旨下的顶层设计和长远规划，并推进其实践。概念厂的建设则是这项事业的最佳抓手。中国城市污水处理概念厂应该至少达到以下四个目标：第一是使出水水质达到可持续的标准；第二是大幅提高污水处理厂的能源自给率，在有适度外源有机废物协同处理的情况下，做到零能耗；第三是追求物质的合理循环，减少对外部化学品的依赖与消耗；第四是建设感官舒适、建筑和谐、环境互通、社区友好的污水处理厂。未来，通过污水处理概念厂的建设和运营，将带动中国污水处理行业的技术发展、管理创新，也将促使我国的环保产业转型升级，最终引领国际污水处理行业的发展。

#### 1.1.1.9 城镇污水 MBR 系统设施行业现状

MBR 工艺与传统的污水处理工艺相比，在污染物去除效果方面具有无法比拟的优势。目前，MBR 工艺被广泛应用于污水深度处理及污水回用工艺中。美国 Dorr-Oliver 公司在 20 世纪 60 年代建成了世界上第一座 MBR 工艺污水处理厂，当时的处理水量仅为 14m$^3$/d。70 年代，日本在高层建筑中将 MBR 工艺作为污水回用系统应用到实际工程中。90 年代中期，日本已经拥有 39 座采用 MBR 工艺的污水处理厂，超过 100 栋的高层建筑采用了 MBR 污水回用系统，并且日处理能力最大可达到 500m$^3$/d。2005 年以前，全世界 2/3 的商用 MBR 污水回用系统都集中在日本，其次多集中于欧洲和北美，并且绝大部分 MBR 工程采用的是活性污泥法与膜技术相结合的方式。

中国对于 MBR 的研究起步较晚，但发展迅速。1996 年，我国在实验室首次完成了 MBR 工艺处理工业废水的研究。1998 年，有关部门鉴定了清华大学建立的 MBR 中试研究系统。1999 年，分置式 MBR 在印染废水处理领域进入中试规模应用。因早期 MBR 工艺的成本问题，MBR 应用的实际工程主要以中小型规模为主。随着膜材料及能耗成本的降低，一批大规模的 MBR 工程开始进入设计可研阶段。2006 年，中国建成了第一座采用 MBR 工艺的万吨级市政污水处理厂。

截至 2014 年，我国投入运行或在建的万吨级以上市政污水 MBR 项目一共有 31 个，其中运行的有 23 个，在建的有 8 个。最大运行项目为北京清河再生水厂二期 55 万 m$^3$/d。另外，还有一些比较典型的万吨级以上 MBR 项目，如我国首个采用 MBR 技术的高品质再生水工程项目——北京密云再生水厂，于 2006 年 4 月建成投产，总投资 9426 万元，设计规模 4.5 万 m$^3$/d，每年可提供优质再生水 1600 万 m$^3$，出水水质达到国家一级 A 标准和地表水回灌标准；北京市北小河污水处理厂改扩建工程，该厂将高品质出水回用到奥林匹克森林公园及周边的奥运场馆；广州京溪污水处理厂，将 MBR 工艺全部采用地下式，大大节省了用地面积，同时地上采用景观绿化，美化了环境，这种全埋式 MBR 工艺近年来受到业内的青睐。根据统计，我国市政污水处理 MBR 项目主要分布在北京、太湖流域（无锡）、云南等地区，湖北、黑龙江等地零星的有一些项目。在北京等水资源短缺地区，MBR 工艺主要用于污水回用项目，处理规模占比约 40%；而在江苏、云南等南方地区，则主要用于减排项目，处理规模占比约 60%。

#### 1.1.1.10 工业高盐废水膜法处理模块化装备行业现状

诸多行业均已提出工业废水全部回用、零排放的要求；膜分离、膜生物反应器、氧化芬顿、催化臭氧、活性炭吸附、超滤、反渗透等深度处理工艺也得到大量应用。而在这些新工艺、新技术、新装备和新产品领域，目前有很多还缺少相应的技术标准加以规范，装备和产品质量参差不齐，非标产品充斥，高质高端高效装备的供给不足。

DTRO 膜（碟管式反渗透膜）技术是一种专利型特种膜分离技术，是专门针对高浓度废水处理开发的。该技术具有进水要求宽松、预处理要求低，使用寿命长，耐高压、抗污染等显著特点。即使在高浊度、高 SDI（淤泥密度指数）值、高盐分、高 COD 的情况下，也能经济有效地稳定运行。DTRO 膜技术最初是因德国政府推动垃圾渗滤液的处理而得到发展的。这种高分离性能膜的孔径尺寸可将废水中的各种杂质得到有效处理，在废水处理领域已经成为最具影响力的先进技术之一。尤其在工业废水零排放的高盐废水处理方面，DTRO 膜技术的作用几乎无可替代。

目前，DTRO 膜技术的应用领域相当广泛，主要包括：①工业园区的高盐废水浓缩减量与高品质回用；②发电厂脱硫废水处理及全厂废水零排放蒸发前浓缩；③煤化工、制药、印染、电镀等用水量大、污染严重行业的近零排放工艺；④垃圾填埋场、堆肥场、焚烧场的渗滤液处理；⑤海岛、舰艇、船舶等海水淡化补充饮用水及生活用水；⑥应急救灾、露营等特殊领域应用。随着环保政策对废水排放指标的要求更加严格，以及废水处理膜法分离技术的不断进步，国内多家公司致力于膜法水处理设备、膜元件的创新及研发，解决了废水处理膜法分离装备规模化生产的技术难题。

### 1.1.2 固废处理处置行业现状

#### 1.1.2.1 回转窑回收冶炼废渣行业现状

挥发法又称为威尔兹法，作为一种简易、经济性好的含锌废渣回收工艺，不但可应用于电锌冶炼渣和高炉炼铁烟尘中锌的回收，还可用于其他金属冶炼，以及磷酸的制备等，被建材、冶金、化工、环保等生产企业广泛采用。其主要的作用原理为：利用挥发法，使具有易还原挥发性质的金属和金属氧化物，与不易挥发的金属及其化合物区分开，从而使有价金属得到富集。该方法是将干燥的含锌废渣置于1100～1300℃的高温回转窑中，使锌渣与 CO 发生剧烈反应后被还原为金属气相挥发进入烟气，最后在烟气中氧化成氧化锌被回收。

目前，国内几乎所有电锌冶炼渣和高炉炼铁烟尘处理企业均采用回转窑法处理，该工艺应用于工业化已有 30 余年，锌总回收率约为 95%，同时能够回收部分稀散金属，其窑渣无害，易于弃置并可加以利用。缺点是处理工艺流程较长，需要大量燃煤或冶金焦粉；ZnO 粉处理前需考虑脱除氟氯；窑烟气由于含 $SO_2$ 需净化处理；锌渣挥发窑内衬侵蚀剥落快，使用寿命短，有价金属综合回收率低；设备维修量大，投资高。

我国每年排出的水淬渣超过 5000 万 t，其中 80% 以上都应用于建筑工程，从而大大减小了占地和环境污染，产生了较好的经济效益和社会效益。目前，最常见的水淬渣回收利用工艺为将球磨后的水淬渣经过浮选、磁选分离出含有 35%～45% 铁的磁性物质与非磁性物质，其中非磁性物质作为原料售卖给黏土砖生产企业。但由于不同用途的回转窑所产生的水淬渣的成分相差较大，直接影响制砖的生产工艺。我国对于以水淬渣为原料的制砖技术研究较为完善，但是没有相关的标准进行统一规范，难以促进企业向绿色、节能、减污的方向发展。

#### 1.1.2.2　等离子体技术处理固体废弃物行业现状

等离子体技术处理固体废弃物始于 20 世纪 60 年代初期，最初主要用其销毁低放射性废弃物、化学武器和常规武器，从 20 世纪 90 年代才开始步入民用阶段。由于等离子体设备技术含量高、投资巨大、运行成本高、能耗大，起初只用于处理一些危险废物，如多氯联苯（PCBs）、废农药及医疗废物等。近 10 年来，随着该项技术的发展，成本逐渐得到控制；随着政府对环境保护的高度重视和公众环保意识的不断提高，采用热等离子体技术处理固体废弃物逐渐成为研究的热点。

热等离子体处理技术发展较成熟的有美国、加拿大、法国、英国、日本、以色列等，其中美国洛克希德公司旗下的 Retech 公司、西屋环境公司（WPC，已被加拿大 Alter NRG 公司收购）、GGI 能源公司，以及加拿大 Plasco 公司、英国 Tetronics 公司、法国航太公司（Aerospatial Espace & Defence）、以色列 EER 公司等的热等离子体处理技术，均已达到商业化运转的水平。美国早在 1986 年即用热等离子技术模拟处理放射性废弃物，至今已有多家处理厂处于商业运转阶段，处理废弃物种类甚广，包括放射性废物、焚化炉灰渣、重金属污泥和土壤以及有毒废液等危险废物。技术成熟且成功商业运转的公司主要有 Westinghouse Electric 公司、Retech 公司、IET 公司、Startech 公司、EPI 公司等。日本近年来为解决垃圾焚化灰渣的问题，积极着手开发热等离子体熔融技术，并已获得相当的成果。日本 KHI、KSC 及东京电力共同开发了灰渣等离子体熔融炉，已经在千叶市设置一日处理量为 24t 的废物处理中心。英国的 Tetronics 公司于 1990 年便成功开发了直流电极等离子体熔融技术，并在最近几年内协助日本各大厂商（如 EBARA、KOBE、MHI 等）设置等离子体熔融炉，以解决日本境内日益严重的焚化灰渣处理问题。以色列 EER 公司运用其开发的PGM（Plasma Gasification Melting）技术，于俄罗斯莫斯科附近设置一日处理量2t的等离子体熔融炉，主要用于处理低放射性废物，并已运转近10年。

在国内，中国科学院、清华大学、浙江大学等一些研究单位和学校相继进行了等离子体技术处理固体废物的机理分析和试验研究。等离子体技术处理危险废物的工程化应用在国内起步较晚，相关技术大多是从国外引进的，其处理规模也相对较小。2013年，上海固体废物处置中心与吉天师能源科技（上海）有限公司（GTS）合作，引入美国西屋环境公司等离子体专利技术，打破了国内危险废物等离子体处理规模难以扩大的局面，为国内等离子体处理危险废物，实现工业化规模运作起到了科技示范作用。由西安航天源动力工程有限公司自主研发建设的等离子体炉渣气化熔融固废处理示范工程项目，到2018年3月底，在江苏盐城和福建福鼎已经持续稳定运行超150天，填补了国内危废领域炉渣无害化处理的空白，项目采用国内最先进的等离子体气化熔融工艺，自动化程度高，有机污染物焚毁率可达99.99%，标志着危废处理的“终极技术”——等离子体气化熔融技术在国内正式进入工程应用阶段。

目前，国内外在利用等离子体技术处理固体废物方面已有相当多的工业案例，处理的废弃物种类甚广，包括含氟有毒废液、感染性医疗垃圾、城市生活垃圾焚烧飞灰、污泥、石棉工业废弃物、船舰甲板废弃物、船坞废弃物、化学及重金属污染土壤等，证明了等离子体技术在处理固体废物方面的可行性和安全性。

#### 1.1.2.3　循环流化床垃圾焚烧技术现状

我国的循环流化床垃圾焚烧技术起步于20世纪80年代。其中浙江大学、中国科学院工程热物理所、清华大学陆续开发并推广应用了流化床垃圾焚烧技术，特别是杭州锦江集团与浙江大学合作于1998年建设了我国第一台具有自主知识产权的垃圾焚烧发电锅炉，之后流化床垃圾焚烧技术经历了实验室技术示范（掺煤比6：4）、产业化示范（掺煤比7：3或8：2）、完善提高（掺煤比9：1）、成熟推广（掺煤比95：5，甚至100：0）四个阶段。四个阶段的具体情况如下。

（1）实验室技术示范。1997—1998年，杭州锦江集团与浙江大学合作，在杭州锦江余杭热电厂将原有的一台35t/h链条燃煤锅炉进行技术改造，设计掺煤比（垃圾：煤，也称掺烧质量比）为6：4，设计单炉焚烧垃圾量150t/d。主要示范内容是采用流化床技术焚烧处理城市生活垃圾，同时保证发电量，这一阶段主要验证了焚烧技术的可行性，但焚烧锅炉设备运行的经济性（由于设备的故障率高、运行经验不足等各种因素）没有得到很好的体现。

（2）产业化示范。2000—2004 年，山东菏泽、安徽芜湖、河南荥阳等地建设了真正意义上的产业化示范垃圾焚烧发电工程，相关的配套设施相对比较完备，如炉前垃圾预处理装置与炉后的烟气净化设施等，特别是炉膛采用了全膜式壁结构与烟气飞灰高温分离技术，标志着焚烧技术全面提升。设计掺煤比（垃圾：煤）为 7：3 或 8：2，设计单炉焚烧垃圾量 200～350t/d。2004 年，该技术通过了专家组技术鉴定。不过该阶段的实际运行表明，运行过程中辅助系统给料不均匀性、密封性差、排渣不畅等因素仍在一定程度上制约了焚烧锅炉运行的稳定性。

（3）完善提高。2005—2007 年，在焚烧技术方面及辅助系统方面，特别是在垃圾预处理、垃圾给料及排渣系统实现了质的提升，大大完善了集成技术，如炉前垃圾给料由链板给料改进为无轴螺旋给料，锅炉垃圾给料的密封性和均匀性得以改善；排渣口在布风板的中部设计了尺寸较大的方形结构，极大地解决了垃圾大量焚烧后的排渣问题；配置了垃圾预处理系统（含垃圾破碎），使得入炉垃圾的均匀性得到保证。上述措施结合焚烧技术的优化、工程设计及运行管理水平的提高，实现了焚烧锅炉连续稳定运行可长达 90d。此阶段设计掺煤比（垃圾：煤）为 9：1，设计单炉焚烧垃圾量最高为 700t，在云南昆明、安徽芜湖等垃圾焚烧发电项目工程中得到应用。

（4）成熟推广。2008 年后，全面提升了焚烧技术，重点在降低掺煤比乃至实现纯烧生活垃圾。主要特征是优化设计焚烧炉各段，如将焚烧炉膛设置为两个焚烧段，进一步提高一次风风温，最高可达 400℃，调整了竖井烟道内省煤器和空预器受热面的布置，吹灰装置作为锅炉附件的标准配置。进一步合理提升飞灰循环量，以保证热量的循环利用降低掺煤比，配置了更为高效的垃圾破碎装置。考虑运行经济负荷，设计掺煤比（垃圾：煤）为 95：5，甚至 100：0，设计单炉焚烧垃圾量最高达 800t。从运行实际效果来看，随着垃圾掺烧量的提高与一次热风温度的提高，完全可以做到纯烧垃圾，遇到雨水期或垃圾热值很低时，可以掺烧 5% 以内的燃煤而得到良好的燃烧工况。该阶段的技术成果主要在浙江慈溪、湖北武汉等地的垃圾焚烧发电项目工程中得到应用。

循环流化床垃圾焚烧技术仍有较多地方需要进一步优化，如提升垃圾预处理质量以确保锅炉的燃烧稳定，连续稳定运行时间也需要提高，因此该技术形成了包含垃圾预处理、垃圾给料、冷渣分选、焚烧热工控制、尾气净化处理、垃圾渗沥液处理等一整套系统化的垃圾焚烧处理系统集成技术。流化床垃圾焚烧炉的蒸汽参数从中温中压（450℃、3.82MPa，为目前流化床垃圾焚烧炉普遍使用的参数）到次高温次高压（485℃、5.2MPa，如高密项目、景德镇项目；520℃、7.9MPa，如淄博项目），目前国内尚无高温高压（550℃、9.8MPa）流化床垃圾焚烧炉。

## 1.2 我国污水处理及固废处置标准化现状

### 1.2.1 污水处理国内外标准状况

#### 1.2.1.1 厌氧消化成套装置相关标准现状

近年来，随着我国污水处理行业的迅速发展，出台的国家标准和行业标准逐渐增多，大多数为厌氧消化工艺方面的标准及规范，而针对厌氧消化装置标准化设计、制造的标准、规范很少。与厌氧消化装置相关的标准、规范有：

GB 50684—2011《化学工业污水处理与回用设计规范》；

CJ/T 517—2017《生活垃圾渗沥液厌氧反应器》；

HJ 2013—2012《升流式厌氧污泥床反应器污水处理工程技术规范》；

JB/T 12914—2016《无动力厌氧生物滤池法餐饮业污水处理器》；

DB37/T 3117—2018《畜禽场废弃物厌氧发酵制取沼气技术规范》；

T/CAQI 60—2018《污（废）水生物处理　高负荷内循环厌氧反应器》。

#### 1.2.1.2 高级氧化芬顿技术相关标准现状

由于国外国家层面的工程技术标准缺乏，现有的氧化芬顿技术规范多为各自企业内部依照工程经验制定的。在美国等发达国家，氧化芬顿技术多被用于酚类、甲醛、苯系物（BTEX）、农药等工业废水的深度处理、生化预处理或应急处理，但缺乏相关技术标准对高级氧化芬顿系统运行效果等进行指导和规范。

在我国，生态环境部已发布 HJ 1095—2020《芬顿氧化法废水处理工程技术规范》，但是还缺乏高级氧化芬顿系统运行效果评价相关的标准规范。

#### 1.2.1.3 成套污水处理装置相关标准现状

目前暂无相关标准。

#### 1.2.1.4 电镀废水高效处理与回用相关标准现状

国际标准化组织水回用技术委员会（ISO/TC 282）组织研制了两项相关标准：

ISO 23043　Evaluation method for industrial wastewater treatment reuse processes （工业废水处理与回用技术评价方法）；

ISO 23044 Guidelines for softening and desalination of industrial wastewater reuse （工业废水软化和脱盐回用指南）。

这两项标准均由中国主导提出。

#### 1.2.1.5 污水处理用曝气机相关标准现状

目前暂无相关标准。

#### 1.2.1.6 分离膜产品及方法相关标准现状

国际、国外标准化研究机构制定的分离膜产品及方法标准见表 1-1。

表 1-1 分离膜产品及方法国际、国外标准

| 序号 | 标准组织（标准代号） | 标准顺序号 | 标准中文名称 |
|---|---|---|---|
| 1 | 国际标准化组织（ISO） | 7899-2 | 水质 肠球菌的检测和计数 第 2 部分：薄膜过滤法 |
| 2 | | 9308-1 | 水质 大肠杆菌的检测与计数 第 1 部分：低细菌背景水检测用膜过滤法 |
| 3 | | 11731-2 | 水质 军团藻属的检测和计数 第 2 部分：对低细菌含量的水进行直接膜过滤法 |
| 4 | | 14189 | 水质 产气荚膜梭菌的计数 薄膜过滤法 |
| 5 | | 16266 | 水质 铜绿假单胞菌的检测和计数 薄膜过滤法 |
| 6 | 德国标准化学会（DIN） | 58355 | 膜过滤器 |
| 7 | | 58356 | 膜过滤器元件 |
| 8 | 法国标准化协会（NF） | X45-101 | 液体过滤 微滤和超滤膜渗透性表征方法 |
| 9 | | X45-103 | 液体过滤 多孔膜 超滤和纳滤截留率 |
| 10 | 日本工业标准化协会（JIS） | K3804 | 膜过滤元件尺寸 |
| 11 | | K3805 | 利用不同溶质水溶液进行反渗透膜元件及组件脱除率和水通量测试的方法 |
| 12 | | K3821 | 超滤膜组件纯水透过率测试方法 |
| 13 | | K3832 | 膜过滤设备起始泡点测试方法 |
| 14 | | K3833 | 膜过滤设备扩散流动测试方法 |
| 15 | | K3834 | 膜过滤设备水比阻抗复原特性测试方法 |
| 16 | | K3835 | 膜过滤器细菌截留性能测试方法 |
| 17 | 欧洲标准化委员会（EN） | 14652 | 室内水处理设备 膜分离装置 性能、安全和试验要求 |

表 1-1（续）

| 序号 | 标准组织（标准代号） | 标准顺序号 | 标准中文名称 |
|---|---|---|---|
| 18 | 美国给水工程协会（AWWA） | B130 | 膜生物反应器 |
| 19 | | M46 | 反渗透和纳滤膜 |
| 20 | 美国材料与试验协会（ASTM） | D3923 | 纳滤和反渗透装置渗漏性检测操作规程 |
| 21 | | D4194 | 纳滤和反渗透装置操作特性试验方法 |
| 22 | | D4195 | 纳滤和反渗透膜应用水质分析标准指南 |
| 23 | | D4199 | 膜过滤高压消毒试验方法 |
| 24 | | D6161 | 微滤、超滤、纳滤及反渗透膜标准术语 |
| 25 | | D6908 | 水过滤膜系统完整性测试规程 |
| 26 | | D7601 | 压力驱动薄膜分离元件 / 线束评估用标准实施规程 |
| 27 | | E1294 | 液体孔隙率法测试分离膜孔径特性 |
| 28 | | E1343 | 平板超滤膜截留分子量评定测试方法 |
| 29 | | F316 | 泡点和平均流量法测试分离膜孔径特性 |

我国分离膜行业发展较晚，全国分离膜标准化技术委员会（SAC/TC 382）在相关部门指导下，针对微孔滤膜、超滤膜、反渗透膜、纳滤膜等膜材料、膜组件、膜处理装置等膜产品和方法检验检测开展标准化研究。我国分离膜相关（不含离子交换膜）产品标准、方法标准及技术规范等见表 1-2。

表 1-2　分离膜产品及方法国内标准

| 序号 | 标准代号 | 标准顺序号 | 标准名称 |
|---|---|---|---|
| 1 | GB/T | 19249 | 反渗透水处理设备 |
| 2 | | 20103 | 膜分离技术　术语 |
| 3 | | 20502 | 膜组件及装置型号命名 |
| 4 | | 23954 | 反渗透系统膜元件清洗技术规范 |
| 5 | | 25279 | 中空纤维帘式膜组件 |
| 6 | | 30298 | 野外应急饮用水膜处理装置通用技术规范 |
| 7 | | 30300 | 分离膜外壳 |
| 8 | | 30888 | 纺织废水膜法处理与回用技术规范 |
| 9 | | 31327 | 海水淡化预处理膜系统设计规范 |
| 10 | | 32359 | 海水淡化反渗透膜装置测试评价方法 |
| 11 | | 32360 | 超滤膜测试方法 |
| 12 | | 32361 | 分离膜孔径测试方法　泡点和平均流量法 |
| 13 | | 32373 | 反渗透膜测试方法 |

表 1-2（续）

| 序号 | 标准代号 | 标准顺序号 | 标准名称 |
|---|---|---|---|
| 14 | CB/T | 3753 | 船用反渗透海水淡化装置 |
| 15 | CJ/T | 169 | 微滤水处理设备 |
| 16 | | 170 | 超滤水处理设备 |
| 17 | | 279 | 生活垃圾渗滤液碟管式反渗透处理设备 |
| 18 | DL/T | 951 | 火电厂反渗透水处理装置验收导则 |
| 19 | | 952 | 火力发电厂超滤水处理装置验收导则 |
| 20 | HG/T | 3917 | 污水处理膜　生物反应器装置 |
| 21 | | 4111 | 全自动连续微 / 超滤净水装置 |
| 22 | HJ/T（HJ） | 270 | 环境保护产品技术要求　反渗透水处理装置 |
| 23 | | 271 | 环境保护产品技术要求　超滤装置 |
| 24 | | 334 | 环境保护产品技术要求　电渗析装置 |
| 25 | | 579 | 膜分离法污水处理工程技术规范 |
| 26 | | 2527 | 环境保护产品技术要求　膜生物反应器 |
| 27 | | 2528 | 环境保护产品技术要求　中空纤维膜生物反应器组器 |
| 28 | HY/T | 039 | 微孔滤膜孔性能测定方法 |
| 29 | | 049 | 中空纤维反渗透膜测试方法 |
| 30 | | 050 | 中空纤维超滤膜测试方法 |
| 31 | | 051 | 中空纤维微孔滤膜测试方法 |
| 32 | | 054.1 | 中空纤维反渗透技术　中空纤维反渗透组件 |
| 33 | | 054.2 | 中空纤维反渗透技术　中空纤维反渗透组件测试方法 |
| 34 | | 060 | 中空纤维超滤装置 |
| 35 | | 061 | 中空纤维微滤膜组件 |
| 36 | | 062 | 中空纤维超滤膜组件 |
| 37 | | 063 | 管式陶瓷微孔滤膜件 |
| 38 | | 064 | 管式陶瓷微孔滤膜测试方法 |
| 39 | | 065 | 聚偏氟乙烯微孔滤膜 |
| 40 | | 066 | 聚偏氟乙烯微孔滤膜折叠式过滤器 |
| 41 | | 068 | 饮用纯净水制备系统 SRO 系列反渗透设备 |
| 42 | | 072 | 卷式超滤技术　平板超滤膜 |
| 43 | | 073 | 卷式超滤技术　卷式超滤元件 |
| 44 | | 074 | 反渗透海水淡化工程设计规范 |
| 45 | | 103 | 中空纤维微孔滤膜装置 |

表 1-2（续）

| 序号 | 标准代号 | 标准顺序号 | 标准名称 |
|---|---|---|---|
| 46 | HY/T | 104 | 陶瓷微孔滤膜组件 |
| 47 | | 107 | 卷式反渗透膜元件测试方法 |
| 48 | | 108 | 反渗透用能量回收装置 |
| 49 | | 112 | 超滤膜及其组件 |
| 50 | | 113 | 纳滤膜及其元件 |
| 51 | | 114 | 纳滤装置 |

### 1.2.1.7 精细化工纺织印染废水处理相关标准现状

目前，国内外印染废水处理相关的标准主要有污染物排放标准、治理工程技术规范等，精细化工（印染）废水处理系统设施运行效果评价类标准尚属空白。

国内外印染行业相关的现行或参照执行的排放及综合利用标准主要包括：

GB 4287《纺织染整工业水污染物排放标准》；

GB 18918《城镇污水处理厂污染物排放标准》；

FZ/T 01107《纺织染整工业回用水水质》；

HJ 471《纺织染整工业废水治理工程技术规范》；

美国使用最佳实用技术（best practical control tech.，BPT）和最佳可行技术（best available control tech.，BAT）治理毛整理废水、织物整理废水、纱线整理废水、非纺织制造业废水的排放要求；

欧盟委员会发布的 BAT 在纺织工业中的参考文件《综合污染防治与控制》。

### 1.2.1.8 市政污水处理相关标准现状

城市污水处理厂在发达国家已有较成熟的经验。发达国家非常注重污水处理厂运行和管理的保障机制与措施的建立，以较先进的现代科学技术，尤其是高水平的自动化控制技术，稳定了污水处理的质量，为处理后的污水达标、污水处理事业的发展提供有力的支持。较高水平的自动化控制在一定程度上规范了污水处理厂的运行与管理。

美国国家环境保护局（EPA）对其投资兴建的一批污水处理厂进行过调查，发现有 50% 的污水处理厂出水水质达不到标准。研究结果表明，不仅是设计与污水处理效果有着密切的关系，良好的运转管理与污水处理厂的高效运行、出水水质的提高，更是息息相关。美国控制水污染的法律经历了 100 多年的发展，20 世纪六七十年代之前严重的水污染促使联邦政府制定了以 1972 年《联邦水污染控制法》为核心的一系列法律法规，通过法律及其实施控制水污染。随后多次对法律进行修订，确立了多种水污染控制制度相互补充、相互制约的管理模式。现行的《联邦水污染控制法》对水污染问题采用了多层次的管理模式，形成了以“命令控制”为主、以“经济刺激”为辅、以“公众参与”为补充的调控机制。

德国严格执行水资源管理法，强调以预防为原则，严格依法治水，以国家法律的形式确定污水处理技术的标准。1998 年，德国的污水处理率已经达到 99%，这与其丰富的管理经验有着密切的关系。德国的污水管理充分发挥污水处理行业协会和中介组织的作用，对政府的宏观管理起到了协助、补充和协调作用；对污水处理厂的出水水质，采取定期书面公布及网上发布的形式，接受全社会和市民对水环境质量的监督。

早在 100 多年前，日本政府就模仿欧美国家的法律制度，制定、公布和实施了保护水资源的法律，这些法律也在实践中不断加以完善。第二次世界大战后，日本逐渐进入经济高速增长期，为防止工业废水、废物对河流水道的侵害，日本政府迅速出台相关法律来治理水污染。对于河流湖泊的水质保护，不管是生活用水还是工业用水，日本政府都从法律上做了严格而明确的规定。在日本，对于水资源管理，中央政府和地方政府的职责分工较为明确。污水设施的建设和管理由国土交通省负责，日本水资源机构进行监管。由于执行严格的排污标准和法律管制，截至 2008 年，日本全国城市工业污水和生活污水的处理率在 98% 以上。

由于发达国家对于城市污水处理行业清洁生产的概念提出得相对较早，对其相关标准的研究也较多，现已制定的与污水处理相关的标准约 51 项，包括通用术语类 2 项、工程技术规范类标准 23 项、设备与装备类标准 13 项、检测分析方法类标准 4 项、管理与评价类标准 9 项，暂无城市污水处理厂运行效果评价类标准。

#### 1.2.1.9 城镇污水 MBR 系统设施相关标准现状

膜市场标准化已引起人们重视，日本早在 2012 年便成立专家委员会，就 MBR 标准化问题进行讨论；欧盟资助的“加速城市污水净化膜发展（AMEDEUS）”项目中也包括了 MBR 标准化建设。国外对城市污水处理厂进行综合评价起源于 20 世纪 80 年代，集中在污水处理厂的工艺、经济性、环境效益以及剩余污泥的排放等方面，但对 MBR 处理工艺的评价较少，部分技术规范是企业内部根据工程经验制定的。市场标准化必将影响各大膜生产企业的经济利益，所以，膜标准化过程至今举步维艰，严重影响MBR工艺推广应用。

我国生态环境部发布的HJ 579—2010《膜分离法污水处理工程技术规范》和HJ 2010—2011《膜生物法污水处理工程技术规范》两项标准中分别对膜分离法和膜生物法的工艺设计、主要设备材料、施工与验收做了相关的说明；HJ 2528—2012《环境保护产品技术要求　中空纤维膜生物反应器组器》中规定了中空纤维膜生物反应器组器的分类与命名、基本要求、性能要求、试验方法和检验规则等。但是，缺少对MBR处理工艺运行效果进行系统评价的相关标准。

#### 1.2.1.10　工业高盐废水膜法处理模块化装备相关标准现状

在高盐废水膜法处理技术、工艺、装备方面，国外标准多集中于废水的采样和检验方法、废水处理设备等方面，国内标准只涉及常规的设备、检测、药剂、工程技术规范等方面，在高盐废水膜法处理装备运行效果评价方面仍旧空白。因此，亟须研制高盐废水膜法处理模块化装备系统设施的运行效果评价技术标准，并通过技术集成和系统优化控制，提高运行效率和管理水平。

### 1.2.2　固废处理处置国内外标准状况

在固废处理处置领域，发达国家相继颁布了引导和规范固废处理行业的法律法规，已建立起完善的固废处理制度。美国侧重于生活垃圾和有害废弃物处理，日本较为重视固废资源化，而欧盟的固废处理方式则呈现多样化趋势。

#### 1.2.2.1　黑色及有色金属冶金行业标准现状

黑色及有色金属冶金是我国产生工业固废的主要行业，冶炼烟尘、电锌冶炼废渣等典型固废产生量大、种类多、成分复杂，其处理处置既要考虑到资源价值，也要兼顾环境污染风险。近年来，我国相继出台了有色金属冶炼相关的标准、规范和条例。

（1）相关的国家标准主要有：

GB 9078—1996《工业炉窑大气污染物排放标准》；

GB 25466—2010《铅、锌工业污染物排放标准》；

GB 31574—2015《再生铜、铝、铅、锌工业污染物排放标准》；

GB/T 33055—2016《含锌废料处理处置技术规范》。

（2）相关的行业规范和行业标准主要有：

《铅锌行业规范条件（2015）》；

HG/T 20566—2011《化工回转窑设计规定》；

HJ 863.4—2018《排污许可证申请与核发技术规范 有色金属工业——再生金属》；

JB/T 8916—2017《回转窑》。

（3）相关的地方条例主要有：

《四川省固体废物污染环境防治条例》；

《河北省固体废物污染环境防治条例》；

《浙江省固体废物污染环境防治条例》；

《江苏省固体废物污染环境防治条例》。

目前，国内外电锌冶炼废渣、高炉炼铁烟尘回转窑回收锌技术标准，以及回转窑等重大环保装备和系统设施运行效果评价标准仍严重欠缺，固废处理处置装备的高效能水平和系统设施的整体运行绩效方面也亟须相应的管理评价标准加以规范和引领，以实现行业重大装备、技术的规范化和可评估。

#### 1.2.2.2 回转窑水淬渣行业标准现状

目前，关于回转窑水淬渣的资源性分析以及相应的回收技术分析报道较多，但用于制砖材料的技术标准较少，没有统一的要求，无法规范回转窑水淬渣制砖材料的技术。

#### 1.2.2.3 固体废弃物等离子体处理行业标准现状

国外在固体废弃物等离子体处理设施满足当地污染物排放标准的情况下，一般会制定更严格的符合自身技术水平的企业污染物排放标准，限制每年特殊污染物排放总量，同时采用在线监控设施。国内对固体废弃物等离子体处理设施一般会根据处置废弃物的种类选择不同类型的污染物排放控制标准进行评价，企业没有制定更严格的标准，不同标准之间对二噁英和含汞废物等污染物的控制指标略有不同，未安装在线监控设施。

#### 1.2.2.4 循环流化床垃圾焚烧行业标准现状

循环流化床垃圾焚烧技术在过去的几十年的发展过程中，逐渐在一些发达国家得到一定应用。国际上使用最多的流化床标准为美国机械工程师协会标准（ASME）、美国材料与试验协会标准（ASTM）、欧洲标准化委员会标准（EN）。

美国的标准形成了完备的流化床锅炉设计制造参考，标准体系较为成熟。欧盟标准则注重垃圾预处理，20 世纪 90 年代，欧盟开始进行关于回收燃料的研究，1995 年世界上出现了第一个机械生物处置工厂。除了分类标准外，欧盟还制定了一系列关于固体回收燃料管理、安全、采样和分析的标准、技术规范及技术报告等，以促进固体回收燃料的推广应用。在流化床锅炉技术方面，以芬兰维美德、美国福斯特惠勒以及奥地利安德里茨等为代表的技术优势更为突出；以芬兰为代表的欧洲标准化委员会成立了固体回收燃料标准化小组，并建立了完善的固体回收燃料标准体系，促进了垃圾燃料化和资源化，同时推动了流化床向高参数、大容量方向的发展。

生活垃圾处理行业标准体系的建立为相关技术的规范化发展提供了强有力的支撑。我国现行的生活垃圾处理相关标准日益完善，近年的标准体系建设工作集中在标准的细化上。据不完全统计，目前垃圾焚烧标准体系共计 217 项标准。上述标准中大部分为炉排炉厂家编制标准和火电厂通用标准，而流化床标准相对较少。因此，迫切需要建立起完善的流化床标准体系。

#### 1.2.2.5　生活垃圾焚烧炉排炉行业标准现状

我国生活垃圾焚烧炉排炉相关的现行或参照执行的排放及综合利用标准主要包括：

GBZ 1《工业企业设计卫生标准》；

GB/T 3766《液压传动　系统及其元件的通用规则和安全要求》；

GB/T 10325《定形耐火制品验收抽样检验规则》；

GB 14554《恶臭污染物排放标准》；

GB/T 16618《工业炉窑保温技术通则》；

GB 16889《生活垃圾填埋场污染控制标准》；

GB 18485《生活垃圾焚烧污染控制标准》；

GB/T 18750《生活垃圾焚烧炉及余热锅炉》；

GB/T 23294《耐磨耐火材料》；

GB/T 29152《垃圾焚烧尾气处理设备》；

GB 50126《工业设备及管道绝热工程施工规范》；

GB/T 50185《工业设备及管道绝热工程施工质量验收标准》；

GB 50264《工业设备及管道绝热工程设计规范》；

CJJ 90《生活垃圾焚烧处理工程技术规范》；

HJ/T 20《工业固体废物采样制样技术规范》；

HJ/T 44《固定污染源排气中一氧化碳的测定　非色散红外吸收法》；

JB/T 10192《小型焚烧炉　技术条件》。

## 1.3 我国标准面临的问题及需求

### 1.3.1 厌氧消化成套装置相关标准

虽然已有针对厌氧消化工艺技术规范方面的标准，但是装备运行效果评价技术要求相关标准仍旧空白。高浓度有机废水厌氧消化成套装置行业缺少对厌氧装置的设计、制造的技术经济性、运行效果的监测与评价技术标准，导致厌氧消化成套装置设计、制造标准不统一，处理效果参差不齐，阻碍了行业技术革新和产业发展，因此亟须研制高浓度有机废水厌氧消化成套装置设计与制造技术要求的国家标准，以推动厌氧消化成套装置的大范围推广应用。

### 1.3.2 高级氧化芬顿技术标准

针对高级氧化芬顿系统的运行效果缺乏科学的综合评价方法和评价标准，致使市场非标产品充斥，低端同质化产品竞争激烈，高质高端装备供给不足，一些新型装备和技术缺乏标准规范。因此，应深入地开展相关企业、环保装备生产厂家等的调研，并查阅有关资料文献，确定高效能污水处理重大装备和系统设施运行效果评价指标体系、评价方法，以促进环保装备的高效能水平和系统设施的整体运行绩效的提升。

### 1.3.3 成套污水处理装置标准

随着我国城乡建设的飞速发展和人民生活水平的不断提高，新的住宅区、宾馆、风景旅游点不断地兴建和开发，生活污水的排放将是不可避免的。然而，由于这些新建地区较分散，市政管网不易通达，无法将这些污水集中处理，以致排入河流造成水体污染。安装小型成套污水处理装置是解决这一问题的相应措施之一。该类设备仅有相关部门编制的环保产品技术要求及少数厂家自己的企业标准，对大多数从业厂商来说仍处于一种无序、无规的竞争状态中，造成市场上该类设备鱼龙混杂，纠纷案件逐年增多。因此，应制定该类设备的国家标准，以提高国内该类设备的研制水平，提供可行的设备试验、验收及交付标准，促进该类设备的快速、健康发展。

### 1.3.4　电镀废水高效处理与回用标准

全国绝大部分电镀企业的电镀废水处理工艺几乎都是按照“达标排放”的技术路线来设计的。多年来的生产实践表明，这条技术路线存在以下问题：①水资源未得到充分利用就白白地流失了，加剧了水资源的短缺；②虽然减轻了环境污染，但污染依然存在；③电镀废水处理的运行费用高，企业难以承受；④不符合清洁生产的要求，也不利于电镀行业的可持续发展。显然，“达标排放”的技术路线无法根本解决电镀废水存在的严重问题，因此，需要探索一条新的技术路线——“电镀废水的零排放”，即电镀废水在处理后无须排放，而是返回电镀生产线中重复使用，回收废水中的重金属，消除电镀企业带来的环境污染，这样可以全面彻底地利用资源，极具经济价值。

电镀废水漂洗水中含有重金属，若直接排放则会污染水源，一方面危害人类健康，另一方面浪费了废水中含有的贵金属并浪费了水资源。因此，电镀废水必须严格控制，妥善处理。通过规范电镀废水处理与回用技术，促进电镀废水处理技术进步，同时改进产品质量，实现既要金山银山也要绿水青山的环境友好型发展方式，适应社会主义现代化建设和发展对外经济关系的需要。

### 1.3.5　污水处理用曝气机标准

制定旋转曝气机评价技术要求标准非常有必要，因为：①旋转曝气机是污水处理厂的高能耗产品，有必要且必须对此类高能耗设备进行规范统一的技术性能评价，做到“环保产品本身必须环保”；②统一并提升国内曝气设备标准要求以及监管准则，形成公平、公正的市场竞争环境；③正确引导企业自行创新设计，向“专、精、特”方向发展，全面提升曝气技术水平，积极进行节能技术创新与进步，杜绝低效高能耗产品重复性生产，推进污水处理用旋转曝气机向节能、降耗、增效方向健康发展，提升国产曝气设备在国际市场的竞争力，力争在世界范围内的话语权。

### 1.3.6 分离膜 / 中空纤维微滤膜产品相关标准

膜产品相关标准的制修订对促进膜产业科学化、规范化管理，引导膜产业健康有序发展，推动膜技术产业化应用起到了极为重要的支撑作用。目前，我国分离膜产品 / 技术 / 方法相关标准普遍存在以下问题：①标准完整性较低，标准种类不够齐全，缺乏分离膜标准化体系框架和体系表；②标准的可靠性和实施评估工作有待加强，膜产品的性能指标测试和评价工作有待进一步提高；③标准制定 / 修订机制有待健全。

膜分离透过性能是膜产品最重要的技术指标。而微滤膜的孔径与膜的分离性能和通量密切相关，是微滤膜最重要的特征表征参数。当前可用于测定膜孔径及其分布的方法包括泡点压力法、渗透孔度法、气体吸附 - 脱附法、液 - 液排代法、热孔度法等，其中仅有泡点压力法有国家标准（GB/T 32361—2015《分离膜孔径测试方法 泡点和平均流量法》）。微滤膜孔极其复杂且不规则，测定过程中容易受到润湿效应、升压速率、孔长度、润湿液与膜材料的亲和性等因素的影响。纯水通量也是膜产品的重要技术指标。现行标准里纯水通量是在进口操作压力 0.1MPa、常温下，测试单位时间、单位膜面积的纯水透过量。但膜丝纯水通量与膜丝测试时的出口端压力、膜丝长度、测试运行方式等均有关联性。对于溶致相分离法所得的膜丝，经过乙醇浸泡处理后，膜丝纯水通量会显著增大。同时，中空纤维膜丝按内压、外压方式所测得的纯水通量也有明显差别，一般情况下，膜丝内压纯水通量大于外压纯水通量，尤其是当膜丝孔隙率较高、膜丝较软时，内外压通量差别更为显著。因此，对于分离膜产品特别是中空纤维微滤膜的性能指标评价测试需要考虑多方面因素协同作用的影响。

### 1.3.7 精细化工纺织印染废水处理相关标准

目前，我国大部分印染企业废水处理工艺采用物化、生化及深度处理组合工艺，较常用的工艺有 AO、A2O（及改良 A2O）、UASB、BAF 等。如有中水回用，则增加双膜法等膜处理工艺。调研结果表明，印染废水处理吨水投资额为 900～2600 元、吨水运行成本为 1～7 元，污泥处理处置费为 200～500 元 /t。

广东省发布的《纺织染整工业清洁生产审核技术指南》中指出，纺织染整废水经适当预处理后，采用生物处理技术和物理化学处理技术相结合的综合处理技术。

预处理技术采用格栅、中和、水质水量调节和气浮等方法；生物处理采用厌氧与好氧相结合的处理工艺，好氧处理技术采用活性污泥法、生物接触氧化技术、生物活性炭（PACT）和曝气生物滤池（BAF）技术等；物理化学处理采用混凝沉淀、氧化、砂滤技术和膜分离技术等。深度处理主要采用活性炭吸附、离子交换、超滤、反渗透、膜生物反应器等技术 / 设备处理。

从调研结果来看，大多数企业、污水处理厂（站）印染废水深度处理采用的是 RO 膜处理工艺进行脱盐。在山东调研时发现，山东地区曾出台印染废水的全盐量排放标准建议值为 1600mg/L。而所调研的华纺股份有限公司、山东鲁泰纺织股份有限公司、青岛凤凰东翔印染股份有限公司、愉悦家纺股份有限公司等 4 家企业的废水出水的盐度普遍在 5000～7000mg/L 及以上。由于脱盐成本较高，华纺股份有限公司、山东鲁泰纺织股份有限公司、青岛凤凰东翔印染股份有限公司目前尚无法达到 1600mg/L 全盐量排放建议值；愉悦家纺股份有限公司出于废水回用率及盐排放指标提升的前瞻性考虑，建设了纳滤、浓缩、蒸发结晶的脱盐设施，运行成本预计在 10 元 /$m^3$ 以上，由于成本较高而未进入常态化运行。

因此，在对印染废水深度处理设施运行效果进行评价时，应综合考虑企业的可持续发展，确定合适的评价指标与合理的技术要求，倒逼（指导）企业选定合理的废水处理技术、深度处理回用技术及运行模式。

### 1.3.8 市政污水处理标准

目前，我国城市污水处理标准体系中排放标准子体系、工程技术标准子体系、设备产品标准子体系及资源回收利用标准子体系标准数量较少，分布不均衡；监测与分析标准子体系和评价管理标准子体系则处于空白状态，暂无相关国家标准。整个标准体系的科学性、完整性、系统性、协调性和可操作性尚待提高与完善，标准对行业发展的规范和引领作用发挥不够。对于城市污水处理厂运行效果评价，还没有建立起科学的、正式的、完善的绩效评价标准体系。随着经济发展和节能环保意识的加强，进行统一有效的城市污水处理系统运行效果评价显得越来越重要，迫切需要一整套科学合理、可操作性强的国家标准，填补国内污水处理系统运行效果评价标准的空白，完善城市污水处理标准体系，总结建立客观且相对定量地评价污水处理厂运行的方法，并有针对性地对运行效果不理想的污水处理厂提出改进措施，帮助污水处理厂提高运行效率。

### 1.3.9 城镇污水 MBR 系统设施相关标准

目前，膜生产厂商众多，膜产品种类繁多。各厂商均有自己的数据库和设计规范，尚未形成一个统一的行业标准和规范，导致不同生产厂规格型号、外形尺寸各不相同，互不兼容。设备缺乏标准化，给设计和采购带来困难，使用时一旦出现需要更换膜组件时，由于标准缺失带来的劣势就更为突出；换品牌意味重新设计膜系统，增加运行成本。即使同一品牌膜组件不同型号也常常不兼容，2008 年德国 Rödingen 项目更换膜组件时就出现了这种情况，不得不重新设计膜系统。此外，缺乏“一条龙”标准化作业服务常常导致膜供应商与施工方脱节，安装过程中膜组件损坏的现象比比皆是。

另外，根据污水 MBR 工艺的组成、运行方式等特点，结合系统中污水处理效果、工艺能耗、膜污染程度、膜清洗方式等不同因素，应研究建立包含其环保性能、能源消耗、技术性能、安全可靠性能等在内的评价指标体系，形成完善的污水 MBR 工艺运行效果评价方法。

### 1.3.10 工业高盐废水膜法处理模块化装备标准

尽管针对高盐废水膜法处理有反渗透技术、设备、工程技术规范方面的标准，但是装备运行效果评价技术要求方面的标准仍旧空白，导致先进技术和装备得不到推广，阻碍了行业技术革新和产业发展。因此，亟须研制高盐废水膜法处理模块化装备运行效果评价技术要求的国家标准，推动 DTRO 膜系统装备的大范围推广应用。

### 1.3.11 固废处理处置工艺技术标准

目前，对于固体废弃物处理处置的标准多集中于末端控制，对源头和过程的控制并未作出要求，选取的工艺技术种类繁杂，技术水平差异较大，不利于行业提升发展。针对固体废弃物处理处置的标准覆盖面较为宽泛，针对性不够强，系统性较差，同时多数相关标准制定的年代较为久远，与如今快速发展的新形势和环保新要求相符度不高，综合性也不强。因此，对于新兴的固体废弃物处理处置工艺技术，应该未雨绸缪，在设计之初就制定科学的标准，促进行业的高质高效绿色发展。

### 1.3.12 固废处理处置装备设施标准

固体废弃物处理处置的标准多集中在对末端治理和排放的要求上，对处理处置过程的装备和设施还没有相关规定，装备设施的能效水平无法评估，不利于整体的节能减排和管理。后续亟须制定有关固体废弃物处理处置的全生命周期过程的标准，从系统上综合管理和评估固体废弃物的处理处置水平；对于相关装备，应制定科学合理的装备运行效果评估指标体系，充分体现设备的实际运行情况，推动行业选用高效能的装备设施，实现节能减排目标。

# 2 高效能污水处理与回用工艺及装备评价技术标准研究

## 2.1 《污水处理用厌氧消化成套装置》标准研究

### 2.1.1 标准计划来源

为带动环保行业健康有序地发展，从而提升我国生态环境的整体水平，根据国家标准委《关于下达 2011 年第二批国家标准制修订计划的通知》（国标委综合〔2011〕66 号），《高效厌氧消化成套装置》国家标准由国家发展和改革委员会提出，全国环保产业标准化技术委员会（SAC/TC 275）归口管理并组织制定，标准计划编号：20110913-T-303。为了更有针对性地规定厌氧消化成套装置的技术要求，标准名称最终确定为《污水处理用厌氧消化成套装置》。

### 2.1.2 标准内容解读及编制依据

厌氧处理法作为一种节能的高浓度有机废水处理技术，是各国研究的热点，经过几十年的发展，厌氧技术已经发展出多种反应器类型，如升流式厌氧反应器（UASB）、厌氧颗粒污泥膨胀床反应器（EGSB）、内循环厌氧反应器（IC）以及全混厌氧反应器（CSTR）。各种反应器具有各自的设计思路以及技术优势，适用于不同条件的污水处理。

很多管理部门、设计部门、科研单位，在从事厌氧污水处理工程的设计及运行管理工作中已积累了一些实践经验，但是国内尚缺乏可操作性的技术规范用以指导厌氧消化成套装置的建设与运行。据调查发现，由于长期以来缺乏规范指导，无论在工程建设还是设施运行管理方面都存在一些问题，影响了污水处理设施效能的充分发挥。因此，总结国内外厌氧技术发展与应用经验，编制厌氧消化成套装置技术规范，对正确应用和科学管理采用厌氧消化成套装置具有积极意义，也是废水处理工艺方法标准体系建设的重要内容。

《污水处理用厌氧消化成套装置》（以下简称“本文件”）的主要技术内容包括以下方面。

#### 2.1.2.1 范围

厌氧技术主要是处理物料中的有机质。物料分为有机废水、餐厨垃圾、污泥等不同形式。处理不同的物料，反映在处理的技术要求和处理效果上也有所区别。本文件只适用于处理污水有机质的厌氧消化成套装置。

本文件规定了污水处理用厌氧消化成套装置的分类和标记、技术要求、试验方法、检验规则，以及标志、使用说明书、包装、运输和贮存等，适用于处理污水中 COD 浓度大于 1000mg/L 的厌氧消化成套装置（作为单元设备，主要作用是降解 COD）。

#### 2.1.2.2 规范性引用文件

本部分给出了在厌氧消化成套装置设计、施工、环保验收及运行管理的过程中提供技术要求的相关环境保护标准和文件，这些标准和文件的有关内容将作为本文件的组成部分。

#### 2.1.2.3 术语和定义

本部分给出了为执行本文件需要界定的术语及其定义。

厌氧消化：在无氧条件下，兼性菌和厌氧菌将污水中有机质分解为 $CH_4$、$CO_2$、$H_2O$ 和 $H_2S$ 的过程。

污水处理用厌氧消化成套装置：以厌氧消化处理工艺为主，集厌氧反应器和其他配套设备于一体用于处理污水有机质的成套装置。

容积负荷：反应器单位容积每日去除污水中有机污染物（COD）的质量，一般以 $kg/(m^3 \cdot d)$ 表示。

悬浮物：悬浮在水中的固体物质，包括不溶于水中的无机物、有机物及泥沙、黏土、微生物等，一般以 mg/L 表示。

外循环：采用循环泵从装置内部抽取部分污水，经外循环管道与进水混合再次返回装置下部的一种循环方式。

内循环：三相分离器分离收集沼气过程中携带一定量污水，经气液分离后这部分污水再次返回装置下部，形成一种循环方式。

#### 2.1.2.4　分类和标记

本部分对装置的分类和标记作出了规定。

#### 2.1.2.5　技术要求

（1）基本要求

本部分主要给出了厌氧消化成套装置（以下简称“装置”）产品的一般要求，包括材料、结构、制造加工要求等。

（2）装置要求

本部分主要给出了装置主体设备和配套设备的要求。

（3）性能要求

本部分主要给出了装置在适宜运行参数下的性能要求，主要包括处理能力、处理水质要求。

a）处理能力

装置应能满足生产设计时规定的处理能力要求。装置的处理能力可分为 $100m^3/d$、$200m^3/d$、$300m^3/d$、$400m^3/d$ 等规格。企业在新建和改扩建废水处理项目时，要根据实际生产中水质水量的排放规律来确定设计水量和变化系数。在选择厌氧消化成套装置时，应按最高日平均时的污水量设计。设计出水应根据出水排放地点的不同，满足相应的排放标准。

b）处理水质

污水预处理后，经泵送入装置反应器的水质要求如下：

①反应器进水中总固体含量应不大于 10%。

②污水中氨氮浓度宜小于 2500mg/L。因为超过 2500mg/L 时，铵离子将成为影响甲烷菌活性的首要因素，此时厌氧发酵过程将无法正常运行。因此，应控制进水氨氮浓度，防止氨抑制。

③污水中的油脂浓度宜小于 1000mg/L。油脂是高级脂肪酸甘油酯的统称，不饱和脂肪酸甘油酯称作油，饱和脂肪酸甘油酯称作脂肪。污水中的油脂在厌氧条件下，首先被胞外脂肪酶水解成长链脂肪酸和甘油。甘油为易降解物质，在进入微生物体内后进行降解，最终转化成甲烷和二氧化碳。长链脂肪酸的厌氧降解过程较为缓慢，是油脂代谢过程的控速步骤。长链脂肪酸的累积可能对厌氧发酵菌造成严重

的毒性抑制，同时易造成污泥上浮及流失，这将导致厌氧发酵效率降低，严重时甚至厌氧失效。此外，油脂在厌氧消化过程中容易形成泡沫和浮渣，也会影响装置反应器处理效率以及系统稳定性。

④厌氧消化成套装置的容积负荷（以 $COD_{Cr}$ 计）应不低于 3.0kg/（$m^3$·d）。在厌氧发酵中，容积负荷通常指容积有机负荷，即厌氧消化成套装置单位有效容积每天接受的有机物量。厌氧系统的稳定运行取决于产酸与产甲烷过程的相对平衡。容积负荷过低，物料产气率或有机物去除率虽可提高，但容积产气率降低，反应器容积将增大，使厌氧反应设备的利用效率降低，投资和运行费用提高。

⑤装置的正常运行噪声声压级应不大于 80dB（A）。

（4）安全要求

本部分主要给出了装置的安全要求，包括故障报警、安全防护装置、正负压保护装置、有害气体报警装置、防爆要求及防雷接地要求等。

#### 2.1.2.6　试验方法

本部分对装置外观、处理水量、处理水质、容积负荷、运行噪声等试验项目作出了规定。

#### 2.1.2.7　检验规则

本部分对装置的出厂检验、型式检验和现场检验作出了规定。

#### 2.1.2.8　标志、使用说明书、包装、运输和贮存

本部分对装置的标志、使用说明书、包装、运输和贮存作出了规定。

### 2.1.3　标准效益分析

本文件的技术内容以现有国家节能环保法律法规为基础，与节能环保政策、规划、制度所述的战略目标保持一致，充分考虑了与现行环保技术、装备国家标准，环保服务领域行业标准之间的协调性。

## 2.2 《高级氧化芬顿系统设施运行效果评价技术要求》标准研究

### 2.2.1 运行效果评价体系指标构建

针对典型行业污水高级氧化芬顿处理工艺系统设施运行过程中存在的影响运行效果的问题，收集不同行业的运行参数，参考不同行业废水处理系统和主要处理单元技术及工艺运行模式，开展现有高级氧化芬顿处理工艺运行模拟研究，识别其系统的工艺运行效果、各单元主要技术、资源能源消耗、技术经济性能、运行管理以及设施设备状况等方面的评价指标体系，建立相关系统设施运行效果评价方法并研制《高级氧化芬顿系统设施运行效果评价技术要求》标准。

（1）企业调研

针对系统设施运行效果评价技术方法不完善、标准缺失等问题，通过企业调研，掌握系统设施标准化工作需求与现状，基于我国污水处理领域的工作进展与发展需求，综合考虑成熟并已得到广泛应用的评价方式，研究高级氧化芬顿处理工艺的关键技术及设施性能参数，进而识别装备高效、安全运营的关键条件和要求，形成装备技术标准。

（2）数值模拟

在企业调研、现有相关标准梳理、关键技术及设施性能参数分析等工作的基础上，根据拟研究核心材料、环保设施的特点，采用数值模拟等方法识别和确定关键装备及核心单元的运行参数、约束条件和极限数据，结合水处理工艺单元、运行数据和污染物降解模型，开展现有工艺运行模拟研究，建立包含环保属性、资源能源消耗、技术经济性能、运行管理及设施设备状况等方面的评价指标体系，建立相关高级氧化芬顿技术标准化评价的研究方法。

### 2.2.2 标准内容解读及编制依据

《高级氧化芬顿系统设施运行效果评价技术要求》（以下简称“本文件”）的主要内容包括以下方面。

#### 2.2.2.1 范围

本文件规定了高级氧化芬顿系统设施运行评价技术要求的总则、评价指标与计算方法、评价方法等，适用于典型行业（包括造纸废水、印染废水、焦化废水、制药废水、垃圾渗滤液及含酚物质废水）的高级氧化芬顿系统设施运行效果评价。

#### 2.2.2.2 规范性引用文件

根据本文件技术内容的需要，涉及的相关国家标准、行业标准、法规政策、技术规范、监测方法等作为本文件的规范性引用文件。

#### 2.2.2.3 术语和定义

本文件涉及的术语和定义包括氧化芬顿、芬顿试剂、氧化反应池、调酸池、催化剂混合池、中和池、固液分离池、评价指标、设施设备运行效果、能耗物耗、设备完好率等。

#### 2.2.2.4 总则

高级氧化芬顿系统设施运行效果的评价应以环境保护法律、法规、标准为依据，以达到国家标准、地方标准以及行业标准要求为前提，科学、客观、公正、公平地进行。

#### 2.2.2.5 评价指标与计算方法

本文件的评价指标包括工艺运行效果与稳定性、能耗物耗、设施设备完好率、生产管理，作为一级评价指标。评价指标分值是依据各指标在高级氧化芬顿系统的运行过程中的重要程度给出的。评价指标的选取主要依据行业废水处理系统和主要处理单元技术要求及工艺运行模式，并通过企业调研收集相关信息，结合专家指导意见及征求反馈意见，选取重点关注内容及高频次具有代表性的因子，结合数值模拟的方式确定本评价标准的主要指标。

（1）工艺运行效果与稳定性指标

工艺运行效果是评价高级氧化芬顿技术的主要指标之一，包括运行连续性、水质达标率、产泥量达标率。工艺稳定性评价包括进水稳定性、预处理和前处理稳定性、设备材料稳定性、处理工艺单元稳定性。为了保证高级氧化芬顿系统的稳定运行，应解决运行中可能出现的技术问题，提高芬顿系统的运行效率。

（2）能耗物耗指标

能耗物耗指标能够合理地评价高级氧化芬顿系统的用能情况，包括单位污水处理电耗和单位污水处理药耗。作为高能耗物耗的产业之一，高级氧化芬顿系统在运行期间需要使用一定量的氧化剂及催化剂进行反应，其处理工艺会增加行业废水的处理成本。同时，高级氧化芬顿系统需要良好的耐酸反应池，对构筑物及管材的要求也相对较高。

（3）设施设备完好率指标

设施设备完好率是评价高级氧化芬顿系统构筑物及主要设备运行的指标，包括基础稳固、结构完整、润滑良好、计量仪表灵敏可靠、安全防护装置齐全有效、设备效能稳定正常等方面。

（4）生产管理指标

生产管理是评价高级氧化芬顿系统日常运行管理和维护的指标。生产管理是一项庞大的系统性工程，通过科学的管理方法和先进的管理理念，提升相关工作人员的工作质量，避免不必要的危险发生，保证体系的正常运行，从而有效地提升高级氧化芬顿系统的污水处理水平。

#### 2.2.2.6　评价方法

结合高级氧化芬顿技术系统现状调研，以及参与单位和专家提供的评价指标确定本文件的主要评价单元，尽可能包含多行业、多种芬顿系统的运行模式及各项技术，避免主观因素指标的影响。

### 2.2.3　标准效益分析

（1）技术综合分析

高级氧化芬顿技术是一种处理范围较广、效率较高的水处理技术，在处理持久性难降解有机物废水方面具有广阔的应用前景，普遍应用于造纸废水、印染废水、焦化废水、制药废水、垃圾渗滤液及含酚物质废水等的处理。随着工业的快速发展，含各种有机污染物的废水日益增加，高级氧化芬顿法作为废水处理及可改善水质可生化性的预处理工艺，在我国已得到了广泛应用。

芬顿系统设施对于操作条件要求精准，不同的操作条件会直接改变系统设施运行的效果。氧化芬顿技术受溶液 pH 值的影响较大，该技术需要在酸性范围内进行，以避免 $Fe^{3+}$ 形成氢氧化铁沉淀。对 pH 值精确控制的要求以及实际中难以维持稳定的酸性条件，阻碍了高级氧化芬顿技术的实际应用。芬顿控制 pH 值一般为 3～4，$H_2O_2$ 投加量为 COD 理论去除率的 1.5～2 倍，$n(H_2O_2):n(Fe^{2+})$ 控制在 2～10，可以获得不同的 COD 处理效果，基本去除率为 25%～65%。

制定科学先进、可操作性强的高级氧化芬顿系统高效能评价与系统设施运行效果评价技术标准，指导高级氧化芬顿废水处理系统的高效运行，利于引导开发高质高效的新设备和新材料，更利于通过系统的优化控制实现高效的系统技术集成，提高运行效率和处理水平。

（2）经济成本分析

高级氧化芬顿系统运行过程中使用一定量的氧化剂和催化剂，导致其处理系统成本较高。因此，在标准的制定过程中需要考虑能耗物耗等各方面的经济成本，从经济效益方面进行全方位评价。

（3）环境效益分析

从对污水处理行业的环境效益来看，提高芬顿系统设施处理效果、运行效率和处理水平，可有效实现污水的再循环使用。

我国工业废水的排放量不断增加，这些废水中大多含有毒有害且难生物降解的污染物，这些污染物不易去除分离。高级氧化芬顿技术作为一种非常有效的废水处理手段，既可以在废水处理的中段提高废水的可生化性，又可以在处理系统的末端进行深度处理，再配合其他处理技术以达到中水回用，可以实现循环利用的目标。

高级氧化芬顿系统设施运行效果评价技术要求的标准化可以指导高级氧化芬顿废水处理系统的高效运行，保护系统长时间安全稳定且环保经济地运行，同时提高运行效率和处理水平。

## 2.3 《成套生活污水处理装置》标准研究

### 2.3.1 标准核心内容

《成套生活污水处理装置》（以下简称“本文件”）的核心内容包括以下方面。

#### 2.3.1.1 范围

本文件规定了单套额定日处理水量不超过 1000m$^3$/d 的成套生活污水处理装置（以下简称“成套装置”）的分类与标记、使用条件、工艺及组成、要求、试验方法、检验规则及标志、包装、运输和贮存。

本文件适用于以生活污水为原水的成套装置。原水水质与生活污水相类似的成套装置可参照执行。

#### 2.3.1.2 规范性引用文件

下列文件中的内容通过文中的规范性引用而构成本文件必不可少的条款。其中，注日期的引用文件，仅该日期对应的版本适用于本文件；不注日期的引用文件，其最新版本（包括所有的修改单）适用于本文件。

GB/T 191 包装储运图示标志

GB/T 700 碳素结构钢

GB/T 1591 低合金高强度结构钢

GB 2894 安全标志及其使用导则

GB/T 4171 耐候结构钢

GB/T 4208 外壳防护等级（IP 代码）

GB/T 5657 离心泵技术条件（Ⅲ类）

GB 6388 运输包装收发货标志

GB/T 7251.1 低压成套开关设备和控制设备 第 1 部分：总则

GB/T 7251.2 低压成套开关设备和控制设备 第 2 部分：成套电力开关和控制设备

GB/T 7991.6 搪玻璃层试验方法 第 6 部分：高电压试验

GB/T 8923.1 涂覆涂料前钢材表面处理 表面清洁度的目视评定 第 1 部分：未涂覆过的钢材表面和全面清除原有涂层后的钢材表面的锈蚀等级和处理等级

GB/T 9286 色漆和清漆 划格试验

GB/T 9969 工业产品使用说明书 总则

GB 12348 工业企业厂界环境噪声排放标准

GB/T 13306 标牌

GB/T 13384 机电产品包装通用技术条件

GB 18918 城镇污水处理厂污染物排放标准

GB/T 19837　城镇给排水紫外线消毒设备

GB/T 20878　不锈钢和耐热钢　牌号及化学成分

GB/T 24674　污水污物潜水电泵

GB 28233　次氯酸钠发生器卫生要求

GB/T 28742　污水处理设备安全技术规范

GB/T 30790.7　色漆和清漆　防护涂料体系对钢结构的防腐蚀保护　第 7 部分：涂装的实施和管理

GB/T 31962　污水排入城镇下水道水质标准

GB/T 33566　潜水推流式搅拌机

GB/T 37361　漆膜厚度的测定　超声波测厚仪法

GB/T 37894　水处理用臭氧发生器技术要求

GB 50014　室外排水设计标准

GB 50054　低压配电设计规范

GB 50055　通用用电设备配电设计规范

GB 50171　电气装置安装工程　盘、柜及二次回路接线施工及验收规范

GB 50335　城镇污水再生利用工程设计规范

CJ/T 409　玻璃钢化粪池技术要求

CJ/T 489　塑料化粪池

HJ 91.1　污水监测技术规范

JC/T 718　玻璃纤维缠绕增强热固性树脂耐腐蚀卧式贮罐

#### 2.3.1.3　术语和定义

下列术语和定义适用于本文件。

（1）生活污水：因居民活动所产生的各类排水的总称，包括盥洗、洗浴、洗衣、厨房、冲厕排水中的任何一种或者两种及两种以上的混合排水等。

（2）成套生活污水处理装置：采用生化法、生化法与物化法相组合等处理工艺，遵循集成化、模块化、自动化原则开发设计的用于对生活污水进行净化处理、达到规定水质标准的成套装置，主要包括生物反应器、工艺设备、电气控制设备、仪表等主要部件及管道、电缆等。

（3）生物反应器：成套生活污水处理装置中用于为活性微生物生长提供所需条件，通过生化法、生化法与物化法相组合等处理工艺对污水进行净化处理的功能单元。

（4）设备间（箱）：成套生活污水处理装置中用于集成工艺设备、电气控制设备、仪表等主要部件及管道、电缆等的功能单元。

（5）装置主体：成套生活污水处理装置中用于容纳污水和部件的主体结构。

（6）一体化装置：生物反应器、设备间（箱）等所有功能单元都集成为一个整体的成套生活污水处理装置，也可称为一体化污水处理设备。

（7）分体式装置：生物反应器、设备间（箱）等功能单元在空间上分开设置、通过管道和（或）线缆相连接的成套生活污水处理装置，也可称为分体式污水处理设备。

（8）设备质量：成套生活污水处理装置完成总装但尚未加注水和药剂时的自身质量，也称空载质量。

（9）最大总质量：成套生活污水处理装置处于运行状态且内部达到最高液位时其自身质量与承载物质量的总和。

（10）清水试车：将清水注入成套生活污水处理装置内部，对其进行以清水为处理对象的仅具有水力负荷的联合试运转，以对成套装置的功能进行初步验证。

（11）工艺调试：将污水和接种微生物注入成套生活污水处理装置内部，对其进行以实际污水为处理对象的既有水力负荷又有污染物负荷的联合试运转，使成套装置出水水质逐步达到规定的标准，具备水质净化功能。

#### 2.3.1.4 分类与标记

（1）分类

按成套装置总体结构可分为：

——一体化装置；

——分体式装置。

按成套装置安装场合可分为：

——室内地上式装置；

——室外埋地式装置；

——室外移动式（集装箱式）装置；

——室外地上式装置。

（2）标记

成套装置标记以成套生活污水处理装置代号（DWP）、原水水质代号、出水水质代号、处理能力代号、安装场合代号及结构材质代号组合而成，如图 2-1 所示。

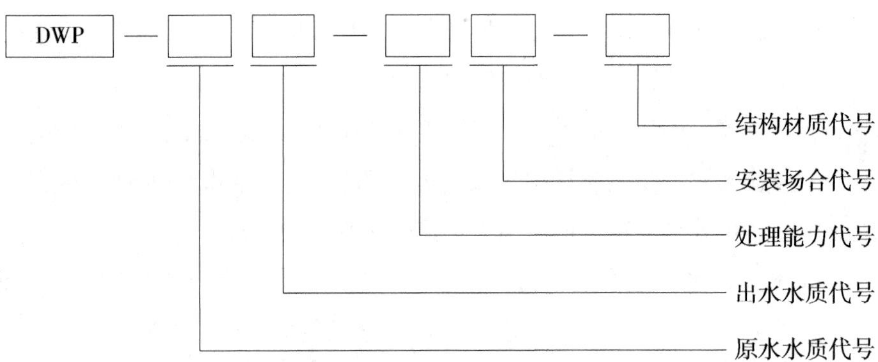


图 2-1　成套装置标记

原水水质代号：成套装置可接纳不同污染物浓度的原水，分别以 L、M、H、T 作为不同原水水质等级的代号，即

L——较低浓度生活污水［主要控制项目及其限值见附录 A（略）］；

M——中等浓度生活污水［主要控制项目及其限值见附录 A（略）］；

H——较高浓度生活污水［主要控制项目及其限值见附录 A（略）］；

T——其他浓度生活污水（控制项目及其限值由制造商与用户之间签订的专门协议确定）。

出水水质代号：成套装置的出水可达到不同的水质等级，分别以 1、2、3、4、5 作为不同出水水质等级的代号，即

1——优等品质出水［主要控制项目及其限值见附录 A（略）］；

2——良好品质出水［主要控制项目及其限值见附录 A（略）］；

3——中等品质出水［主要控制项目及其限值见附录 A（略）］；

4——普通品质出水［主要控制项目及其限值见附录 A（略）］。

5——其他品质出水（控制项目及其限值由制造商与用户之间签订的专门协议确定）。

处理能力代号：以成套装置额定日处理水量的数值（单位为 $m^3/d$）作为其处理能力代号，参见附录 B（略）。

安装场合代号：成套装置的安装场合有室内地上式、室外埋地式、室外移动式（集装箱式）、室外地上式四种类型，分别以 A、B、C、D 作为代号，即

A——室内地上式；

B——室外埋地式；

C——室外移动式（集装箱式）；

D——室外地上式。

结构材质代号：装置主体的结构材质主要包括碳钢、不锈钢、玻璃钢、塑料及其他材料，分别以 CS、SS、FRP、P、OM 作为代号，即

CS——碳钢；

SS——不锈钢；

FRP——玻璃纤维增强塑料（简称“玻璃钢”）；

P——塑料（除玻璃钢外）；

OM——其他材料。

标记示例：DWP-M3-50B-FRP，表示以中等浓度生活污水为原水、出水为中等品质、额定处理能力为 $50m^3/d$、安装场合为室外埋地式且结构材质为玻璃钢的成套生活污水处理装置。

#### 2.3.1.5　使用条件

（1）正常使用条件

a）原水条件

成套装置每日和每小时的进水流量应不超过附录 B（略）中最高日进水量和最高时进水量的限值。成套装置的进水温度应为 10～40℃。当成套装置进水温度超出上述范围时，应进行适当的加热或降温处理。原水水质代号为 L、M、H 的成套装置的进水水质应符合附录 A（略）的规定，附录 A（略）以外的其他控制项目应符合 GB/T 31962 的规定。当原水水质代号为 L、M、H 的成套装置的进水水质不符合附录 A（略）以及 GB/T 31962 的规定时，应进行适当的预处理。原水水质代号为 T 的成套装置的进水水质应符合制造商与用户之间签订的专门协议中确定的原水水质控制项目及其限值要求。

b）环境条件

室内地上式成套装置的周围空气温度应为 -5～40℃，且 24h 内的平均温度不超过 35℃，不低于 5℃。室外埋地式、室外移动式和室外地上式成套装置的周围空气温度应为 -40～45℃，且 24h 内的平均温度不超过 40℃，不低于 -25℃。室内地上式、室外移动式和室外地上式成套装置及室外埋地式成套装置的地上部分所处环境的相对湿度应不超过 95%。成套装置安装地点的海拔不超过 2000m。

c）配套设施

采用成套装置的污水处理厂（站）内应设置调节池，用以调节原水水量水质。调节池进水口处应设置粗格栅。调节池内部应设置调节搅拌装置，可为搅拌机或穿孔曝气搅拌系统。调节池宜兼有沉沙功能。

采用成套装置的污水处理厂（站）内宜设置清水池，用以贮存成套装置处理出水，供厂（站）内部使用。当成套装置出水作为再生水（中水）进行回用时，污水处理厂（站）内应设置再生水池（中水池）。

采用成套装置的污水处理厂（站）内宜设置污泥储池，用以贮存成套装置排出的剩余污泥和/或化学污泥。设计处理规模较大的污水处理厂（站）时宜设置污泥处理设备，用以对污泥进行机械脱水处理或采用其他方法进行妥善处理，便于外运处置。

采用成套装置的污水处理厂（站）应设置围界护栏设施。

d）安装要求

成套装置的安装位置应符合下列规定：①具有确保成套装置整机或者其最大尺寸的结构部件可以运输、装卸的通道和空间；②与住宅或者有人居住的房间的最小距离为 5m；③室外埋地式装置不得安装在有车辆经过的道路下方，宜安装在绿化用地下方；④不得影响其他建筑物、构筑物基础；⑤不得安装于给水、燃气管道以及电气、通信电缆管道之上。

成套装置的安装基础应符合下列规定：①承载力大于成套装置最大总质量所对应的荷载水平；②宜设置钢筋混凝土基础；③基础水平度不超过成套装置长度的 1/1000，平面度不超过 ±8mm。

室外埋地式装置的安装条件应符合下列规定：①埋设深度不宜大于 6m，覆土厚度不宜大于 2m；②当地下水位较高时，应采取抗浮措施；③设备间（箱）宜设置于地面。

（2）特殊使用条件

如果存在下列任何一种特殊使用条件，则应遵守适用的特殊要求，成套装置制造商与用户之间应签订专门的协议。如果存在这类特殊使用条件，用户应向成套装置制造商提出。特殊使用条件举例如下：

a）原水水质和/或出水水质与附录 A（略）的规定值不同；

b）日变化系数和/或总变化系数与附录 B（略）的规定值不同；

c）大气污染物控制要求和/或噪声控制要求与规定值不同；

d）温度、相对湿度和/或海拔高度与规定值不同；

e）安装在可能被雨水淹没设备间（箱）的场地；

f）安装在有可能受到洪水冲击的场地；

g）与住宅或者有人居住的房间的最小距离与规定值不同；

h）室外埋地式装置安装在有车辆经过的道路下方；

i）室外埋地式装置的埋设深度、覆土厚度与规定值不同；

j）安装在无法以整机形式进场的场地；

k）在使用中，温度和/或气压的急剧变化，以致在成套装置内易出现异常的凝露；

l）空气被尘埃、烟雾、腐蚀性微粒、放射性微粒、蒸气或盐雾严重污染；

m）暴露在极端的气候条件下；

n）安装在有火灾或爆炸危险的场地；

o）异常过电压状况或异常的电压波动；

p）电源电压或负载电流的过度谐波。

#### 2.3.1.6　工艺及组成

成套装置的工艺及组成参见附录C（略）。

#### 2.3.1.7　要求

（1）外观要求

外壳表面应光滑平整，不应存在疤痕、凸凹等影响外观的缺陷。各处保护、装饰涂层应均匀，不应存在起皮、剥落及其他缺陷。成套装置各附属物（件）的安装位置应准确，各部分均不应存在妨碍安装、检修、维护等的缺陷。成套装置的管道应布局合理、安装平直。

（2）功能要求

a）处理效果要求

出水水质代号为1、2、3、4的成套装置的出水水质应符合附录A（略）的规定。出水水质代号为5的成套装置的出水水质应符合制造商与用户之间签订的专门协议中确定的出水水质控制项目及其限值要求。[成套装置出水可有不同的去向或用途，当用户对成套装置出水水质主要控制项目及其限值要求与附录A（略）不同和/或对附录A（略）以外的控制项目提出要求时，成套装置制造商与用户之间应签订专门的协议，应对成套装置采取必要的工艺调整或强化措施，以确保满足适用的特殊要求。]

b）处理能力要求

成套装置在其原水水质代号和出水水质代号所对应的原水水质和出水水质条件下的实际处理能力应不小于其额定处理能力的95%。单套成套装置额定处理能力的分级情况参见附录B（略）。

c）曝气功能要求

成套装置的曝气设备应确保各曝气区域内的供气量符合设计要求，并且曝气均匀。

d）电气功能要求

成套装置的电气控制柜应确保各用电部件均能获得所需的配电，并且稳定工作，电气控制柜面板和/或人机界面各项功能均可以正常使用。

e）自动控制功能要求

成套装置的自动控制系统应确保其能够无人值守运行（不包括污水提升泵堵塞处理、栅渣清理、药剂补充等在内的成套装置维护保养工作）。

（3）制造要求

a）材质要求

当成套装置主体的结构材质为碳钢时，所用碳钢可为碳素结构钢、低合金高强度结构钢、耐候结构钢或其他具有同等甚至更优力学性能的钢材，所用碳素结构钢应符合 GB/T 700 的规定，所用低合金高强度结构钢应符合 GB/T 1591 的规定，所用耐候结构钢应符合 GB/T 4171 的规定。当成套装置主体的结构材质为不锈钢时，宜选用奥氏体型不锈钢，其化学成分应符合 GB/T 20878 的规定。当成套装置主体的结构材质为玻璃钢时，所用合成树脂和玻璃纤维应符合相关标准的规定。当成套装置主体的结构材质为塑料时，所用塑料可为聚乙烯（PE）、聚丙烯（PP）、硬聚氯乙烯（PVC-U）、聚偏二氟乙烯（PVDF）或其他新型材料，应符合相关标准的规定。

b）防腐性能要求

以碳钢制造的成套装置主体涂装前应进行喷砂（丸）处理，其等级应不低于 GB/T 8923.1 中规定的 Sa21/2 级，室外埋地式装置主体内外表面以及室内地上式装置、室外移动式装置、室外地上式装置主体内表面应涂防腐涂料或衬玻璃钢、橡胶等，防腐层要求应符合相关标准的规定，不得脱皮或有明显斑点，涂层应均匀、美观、牢固、无擦伤、无划痕，室内地上式装置、室外移动式装置和室外地上式装置主体的外表面采用油漆类防护涂层时，涂装应符合 GB/T 30790.7 的规定。

c）尺寸要求

采用碳钢或不锈钢制造的成套装置主体的外形几何尺寸和壁厚应符合设计文件的要求，外形尺寸偏差应符合表 2-1 的规定。

表 2-1 线性尺寸与直线度、平面度和平行度公差 单位：mm

| 线性尺寸公差 | 公称尺寸 $l$ 的范围 | | | | | |
|---|---|---|---|---|---|---|
| | ＞400～1000 | ＞1000～2000 | ＞2000～4000 | ＞4000～8000 | ＞8000～12000 | ＞12000～16000 |
| | 公差 $t$ | | | | | |
| | ±6 | ±8 | ±11 | ±14 | ±18 | ±21 |
| 直线度、平面度和平行度公差 | 公称尺寸 $l$（对应表面的较长边）的范围 | | | | | |
| | ＞400～1000 | ＞1000～2000 | ＞2000～4000 | ＞4000～8000 | ＞8000～12000 | ＞12000～16000 |
| | 公差 $t$ | | | | | |
| | ±5.5 | ±9 | ±11 | ±16 | ±20 | ±22 |

采用玻璃钢制造的成套装置主体的尺寸偏差应符合下列规定：

——卧式或立式罐体的内径及外圆度偏差应不大于 1%；

——长度及高度偏差应不大于 0.5%，且应不大于 13mm；

——壁厚应满足设计要求，不得有负公差；

——法兰平面与接管轴线的允许偏差角、法兰接管的方位偏差以及其他要求应符合 JC/T 718 的规定。

采用塑料制造的成套装置的尺寸偏差应符合下列规定：

——壁厚应满足设计要求，不得有负公差；

——有效容积偏差应符合 CJ/T 489 的规定。

水泵、曝气设备、搅拌设备等工艺设备及管道的安装允许偏差应符合设计文件的规定。

（4）强度及严密性要求

以玻璃钢或塑料制造的室外埋地式装置主体，其荷载能力应符合 CJ/T 489 的规定。结构材质为玻璃钢的成套装置主体的抗冲击强度应符合 CJ/T 409 的规定。结构材质为塑料的成套装置主体的抗冲击强度应符合 CJ/T 489 的规定。成套装置主体的耐压强度应确保在最高水位下无渗漏和明显变形。内部设有在使用或检修时可能会单侧承压的隔板的成套装置主体，该隔板的耐压强度应确保其在单侧承受最大水压时无明显变形；设计要求隔板连接处应严密时，隔板两侧应无相互渗漏。成套装置内部水、气、药管路系统的强度及严密性应满足工艺要求，并应无水、气、药泄漏。

（5）安全要求

a）电气安全要求

户内电气控制柜的外壳防护等级应不小于 GB/T 4208 中的 IP54 标准，户外电气控制柜的外壳防护等级应不小于 GB/T 4208 中的 IP65 标准。电气控制柜的面板上应设置急停按钮。成套装置的绝缘电阻应符合表 2–2 的规定。

表 2–2　绝缘电阻　　单位：MΩ

| 序号 | 测量部位 | 绝缘电阻要求 |
|---|---|---|
| 1 | 总电源断路器相间、总电源每一相线与接地母排、电机绕组与电机外壳 | ≥0.5 |
| 2 | 二次回路与接地母排 | ≥1 |

电气控制柜的介电性能应符合 GB/T 7251.1 的规定。电气控制柜内的保护接地和信号回路接地应分别接到电气控制柜的接地母排上。下列部位应做保护接地：

——干式安装电机外壳或与外壳接触的底座；

——互感器的二次绕组；

——电气控制柜的金属外壳及底座；

——以金属材质制作的生物反应器；

——流量及水质测量仪表的外壳。

成套装置的保护电路有效性应符合下列规定：

——电气控制柜外露可导电部分与保护电路之间的有效接地的连续性应符合 GB/T 7251.1 的规定。

——其他用电部件的外壳与电气控制柜的接地母排之间的电阻应不大于 4Ω。

——应采取漏电保护措施，漏电保护器的选用应符合 GB 50054 的规定。成套装置宜采用漏电断路器作为二次回路的电源开关。

——应装设短路保护和过载保护器件，其类型和安装应符合 GB 50054 和 GB 50055 的规定。

b）其他安全要求

成套装置应在合适位置设置固定钢梯、操作平台、防护栏杆，且应符合相关标准的规定。

成套装置应在其检修孔处设置检修盖板，检修盖板下部应设置安全防护网。

成套装置应对其运行和检修时会有人踩踏的表面进行防滑设计。

成套装置在易燃、易爆场合使用时，主机及附件均应采用防爆型设备。

成套装置在其他安全要求和措施方面应符合 GB/T 28742 的规定。

（6）环境保护要求

a）大气污染物控制要求

成套装置正常运行时排放的大气污染物应符合表 2-3 的规定。

表 2-3 大气污染物排放最高允许浓度 单位：$g/m^3$

| 污染物项目 | 氨 | 硫化氢 | 臭气浓度（无量纲） | 甲烷（最高体积浓度）/% |
|---|---|---|---|---|
| 浓度 | ≤1.5 | ≤0.06 | ≤20 | ≤1 |

当成套装置用户对大气污染物排放有更高要求时，成套装置制造商与用户之间应签订专门的协议，成套装置内部应集成废气收集管路和废气净化设备，以确保满足适用的特殊要求。

b）噪声控制要求

成套装置正常运行时产生的噪声声压级应符合表 2-4 的规定。

表 2-4 噪声声压级 单位：dB（A）

| 处理能力代号 | 2、5 | 10、15、20、30 | 50、100 | 150、200 | 250、300 | 400、500、1000 |
|---|---|---|---|---|---|---|
| 噪声声压级 | ≤50 | ≤60 | ≤65 | ≤70 | ≤75 | ≤80 |

当成套装置用户对噪声排放有更高要求时，成套装置制造商与用户之间应签订专门的协议，应对成套装置采取吸声、隔声、降噪、减振等噪声控制措施，以确保满足适用的特殊要求。

c）固体污染物控制要求

成套装置应设置便于收集并清理栅渣的设施，并应配备可用于排除污泥的排泥泵或其他排泥装置。

（7）可靠性要求

成套装置的平均无故障工作时间（MTBF）应不少于 1000h。

（8）经济性要求

a）电耗要求

成套装置正常运行时的单位污水耗电量应不超过制造商提供的上限值的 120%。

b）药耗要求

成套装置正常运行时的单位污水耗药量（包括除磷剂、碳源、消毒剂、功能菌剂、膜清洗剂等全部药剂）应不超过制造商提供的上限值的 120%。

c）污泥产量要求

成套装置正常运行时的单位污水产泥量（包括剩余污泥、化学污泥等全部污泥）应不超过制造商提供的上限值的120%。

（9）通用性要求

成套装置的零部件、紧固件以及结构件宜采用标准件，并符合相应标准的要求。

#### 2.3.1.8 试验方法

（1）外观检验

采用目测检验：

a）目测外观结构是否合理，各部件连接应符合设计要求；

b）目测涂层是否均匀，无皱纹、黏附颗粒杂质和明显刷痕等缺陷；

c）成套装置内部各工艺设备和阀门的规格、数量、安装位置应符合设计要求；

d）电气控制柜应固定可靠，漆层完好整洁，柜内各电器元件应齐全完好、安装位置正确、固定牢固，所有回路接线应准确、连接可靠，符合设计要求；

e）成套装置内部各仪表的规格、数量、安装位置应符合设计要求；

f）动力线缆与信号线缆应分开敷设，所有线缆的规格和布置应符合设计要求，排列整齐，无机械损伤；

g）所有标识应齐全、正确、清晰；

h）用水平仪测量生物反应器、设备间（箱）、主要工艺设备及工艺管道，其水平方向和垂直方向应符合设计要求。

（2）功能性试验

a）处理效果检验

应在确保成套装置进水日累计流量在其额定日处理水量的70%与最高日进水量之间、进水瞬时流量在其额定时处理水量的70%与最高时进水量之间，进水中有机物、氮、磷等主要污染物浓度为其原水水质限值的60%～100%，进水温度为10～25℃的条件下，对成套装置开展运行试验，以验证其处理效果。运行试验的持续时间应不少于2个月（不含工艺调试时间）。在运行试验期间，按照HJ 91.1的规定，对成套装置实际进水水质和出水水质进行手工监测，水样采集方式可通过手工或自动采样，若手工采样宜采用等时混合水样，采样频次为至少每2h一次，取24h混合样，以日均值计。水质采样时间间隔和采样数量可参照附录D（略）执行。各控制项目的分析方法应按照GB/T 31962和GB 18918的规定执行。各控制项目达标率均为90%及以上为合格。运行试验宜采用包括水质自动采样器、化学需氧量水质自动分析仪、氨氮水质自动分析仪、总磷水质自动分析仪、总氮水质自动分析仪在内的水污染源在线监测系统对成套装置出水水质进行自动监测。运行试验宜开展水量及水质冲击负荷、低温、低碳氮比等特殊进水条件下的处理效果检验。

b）处理能力测定

在运行试验期间，在成套装置出水水质符合规定的前提下，采用准确度等级不低于2.5级的流量计测定成套装置出水瞬时流量（单位：$m^3/h$）和日处理水量（单位：$m^3/d$），测定持续时间与运行试验相同，分别达到其额定时处理水量和额定日处理水量的95%及以上为合格。

成套装置若已安装自动污水流量计，且通过计量部门检定或通过验收的，可采用该流量计的流量值。成套装置若未安装自动污水流量计，流量计应安装于成套装置的出水管路上，安装方式应满足所用流量计对于测量准确度和精度的要求。

c）曝气功能试验

对成套装置进行清水试车，启动供气设备，对装置主体内部需要曝气的部位进行曝气，试验液位应确保曝气器或空气扩散装置被淹没的深度不低于30cm，试验持续时间应不低于20min，查看各部位曝气状况，各部位曝气量达到设计值且曝气均匀为合格。

d）电气功能试验

对成套装置电气控制柜进行通电操作试验，各按钮、指示灯等电器元件能够正确操作、动作、显示，各用电设备及仪表能够正常工作为合格。

e）自动控制功能测试

在清水试车、工艺调试或者运行试验期间，检测成套装置能否在程控状态下无人值守运行，各项反馈指令和动作能否正确执行。

（3）制造质量检验

a）材质检验

对采用碳钢或不锈钢制造的装置主体所用材料进行采样，或者获取装置主体所配样料，按照GB/T 700、GB/T 1591、GB/T 4171或GB/T 20878规定的方法检测其化学成分，符合规定及设计要求为合格。

b）防腐性能检验

对于装置主体结构材质为碳钢并且采用防腐涂料进行表面处理的成套装置，应分别按照GB/T 37361、GB/T 9286的规定检测其漆膜厚度、漆膜附着力，符合设计要求为合格。对于装置主体整体或者局部结构材质为碳钢并且采用玻璃钢进行表面处理的成套装置，应按照 GB/T 7991.6 的规定进行高电压试验，符合设计要求为合格。

c）尺寸检验

线性尺寸用精度为 1mm 的卷尺进行测量，壁厚用精度为 0.02mm 的游标卡尺或千分尺进行测量，直线度可用直尺、刻度钢尺等进行测量，平面度可用刀口尺和塞尺在被测面上进行多方位测量，平行度用平板、带千分表的测量架或水平尺等测量，也可以采用高精度激光测量系统。

每一个方向上的线性尺寸应至少测量 3 次，壁厚应在装置主体各不同厚度面上选取 3 个不同的测量点位，直线度、平面度、平行度应至少在装置主体上选取 3 个被测部位，以上均取其中最大值作为误差近似值。在采用塑料制造的装置主体进行满水试验时，按照 CJ/T 489 规定的方法测量其有效容积。对水泵、曝气设备、搅拌设备等工艺设备及管道的平面位置、标高、标高差、水平度、垂直度等进行测量。

（4）强度及严密性试验

a）装置主体的荷载试验

室外埋地式装置的装置主体制作完成后，按照 CJ/T 489 规定的方法进行荷载试验，压力消失后无破裂、裂缝为合格。

b）装置主体的抗冲击试验

结构材质为玻璃钢的装置主体制作完成后，按照 CJ/T 409 规定的方法进行抗冲击强度测试，钢球冲击处表面无裂纹为合格。

结构材质为塑料的装置主体制作完成后，按照 CJ/T 489 规定的方法进行抗冲击强度测试，落锤冲击处表面无破裂、损坏为合格。

c）装置主体的满水试验或水压试验

装置主体制作完成后，将进出水口封闭，对于非密闭水箱（罐），向水箱（罐）内注入清水至溢流管口高度，保持该水位 24h，检查整个箱（罐）体不变形、不渗不漏即合格；对于密闭水箱（罐），试验压力下 10min 压力不降、不渗不漏即合格。试验压力应符合设计要求。内部设有隔板的装置主体，应在每个隔板的两侧分别进行满水试验或水压试验，两侧均不变形或压力不降、不渗不漏为合格。

d）水、药管路系统的水压试验或灌水试验

成套装置内部介质为水的压力管道（含阀门及其他配件）以及介质为药剂的管道（含阀门及其他配件）应做水压试验。试验压力为工作压力的 1.5 倍，但不得小于0.6MPa，金属及复合管管道系统在试验压力下观测10min，压力降应不大于0.02MPa，然后降到工作压力进行检查，应不渗不漏；塑料管管道系统在试验压力下稳压1h，压力降不得超过0.05MPa，然后在工作压力的1.15倍状态下稳压2h，压力降不得超过0.03MPa，检查系统各连接处不得渗漏和异常变形。成套装置内部介质为水的无压力管道（含阀门及其他配件）应做灌水试验，灌水高度应不低于成套装置最高液位时该段管道所对应的淹没水深，持续1h，管道及接口无渗漏为合格。

e）气管路系统的气压试验

试验压力应为设计压力的1.15倍，试验时应逐步缓慢增加压力，当压力升至试验压力的50%时，如未发现异状或泄漏，继续按试验压力的10%逐级升压，每级稳压3min，直至试验压力。应在试验压力下稳压10min，再将压力降至设计压力，停压时间应根据查漏工作需要而定。以发泡剂检验不泄漏为合格。

（5）电气安全试验

a）外壳防护等级试验

按照GB/T 4208规定的方法对电气控制柜的外壳防护等级进行验证，符合规定为合格。

b）绝缘电阻试验

采用500V 100MΩ及以上兆欧表进行测量，测量时应确保柜壳、电动机外壳与接地装置可靠连接，一次回路各元件应处于断开状态，环境温度为5～40℃，相对湿度不宜高于80%，各测量部位的绝缘电阻符合规定为合格。

c）介电性能试验

在绝缘电阻试验完成后，按照GB/T 7251.1规定的方法对电气控制柜进行介电性能试验，符合规定为合格。

d）保护电路有效性试验

按照GB/T 7251.1规定的方法，使用电阻测量仪器对电气控制柜进行保护电路有效性试验，电阻测量仪器至少能输出10A交流或直流电流。在每个外露可导电部分与总电源进线外部保护导体的端子之间通此电流，电阻不超过0.1Ω为合格。使用电阻测量仪器对成套装置其他用电部件的外壳与电气控制柜的接地母排之间的电阻分别进行测量，电阻不超过4Ω为合格。

（6）环境保护监测

a）大气污染物监测

在运行试验期间，成套装置正常运行时，应按照GB 18918的规定测量成套装置排出的大气污染物浓度，监测次数至少为 3 次，全部监测结果符合规定为合格。

b）噪声监测

在运行试验期间，成套装置正常运行时，应按照 GB 12348 的规定测量成套装置产生的噪声声压级，监测次数至少为 3 次，全部监测结果符合规定为合格。

（7）可靠性检验

在运行试验期间，对成套装置发生的整体停机故障进行记录和统计，并计算其平均无故障工作时间（MTBF），符合规定为合格。

（8）能耗药耗泥量测定

a）单位污水耗电量测定

在运行试验期间，对成套装置每天的耗电量和处理水量进行记录和统计，由此计算其单位污水耗电量，符合规定为合格。

$$\text{单位污水耗电量（kWh / m}^3\text{）} = \frac{\text{成套装置在运行试验期间的累计耗电量（kWh）}}{\text{成套装置在运行试验期间的累计处理水量（m}^3\text{）}}$$

b）单位污水耗药量测定

在运行试验期间，对成套装置每天的耗药量和处理水量进行记录和统计，由此计算其单位污水耗药量，符合规定为合格。

$$\text{单位污水耗药量（kg / m}^3\text{）} = \frac{\text{成套装置在运行试验期间的累计耗药量（kg）}}{\text{成套装置在运行试验期间的累计处理水量（m}^3\text{）}}$$

c）单位污水产泥量测定

在运行试验期间，对成套装置每天的产泥量和处理水量进行记录和统计，由此计算其单位污水产泥量，符合规定为合格。

$$\text{单位污水产泥量（kg / m}^3\text{）} = \frac{\text{成套装置在运行试验期间的累计产泥量（kg）}}{\text{成套装置在运行试验期间的累计处理水量（m}^3\text{）}}$$

#### 2.3.1.9 检验规则

检验分为出厂检验和型式检验。

（1）出厂检验

每台成套装置均应做出厂检验，检验项目应按照表 2-5 的规定执行。

表 2-5 检验项目

<table>
<tr><th rowspan="2">序号</th><th rowspan="2" colspan="2">检验项目</th><th colspan="2">检验分类</th></tr>
<tr><th>型式检验</th><th>出厂检验</th></tr>
<tr><td>1</td><td colspan="2">外观</td><td>√</td><td>√</td></tr>
<tr><td>2</td><td rowspan="5">功能</td><td>出水水质</td><td>√</td><td></td></tr>
<tr><td>3</td><td>处理能力</td><td>√</td><td></td></tr>
<tr><td>4</td><td>曝气功能</td><td>√</td><td>√</td></tr>
<tr><td>5</td><td>电气功能</td><td>√</td><td>√</td></tr>
<tr><td>6</td><td>自动控制功能</td><td>√</td><td></td></tr>
<tr><td>7</td><td rowspan="3">制造</td><td>化学分析（仅限碳钢和不锈钢材质）</td><td>√</td><td></td></tr>
<tr><td>8</td><td>防腐性能（仅限碳钢材质）</td><td>√</td><td>√</td></tr>
<tr><td>9</td><td>尺寸</td><td>√</td><td>√</td></tr>
<tr><td>10</td><td rowspan="5">强度及严密性</td><td>荷载试验（仅限室外埋地式装置）</td><td>√</td><td></td></tr>
<tr><td>11</td><td>抗冲击试验（仅限玻璃钢和塑料材质）</td><td>√</td><td></td></tr>
<tr><td>12</td><td>装置主体的满水试验或水压试验</td><td>√</td><td>√</td></tr>
<tr><td>13</td><td>水（药）管路系统的水压试验或灌水试验</td><td>√</td><td>√</td></tr>
<tr><td>14</td><td>气管路系统的气压试验</td><td>√</td><td>√</td></tr>
<tr><td>15</td><td rowspan="4">电气安全</td><td>外壳防护等级</td><td>√</td><td></td></tr>
<tr><td>16</td><td>绝缘电阻</td><td>√</td><td>√</td></tr>
<tr><td>17</td><td>介电性能</td><td>√</td><td></td></tr>
<tr><td>18</td><td>保护电路有效性试验</td><td>√</td><td>√</td></tr>
<tr><td>19</td><td rowspan="2">环境保护</td><td>大气污染物</td><td>√</td><td></td></tr>
<tr><td>20</td><td>噪声</td><td>√</td><td></td></tr>
<tr><td>21</td><td>可靠性</td><td>平均无故障工作时间</td><td>√</td><td></td></tr>
<tr><td>22</td><td rowspan="3">经济性</td><td>单位污水耗电量</td><td>√</td><td></td></tr>
<tr><td>23</td><td>单位污水耗药量</td><td>√</td><td></td></tr>
<tr><td>24</td><td>单位污水产泥量</td><td>√</td><td></td></tr>
</table>

判定规则：有任何一项不合格，应对不合格项目进行复检；若仍不合格，则判定为不合格品。

（2）型式检验

成套装置在下列情况下，应进行型式检验：

a）产品定型鉴定时；

b）因污水处理工艺、关键设计参数、内部构造或主要部件更改而影响产品性能时；

c）正常生产每4年进行一次；

d）停产超过3年恢复生产时；

e）出厂检验结果与上次型式检验结果有较大差异时；

f）国家质量监督机构提出进行检验的要求时。

抽样规则：型式检验采取从出厂检验合格的成套装置中随机抽样，抽样数为1～2台，检验项目应按照表2-5的规定执行。

判定规则：若出水水质检验不合格，则判定为不合格品。若其他检验项目中有任何一项不合格，应加倍抽样对全部检验项目复检；若仍不合格，则判定为不合格品。

#### 2.3.1.10 标志、包装、运输和贮存

（1）铭牌标志

每套成套装置应在明显而平整部位固定上铭牌，铭牌应符合GB/T 13306的规定。成套装置铭牌上应标出以下内容：

——产品名称及型号；

——原水水质及出水水质（可仅注明SS、COD、$BOD_5$、氨氮、总氮、总磷、动植物油等7项主要控制项目限值）；

——额定处理能力，包括额定日处理水量（$m^3/d$）和额定时处理水量（$m^3/h$）；

——结构材质；

——额定电压（V），相数；

——额定功率（kW）；

——外形尺寸（长 × 宽 × 高，mm）；

——设备质量及最大总质量（t）；

——制造商商标和名称；

——制造年月及产品编号。

（2）安全标志

成套装置应在以下部位设置警告标志：

——在检修孔、人孔、高处平台等处设置“当心坠落”的图形标志和文字辅助标志；

——在楼梯、爬梯等处设置“当心跌落”的图形标志和文字辅助标志；

——在电气控制柜、配电箱等处设置“当心触电”的图形标志和文字辅助标志；

——在电动机、运动部件等处设置“当心机械伤人”的图形标志和文字辅助标志；

——在贮存腐蚀性物质的容器、加药点等处设置“当心腐蚀”的图形标志和文字辅助标志；

——成套装置应在适当位置设置禁止标志、指令标志和提示标志。

成套装置使用的安全标志应符合 GB 2894 的规定。

（3）其他标志

其他标志包括：

——每套成套装置应在管道接口处设有明显标志；

——每套成套装置的电气控制柜内主接地点（排）应有明显牢固的接地标志。

（4）包装

成套装置包装包括：

——成套装置出厂包装时，应整洁干净，容易损坏或者容易导致成套装置有关零部件污损的接头、管口、法兰应密封；

——装箱或运输前，所有仪表及易损部件均应加以保护，宜对工艺设备及电气控制设备采取防震措施；

——成套装置应采用适当材料包装或防护，宜采用防潮的密封包装，适合长途转运，包装的结构和性能应符合 GB/T 13384 的规定；

——成套装置包装箱内或者随机应附有检验合格证和产品使用说明书。

成套装置检验合格证的内容包括：

——产品名称及型号；

——产品编号；

——制造商商标和名称；

——检验结论；

——检验员、检验负责人签章及日期。

成套装置产品使用说明书应按照 GB 9969 的规定编写，其内容包括：

——工作原理、特点及用途；

——主要技术参数；

——设备外形图、结构示意图、电气原理图等；

——安装说明、操作说明、维护保养要求、常见故障解决方法及使用注意事项；

——主要部件名称、规格、参数、数量；

——易损件及备品备件名称、规格、参数、数量；

——所需化学品名称、规格、参数、建议投加量；

——单位污水耗电量、单位污水耗药量、单位污水产泥量；

——应急处置要求。

成套装置运输包装收发货标志应符合 GB 6388 的规定，包装储运图示标志应符合 GB/T 191 的规定。

（5）运输

成套装置的运输应轻装轻卸，途中不应拖拉、摔碰。

（6）贮存

成套装置宜贮存在清洁干燥的仓库内，环境温度低于 4℃时，应采取防冻措施。

#### 2.3.1.11 附录

附录内容略。

### 2.3.2 标准内容解读及编制依据

#### 2.3.2.1 范围

本部分明确了本文件的主要内容以及成套生活污水处理装置的适用范围。

#### 2.3.2.2 规范性引用文件

本文件涉及多个国家标准及环境保护等行业标准的技术要求，这些内容将作为本文件的组成部分。

#### 2.3.2.3 术语和定义

本文件的术语和定义包括：生活污水、成套生活污水处理装置、生物反应器、设备间（箱）、装置主体、一体化装置、分体式装置、设备质量、最大总质量、清水试车和工艺调试。

#### 2.3.2.4 分类与标记

成套装置按总体结构分为两种，即一体化装置和分体式装置；按安装场合分为四种，包括室内地上式装置、室外埋地式装置、室外移动式（集装箱式）装置、室外地上式装置。国内目前已颁布的相关行业标准中，成套生活污水处理装置产品型号的命名规则较为混乱，不利于用户识别产品的关键信息，需要制定一个统一的产品型号（标记）命名规则加以规范。针对这一现状，本部分给出了成套生活污水处理装置的产品标记命名规则。产品标记由成套生活污水处理装置代号（DWP）、原水水质代号、出水水质代号、处理能力代号、安装场合代号及结构材质代号组合而成。

#### 2.3.2.5 使用条件

为保护成套装置正常运行，本部分提出了成套装置正常使用条件和特殊使用条件。正常使用条件包括原水条件、环境条件、配套设施和安装要求。原水条件包括水量、水温及进水水质。对于进水水质指标超出本部分规定的污水，经适当的预处理后，也可由成套装置进行处理。环境条件包括周围空气温度、相对湿度及海拔。配套设施包括调节池、清水池 / 中水池、污泥储池、围界护栏等。安装要求明确了成套装置对安装位置在运输通道和装卸作业空间方面的要求，对设备安装基础承载能力的要求，以及室外埋地式装置的埋深、抗浮等要求。特殊使用时，应遵守适用的特殊要求，或成套装置制造商与用户之间应签订专门的协议。如果存在正常使用条件以外的情况，用户应向成套装置制造商提出。

#### 2.3.2.6 工艺及组成

成套装置的工艺及组成参见附表 C（略）。

#### 2.3.2.7 要求

本部分明确了成套装置包括外观、功能、制造、强度及严密性、安全、环境保护、可靠性、经济性、通用性等在内的 9 项要求。

#### 2.3.2.8 试验方法

本部分明确了成套装置包括外观检验、功能性试验、制造质量检验、强度及严密性试验、电气安全试验、环境保护监测、可靠性检验、能耗药耗泥量测定等在内的 8 个方面的试验方法。

#### 2.3.2.9 检验规则

本部分明确规定了成套装置需要进行的包括外观、功能（出水水质、处理能力、曝气功能、电气功能、自动控制功能）、制造（化学分析、防腐性能、尺寸）、强度及严密性［荷载试验、抗冲击试验、装置主体的满水试验或水压试验、水（药）管路系统的水压试验或灌水试验、气管路系统的气压试验］、电气安全（外壳防护等级、绝缘电阻、介电性能、保护电路有效性试验）、环境保护（大气污染物、噪声）、可靠性（平均无故障工作时间）、经济性（单位污水耗电量、单位污水耗药量、单位污水产泥量）等在内的共计 24 项检验项目。

2.3.2.10　标志、包装、运输和贮存

本部分明确了成套装置在标志、包装、运输、贮存等方面的规定。

2.3.2.11　附录

附录 A 给出了原水与出水水质控制项目限值，附录 B 给出了额定处理能力分级规定，附录 C 给出了工艺及组成，附录 D 给出了运行试验水质采样时间间隔及采样数量要求。

### 2.3.3　标准效益分析

本文件的技术内容以现有国家节能环保法律法规为基础，与节能环保政策、规划、制度所述的战略目标保持一致，充分考虑了与现行环保技术、装备国家标准，环保服务领域行业标准之间的协调性。

本文件的制定与实施，与 GB 18918—2002《城镇污水处理厂污染物排放标准》、GB 8978—1996《污水综合排放标准》等一起，构成了成套生活污水处理装置生产与污染物排放以及环境保护设施建设管理的完整的技术法规链条，是规范和管理生活污水处理行业的重要依据。

## 2.4　《电镀废水高效处理与回用技术规范》标准研究

### 2.4.1　标准核心内容

《电镀废水高级处理与回用技术规范》（以下简称“本文件”）的核心内容包括以下方面。

2.4.1.1　范围

本文件规定了电镀工业园区废水处理厂的总则、废水分类与收集、水量与水质、废水处理、深度处理及回用、污泥处理与处置、废气处理、总体设计、监测与控制、应急事故与安全、运行维护与管理等方面的技术要求。

本文件适用于电镀工业园区配套建设（包含新建、改建、扩建）的废水处理厂，可作为环境影响评价、工程咨询、设计施工、竣工环境保护验收，以及投产后运行维护与管理的技术依据，现有电镀工业园区废水处理厂可参照执行。

#### 2.4.1.2 规范性引用文件

下列文件中的内容通过文中的规范性引用而构成本文件必不可少的条款。其中，注日期的引用文件，仅该日期对应的版本适用于本文件；不注日期的引用文件，其最新版本（包括所有的修改单）适用于本文件。

GB 8978 污水综合排放标准

GB 12348 工业企业厂界环境噪声排放标准

GB 14554 恶臭污染物排放标准

GB 15603 危险化学危险品仓库储存通则

GB 18597 危险废物贮存污染控制标准

GB 21900 电镀污染物排放标准

GB/T 38066 电镀污泥处理处置 分类

GB 50013 室外给水设计标准

GB 50014 室外排水设计标准

GB 50015 建筑给水排水设计标准

GB 50016 建筑设计防火规范

GB 50019 工业建筑供暖通风与空气调节设计规范

GB 50052 供配电系统设计规范

GB 50054 低压配电设计规范

GB 50057 建筑物防雷设计规范

GB 50136 电镀废水治理设计规范

HJ 212 污染物在线监控（监测）系统数据传输标准

HJ 353 水污染源在线监测系统（$COD_{Cr}$、$NH_3$-N 等）安装技术规范

HJ 354 水污染源在线监测系统（$COD_{Cr}$、$NH_3$-N 等）验收技术规范

HJ 355 水污染源在线监测系统（$COD_{Cr}$、$NH_3$-N 等）运行技术规范

HJ 576 厌氧 - 缺氧 - 好氧活性污泥法污水处理工程技术规范

HJ 577 序批式活性污泥法污水处理工程技术规范

HJ 579 膜分离法污水处理工程技术规范

HJ 855 排污许可证申请与核发技术规范 电镀工业

HJ 985　排污单位自行监测技术指南　电镀工业

HJ 2002　电镀废水治理工程技术规范

HJ 2009　生物接触氧化法污水处理工程技术规范

HJ 2047　水解酸化反应器污水处理工程技术规范

#### 2.4.1.3　术语和定义

GB 8978、GB/T 38066 界定的以及下列术语和定义适用于本文件。

（1）电镀企业：有电镀、化学镀、化学转化膜等生产工序和设施的排污单位，包括专业电镀企业和有电镀工序的企业。

（2）电镀工业园区：由政府或行业规划倡导，政府部门批准设立或认定的，由多个相关联的电镀企业及相关服务企业构成，污染物集中治理和综合利用的工业园区，也称为电镀集中区或者电镀定点基地。

（3）电镀工业园区废水处理厂：位于电镀工业园区内，拥有专门处理电镀企业废水的集中处理设施的单位，以下简称“园区废水处理厂”。

（4）电镀废水：电镀生产过程中排放的各种废水，包括镀件酸洗废水、漂洗废水、钝化废水、地坪冲洗和极板冲洗的废水、由于操作或管理不善引起的“跑、冒、滴、漏”产生的废水，以及废水处理过程中的自用水和化验室排水等。

（5）电镀废液：电镀生产过程中产生的所有报废槽液，如前处理、镀覆处理，以及钝化、着色、退镀等后处理工序产生的废液（含回收槽废液）。

（6）低浓度电镀废水：电镀零件生产过程中经过清水漂洗后溢流排放的废水（含企业地面冲洗排放），主要为漂洗废水。

（7）高浓度电镀废水：除了电镀废液和低浓度电镀废水外的电镀废水，含清洗镀槽、容器、滤芯和刷洗极板等洗涤废水、过滤机清洗废水、废气塔喷淋废水等。

（8）初期污染雨水：可能受物料污染的污染区降雨产生的雨水。宜取一次降雨初期 15～30min 雨量，或降雨深度 20～30mm 的雨量。

（9）事故废水：园区电镀企业因设备、仪表故障，操作控制失误，设备、管道破损，开、停车或检修时偶发性泄漏等非正常运行工况下排出的废水。

（10）回用水：电镀废水经处理达到一定的水质指标要求，可以进行再次利用的水，也称再生水。本文件所定义的回用水特指进入园区废水处理厂经处理后回用的再生水，不包括电镀车间内的就地处理回用水。

（11）车间或生产设施排放口：含总铬、六价铬、总镍、总镉、总银、总铅、总汞等第一类污染物的电镀废水在电镀企业车间或生产设施的出水口，或园区废水处理厂集中分质预处理设施的出水口（与其他废水混合前）。

（12）公共污水处理系统：两家以上排污单位提供污水处理服务并且排水能够达到相关排放标准要求的企业或机构，包括各种规模和类型的城镇污水处理设施、园区（包括各类工业园区、开发区、工业聚集地等）集中污水处理设施等，其废水处理程度应达到二级或二级以上。

#### 2.4.1.4 总则

（1）电镀工业园区应建设集中式园区废水处理厂及配套管网。项目建设应符合国家产业政策和电镀工业污染防治技术政策，符合产业规划、生态环境保护规划、土地利用规划等的要求，符合环境影响评价及批复文件，以及国家标准、行业标准、地方标准的有关规定。

（2）园区废水处理厂应与电镀工业园区同时设计、同时施工、同时投入使用，分期建设时应满足电镀工业园区的规划要求。

（3）电镀工业园区内电镀企业排放的废水应按“清污分流、污污分流、雨污分流”原则分类、分质收集，采用“一企多管，明管输送”的收集方式送至园区废水处理厂。

（4）园区废水处理厂应根据各企业排出的废水性质分类储存，分质处理，结合电镀生产工艺考虑分质回用。

（5）原则上园区废水处理厂只允许设立一个废水总排口。

（6）本着资源化、减量化和无害化原则，优先考虑回收废水及污泥中的重金属。不具备综合利用条件时，电镀污泥应按危险废物相关规定交由有资质单位处置。有条件时可建设电镀循环经济园区，对废水、污泥和电镀废液在园区内进行无害化和资源化处理。

（7）配套建设二次污染的预防和治理措施，固废、恶臭、噪声等污染物排放应符合 GB 18597、GB 14554 和 GB 12348 等的相关规定。

#### 2.4.1.5 废水分类与收集

（1）电镀废水分类

电镀工业园区电镀废水按照污染物浓度可分为三类：低浓度电镀废水、高浓度电镀废水和电镀废液。

根据废水的污染物种类特性，以下废水应单独分类：

a）涉第一类污染物的废水；

b）含氰废水；

c）难处理、易络合的重金属废水。

电镀废水的主要类型和来源见表2-6，可根据工程实际情况增加含铅废水、含银废水、含磷废水等其他类型。

表2-6　电镀废水的主要类型和来源

| 序号 | 废水类型 | 废水来源 | 备注 |
| --- | --- | --- | --- |
| 1 | 前处理废水 | 工件除油、除蜡、酸洗除锈（含化抛）、磷化、阳极氧化、电泳、染色等有机废水，以及后处理有机保护等工艺漂洗废水 | 主要为含酸碱、石油类、有机物和盐分等污染物的废水 |
| 2 | 含氰废水 | 主要来自氰化镀铜、镀金等漂洗废水 | 氰化物遇酸产生毒性气体，需要单独分类 |
| 3 | 含铬废水 | 包括镀铬漂洗废水、各种铬钝化漂洗废水、塑料电镀粗化工艺漂洗废水（包含各工艺段活化漂洗废水） | 按第一类污染物分类处理 |
| 4 | 含镉废水 | 无氰镀镉、酸性镀镉工艺漂洗废水 | 按第一类污染物分类处理 |
| 5 | 含镍废水 | 电镀镍工艺的漂洗废水（包含该工艺段活化漂洗废水） | 按第一类污染物分类处理 |
| 6 | 含铜废水 | 无氰镀铜等工序产生的废水 | 水量较大、考虑资源化利用时 |
| 7 | 含锌废水 | 无氰镀锌等工序产生的废水 | 镀种单一、考虑资源化利用时 |
| 8 | 络合废水 | 化学镀镍、化学镀铜、碱性镀锌，以及退镀、退挂工序等含络合成分的漂洗废水 | 可根据处理工艺进行细分，涉及第一类污染物时应单独分类处理或与含相应第一类污染物的废水合并处理 |
| 9 | 综合废水 | 镀铜、镀锌、镀锡等工艺的漂洗废水 | 根据需要，可将含锌废水和含铜废水，以及“跑、冒、滴、漏”产生的废水和地面清洗废水等并入综合废水 |

（2）电镀废水收集

a）低浓度电镀废水应分类收集和输送，不应直接排入市政污水管网；高浓度电镀废水应单独收集，与园区废水处理厂协调商定后，方可进入园区废水处理厂；电镀废液应单独收集，由有资质单位处置。

b）含第一类污染物的电镀废水，应分类收集和专管输送；对难处理、易络合的重金属废水应根据处理工艺进行分类收集和专管输送；含氰废水严禁与酸性废水直接混合收集。

c）电镀企业车间内废水宜从电镀槽或水洗槽等设备直接连接管道引出，车间废水管线应采用架空或管沟敷设，不应使用地沟收集。废水进入园区废水处理厂前，宜设置集水池并进行监测，集水池容积应根据废水量变化规律计算确定。

d）电镀企业车间至园区废水处理厂的管道优先采用管架输送，没有条件时可采用管沟敷设，管架和管沟宜考虑预留管道位置。

e）采用管架输送，满足以下条件：

——管架输送时宜考虑托盘等有效收集管道泄漏的措施；

——管架上的管道宜考虑一定的坡度；

——在道路及人行通道处不宜设接头。

f）采用管沟输送时，满足以下条件：

——管沟应采取可靠的防渗措施、防腐蚀措施；

——管沟应设严密、可拆卸的盖板；

——管沟内应考虑渗漏废水的收集措施。

g）废水管道应结合安装条件，使用PE（HDPE）、PVC、PPR等耐腐蚀材料，不应使用不耐腐蚀的金属管道，并应考虑防冻、防晒和防泄漏措施。

h）电镀工业园区应设置初期污染雨水的收集措施，初期污染雨水调蓄设施宜设置在园区废水处理厂内。

i）园区废水处理厂废水的收集、处理与排放（回用）系统可参照附录A（略）。

#### 2.4.1.6　水量与水质

（1）园区废水处理厂在水平衡的基础上，结合近期、远期建设规模确定设计水量，并考虑一定的设计余量。

（2）设计水量应按生产废水量、初期污染雨水量和未预见水量之和确定，可按下列要求计算。

没有实测条件时，可在类比调查产品种类、生产工艺、生产规模等相近的园区企业基础上，根据建筑面积和生产线（镀件镀层）计算电镀企业用水量，生产废水量可按电镀企业用水量的85%～95%确定。

初期污染雨水量宜按一次降雨初期污染雨水总量和调蓄设施的排空时间进行计算确定，采用式（2-1）计算，一般情况下不超过设计水量的10%。

$$q_s = \frac{F_s H_s}{1000 t_s} \quad (2-1)$$

式中：$q_s$——初期污染雨水量，$m^3/h$；

$F_s$——污染区面积，$m^2$；

$H_s$——降雨深度，mm（宜取20～30mm）；

$t_s$——初期污染雨水调蓄设施的排空时间，h（宜小于120h）。

未预见水量（包括事故废水）宜按生产废水量的5%～15%计。

电镀企业排入园区废水处理厂的排水量（单位产品基准排水量）应符合GB 21900或地方排放标准中的相关要求。电镀企业排入园区废水处理厂的废水浓度，应满足园区废水处理厂设计的进水要求，达不到要求的应进行预处理或与园区废水处理厂协商。当没有资料参考时，主要污染物浓度的范围取值可参考附录B（略）。

（3）园区废水处理厂处理后的排水水质应满足以下要求：

——向环境水体排放时，应相应执行GB 21900或地方排放标准；

——向公共污水处理系统排放废水时，总铬、六价铬、总镍、总镉、总银、总铅、总汞等第一类污染物执行GB 21900或地方排放标准，其他污染物排放指标与公共污水处理系统协商确定；

——第一类污染物应符合车间或生产设施排放口、总排口双达标要求；

——符合环境影响评价及批复文件要求。

（4）园区废水处理厂回用水的水量和水质应根据回用场所用水需求，结合环境影响评价及批复文件要求统筹确定。

#### 2.4.1.7 废水处理

（1）一般规定

a）废水处理工艺应根据废水的水质、排放要求、废水中污染物回收的可能性及回收价值等综合因素确定，处理工艺应成熟可靠，并与电镀企业生产系统相协调。

b）电镀废水进入生物处理系统前应进行分质预处理，出水混合后宜经过化学沉淀措施后再进入生化处理系统。

c）园区废水处理厂应根据废水种类分别设置调节池，其容积应根据废水量的变化规律确定，且有效容积不宜小于12h平均时废水量。调节池宜考虑防止沉渣的措施。

d）投加化学药剂进行混合反应时，可采用机械、水力和空气搅拌方式。投加药剂在反应过程中会产生有害气体时，不宜采用空气搅拌。

e）没有工程资料参考时，园区废水处理厂的废水处理基本工艺可参考附录C（略）。

f）园区废水处理厂应考虑冬季低水温时混凝沉淀、生化处理等工艺运行效果下降的应对措施。

g）园区废水处理厂应考虑地面冲洗水和设备渗漏水的收集措施。

h）废水处理除满足本文件要求外，还应满足GB 50136和HJ 2002等的相关规定。

（2）废水分质预处理

a）前处理废水处理宜满足以下要求：

——优先采用酸、碱废水自然中和或利用废酸、废碱进行中和处理；没有条件时，可采用药剂中和。

——含油废水宜经隔油、气浮、化学沉淀等预处理后进入后续处理单元。

b）含氰废水处理宜满足以下要求：

——含氰废水单独处理后，根据所含的其他污染物类型进入后续相应的处理单元。

——含氰废水宜优先采用碱性氯化法处理；连续处理时，反应pH值、氧化剂的投加宜采用在线自动监控和自动加药系统。

——高浓度含氰废水可采用电解法处理。

——采用臭氧氧化法处理含氰废水时，宜控制废水水量和水质的波动。

——加药混合反应不宜采用空气搅拌，含氯氧化剂宜选用次氯酸钠和二氧化氯等。

——含氰废水处理时可能产生有害气体，需收集和处理后有序排放。

c）含铬废水处理应满足以下要求：

——含六价铬离子的重金属废水，应将六价铬还原为三价铬，再处理废水中的重金属离子，可采用化学沉淀、离子交换、膜分离等处理工艺。

——采用亚硫酸盐还原法时，pH值宜控制在2.5～3.0，还原反应时间宜大于30min，氧化还原电位宜为250～300mV；反应池不宜采用空气搅拌。

——采用硫酸亚铁法时，可采用石灰和NaOH调节pH值。

——采用离子交换处理镀铬清洗废水时，六价铬离子浓度不宜大于200mg/L；镀黑铬和镀含氟铬的清洗废水不宜采用离子交换处理。

d）含镉废水处理宜满足以下要求：

——可采用化学沉淀、离子交换等处理工艺。

——可采用氢氧化物或硫化物沉淀处理工艺。

——采用离子交换处理工艺时，水中的镉离子浓度不宜大于 100mg/L。

e）含镍废水处理宜满足以下要求：

——可采用化学沉淀、离子交换，以及化学沉淀与膜分离的组合工艺。

——采用氢氧化物沉淀处理工艺时，反应 pH 值宜大于 10，反应时间不宜小于 20min。

——进水镍离子浓度小于 300mg/L 时，可采用除镍双阳柱的离子交换处理工艺；当进水中悬浮物浓度超过 10mg/L 时，宜设置过滤柱预处理。

f）含铜废水处理宜满足以下要求：

——可采用化学沉淀、离子交换、电解等处理工艺。

——可采用氢氧化物或硫化物沉淀处理工艺。

——硫酸铜镀铜废水可采用双阳柱全饱和的离子交换处理工艺；焦磷酸镀铜可采用双阴柱全饱和的离子交换处理工艺；铜锡合金废水可采用弱碱阴柱 -Na 型弱酸阳柱的处理工艺，如废水中含钙离子、镁离子浓度较高时，可在阴柱前增设 H 型弱酸阳离子交换柱。

——当铜离子浓度大于 20g/L 时，可采用电解法处理，并回收其中的铜。

g）含锌废水处理宜满足以下要求：

——可采用化学沉淀、离子交换等处理工艺。

——采用化学沉淀处理碱性锌酸盐镀锌废水时，反应 pH 值宜控制在 9～12，反应时间宜采用 5～15min。

——采用化学沉淀处理铵盐镀锌废水时，反应 pH 值宜控制在 11～12，反应时间宜采用 10～20min。

——处理钾盐镀锌废水时，可采用双阳柱全饱和的离子交换处理工艺。

h）络合废水处理应满足以下要求：

——宜单独进行破络处理。含镍等第一类污染物的络合废水需破络处理时，应分类单独处理，然后进入相应污染物的分质预处理设施，或单独的分质预处理设施。

——破络剂根据水质特点，可选用铁盐、硫化物、芬顿试剂和重金属捕集剂等药剂。

——铁盐屏蔽法破络阶段 pH 值宜控制在 2～4，硫化物沉淀法 pH 值宜根据试验确定，沉淀阶段 pH 值宜控制在 8～9。

——含镍废水破络剂宜选择芬顿试剂或次氯酸钠等药剂，反应时间宜大于 60min，并宜采用机械搅拌。

i）综合废水处理应满足以下要求：

——含多种重金属离子的废水，宜采用多级化学沉淀工艺，pH 值宜通过试验或参照相似工程的运行经验确定。

——当废水 pH 值大于或等于 10.5 时，应防止综合废水中两性金属再溶解。

——投加絮凝剂和助凝剂的种类及投加量应通过实验确定。

（3）生化处理

a）电镀综合废水中含有 COD、总磷、氨氮与总氮等污染物时，宜采用生物处理。

b）电镀综合废水中有螯合物等难生物降解有机物时，可采用化学氧化、铁碳微电解、臭氧氧化和电化学催化氧化法、水解酸化池等生化预处理措施。

c）生化预处理的主要设计参数应满足以下规定：

——化学氧化可采用氧化芬顿（类氧化芬顿）法，pH 值宜控制在 2～4，芬顿试剂（亚铁离子及过氧化氢）的投加量宜根据试验确定；无试验数据时，可按 $COD_{Cr}$ 与芬顿试剂质量比 1 :（1～4）投加，反应时间宜为 3～4h。

——采用铁碳微电解处理有机物时，铁碳填料粒径宜大于 5 mm；装填高度不宜小于 1.5m，填料接触时间不小于 30min，pH 值宜控制在 3～5。

——采用臭氧氧化时，宜设置在沉淀、澄清或过滤工序后，同时应设置臭氧尾气破坏装置，并应满足 GB 50014 的相关要求。

——采用电化学催化氧化法时，进水的电导率宜大于 3000μS/cm，浓度宜小于 10mmol/L。

——采用水解酸化池作为预处理措施时，宜满足 HJ 2047 的相关要求。

d）根据综合废水的水质，可选用 A/O（$A^2$/O）生化池、SBR 及改良工艺、接触氧化法、曝气生物滤池、生物活性炭、MBR 等作为二级处理。根据进水水质，可采用生化处理的组合工艺。

e）生化单元的主要设计参数，应经详细计算并结合类似工程经验确定，同时符合 GB 50014、HJ 576、HJ 577、HJ 2002 和 HJ 2009 等的相关规定。

f）生化处理选用膜生物反应器时，应符合以下规定：

——膜生物反应器前端宜设置间隙不大于 3mm 的精细格栅等预处理构筑物。

——浸没式膜生物反应器的生物反应池污泥负荷、污泥浓度等设计参数宜通过试验确定。无试验数据时，污泥负荷（$BOD_5$/MLSS）宜采用0.03～0.10kg/（kg·d），污泥龄宜大于15d。膜组件宜采用中空纤维膜和平板膜，膜池内污泥浓度（MLSS）宜分别采用6～15g/L和10～20g/L。正常设计水温20℃条件下，膜通量宜采用10～20L/（$m^2$·h）。

——外置式膜生物反应器的生物反应池容积、水力停留时间、污泥负荷等设计参数可按浸没式反应池设计。膜系统过滤方式宜为错流式过滤，膜通量宜为30～60L/（$m^2$·h）。

——计算膜总有效面积时，应增加10%～20%的富余量。

——膜组件可采用抽吸水泵负压出水，或静压自流出水。曝气系统的风量应同时满足生物处理需氧量和减缓膜组件污染的要求，并应保证布气均匀。

——膜生物反应器应设置膜在线或离线清洗系统。

#### 2.4.1.8 深度处理及回用

（1）一般规定

a）废水经深度处理后可将全部或部分废水回用，回用率根据项目实际情况进行专题论证后确定。

b）回用水的处理规模，应按回用水用量加上回用水处理过程中的自用水量确定，并满足环境影响评价及其批复文件的要求。

c）回用水处理工艺，应根据回用水水源的水质、水量和回用水用户要求等因素，结合当地条件，通过技术经济比较确定。可采用软化、介质过滤、活性炭吸附、化学氧化、离子交换、超（微）滤、纳滤、反渗透、电渗析、蒸发结晶等工艺技术的一种或几种组合。

d）没有工程资料参考时，园区废水处理厂的中水回用基本工艺可参考附录C（略）。其中，化学氧化工艺的设计及膜分离处理工艺的设计参数宜符合相关规定。

e）当回用水需要进行除盐处理时，应根据回用水进水的含盐量和回用水的水质要求，经技术经济比较后选择相应的除盐工艺，宜采用介质过滤、超（微）滤和反渗透组合工艺。

f）可将部分或全部的分质预处理出水混合后进行回用水处理。可根据不同用户的水质需求，对超（微）滤产水和反渗透产水分别进行回用。

g）回用水处理后应设置回用水储存水池（水罐），有效容积应根据产水、供水和用水变化曲线、自用水量等因素确定。缺乏资料的情况下，可按不少于回用水日供水量的30%确定。

h）回用水供水泵不应少于2台，并设置备用泵。当供水量变化大时，供水泵宜采用调速等措施。

i）回用水管网应设置独立管网，不应与生活饮用水管网相连。

j）回用水宜通过管架或管沟输送到回用水用户。

k）回用水管道明装时应采用规定的标志颜色，埋地时应有带状标志。

（2）介质过滤

a）介质过滤宜采用石英砂滤料滤池（罐）和多介质过滤池（罐）。介质过滤的进水SS宜小于20mg/L。

b）采用单层细砂滤料滤池时，石英砂滤料有效粒径（$d_0$）宜为0.55mm，不均匀系数（$K_{80}$）宜小于2.0，厚度宜采用700～1200mm，滤速宜为4～6m/h。宜采用先气冲洗后水冲洗方式。

c）采用多介质过滤池（罐）时，无烟煤滤料有效粒径（$d_0$）宜为0.85mm，不均匀系数（$K_{80}$）宜小于2.0，厚度宜采用300～400mm；石英砂滤料有效粒径（$d_0$）宜为0.55mm，厚度宜采用400～500mm；滤速宜为5～10m/h。宜采用先气冲洗后水冲洗方式。

d）采用均匀级配石英砂滤料滤池（V型滤池）时，滤料有效粒径（$d_0$）宜为0.9～1.3mm，不均匀系数（$K_{80}$）宜为1.4～1.6，厚度宜采用1000～1500mm，滤速宜为5～8m/h。应设气水冲洗和表面扫洗辅助系统。

e）滤池的工作周期宜为12～36h，滤池系统水头损失宜为2.0～3.0m。滤池宜采取临时性加氯等措施。

（3）活性炭吸附

a）废水中有机物、色度和臭味仍不能达到标准时，可采用活性炭吸附工艺。

b）应选择具有吸附性能好、中孔发达、机械强度高、化学性能稳定、再生后性能恢复好等特点的活性炭。

c）无试验资料时，活性炭吸附池（罐）的设计参数宜符合下列规定：

——空池接触时间不宜小于30min。

——滤速宜为7～12m/h。

——炭层最终水头损失宜为0.4～1.0m。

——活性炭吸附池（罐）经常性冲洗强度宜为11～13L/（$m^2$·s），冲洗历时宜为10～15min，冲洗周期宜为3～5d，冲洗膨胀率宜为15%～20%。除经常性冲洗外，还应定期采用大流量冲洗，冲洗强度宜为15～18L/（$m^2$·s），冲洗历时宜为8～12min，冲洗膨胀率宜为25%～35%。

d）饱和后的活性炭可采用及时更换或再生措施。活性炭使用周期，宜以目标去除物浓度达到出水目标值的 80%～90% 时为再生的控制条件，并应定期取炭样进行检测。

（4）离子交换

离子交换可用于处理含重金属离子、大分子有机物的废水，也可以作为反渗透的预处理工艺。

用于反渗透的预处理工艺时，离子交换器的进水水质指标宜符合表 2-7 的规定。

表 2-7　离子交换器的进水水质指标

| 测试项目 | 单位 | 许用值 |
| --- | --- | --- |
| 水温 | ℃ | 10～40 |
| pH 值 | — | 2～11 |
| 浊度 | NTU | ＜2 |
| 游离余氯（以 $Cl_2$ 表示） | mg/L | ＜0.1 |
| 总铁（Fe） | mg/L | ＜0.3 |

采用离子交换法处理废水时，宜选择酸碱消耗量低的工艺，树脂的工作交换容量宜低于理论值。离子交换剂应选择机械强度高、抗污染能力强的品种。离子交换系统的反洗水宜回收利用。过滤柱、交换柱的反洗、淋洗等排水应进入电镀废水处理系统。

（5）超（微）滤

超（微）滤装置的进水水质指标宜符合表 2-8 的规定。

表 2-8　超（微）滤装置的进水水质指标

| 测试项目 | 单位 | 许用值 |
| --- | --- | --- |
| 水温 | ℃ | 10～40 |
| pH 值 | — | 2～11（外压式膜组件） |
|  |  | 2～12（浸没式膜组件） |
| 浊度 | NTU | 100（外压式膜组件） |
|  |  | —（浸没式膜组件） |

超（微）滤装置的进水应设 50～100μm 的预过滤器。进入膜组件前的管道上宜投加抑菌剂。超（微）滤处理工艺主要设计参数宜通过试验或参照相似工程的运行经验确定。超（微）滤装置宜采用外压式和浸没式膜组件。无试验数据时，正常设计水

温 20℃条件下，外压式和浸没式膜处理工艺的膜通量宜分别采用 25～50L/（$m^2$・h）和 30～45L/（$m^2$・h）。超（微）滤装置的水回收率不应小于 90%，操作压力宜小于 0.5MPa，跨膜压差宜小于 0.1MPa。超（微）滤装置的进、出口应设浊度仪、差压表及取样接口，出口宜设 SDI 仪的接口。外压式超（微）滤装置应设空气擦洗设施，超（微）滤装置应设加药反洗系统。反冲洗水宜回收利用。超（微）滤装置应设置运行及膜完整性的在线自动测试与控制系统，通过在线检测跨膜压差、水质等运行参数，自动控制反冲洗和化学清洗。

（6）反渗透

a）反渗透系统应采用超滤或微滤等预处理设施，并配置保安过滤器、氧化性物质消除、阻垢剂及非氧化性杀菌剂投加等措施。反渗透装置的进水水质指标应符合表 2-9 的规定。

表 2-9 反渗透装置的进水水质指标

| 项目 | 单位 | 复合膜 |
| --- | --- | --- |
| 水温 | ℃ | 5～45 |
| pH 值 | — | 4～11（运行）/2.5～11（清洗） |
| 浊度 | NTU | ＜1.0 |
| $SDI_{15}$ | — | ≤3 |
| 游离余氯（以 $Cl_2$ 表示） | mg/L | ＜0.1 |
| 总铁（Fe） | mg/L | ＜0.05 |

b）电镀废水回用处理宜选用操作压力低、抗污染的反渗透膜，宜采用复合膜材质，膜通量宜为 10～22L/（$m^2$・h）。

c）每套反渗透装置宜配置独立的保安过滤器、高压泵。保安过滤器的精度宜为 5μm。保安过滤器、高压泵宜选用不锈钢材质。

d）反渗透系统管路材质应耐腐蚀、易清垢，系统中应设置取样阀门、流量控制阀门及不合格水排放阀门。

e）反渗透装置应有流量、压力、温度等控制措施，反渗透的高压泵进口应设进水低压保护开关，出口宜设电动慢开阀门和出水高压保护开关；当几台反渗透装置的产水并联进入一条产水总管时，每台装置的产水管应设止回阀。

f）反渗透装置应设置加药和清洗设施，清洗设施应有加热保温措施，反渗透各段应分别设置清洗管（接口）。清洗系统中，微孔过滤器孔径不宜大于 5μm。

g）反渗透浓水排放管的布置应能保证系统停用时最高层膜组件不会被排空。

h）采用反渗透处理每种重金属废水时，应采取杀菌消毒和控制结垢的预处理措施。

i）反渗透装置产生的浓水需处理后回用时，可采用膜浓缩、冷冻结晶和蒸发结晶等处理工艺，产生的结晶盐和母液应妥善处置，具体工艺应经技术经济比较后确定。

#### 2.4.1.9 污泥处理与处置

（1）污泥处理

a）含镍、含铬等第一类污染物的电镀废水预处理产生的污泥，应单独收集、单独脱水，泥饼单独处置。

b）污泥脱水方式与脱水后的含水率应根据污泥处置要求，经技术经济比较后确定。污泥脱水方式宜采用板框压滤；当要求含水率低于 60% 时，宜选用高压隔膜板框压滤机。

c）污泥在脱水前是否投加絮凝剂，可通过试验和技术经济比较后确定。

d）污泥脱水和浓缩、固液分离过程产生的滤液和排水应回流进行重新处理。

e）对电镀污泥采用中和、稳定化、干化等其他处理工艺时，应符合 GB 50014 等的相关规定。

（2）污泥贮存及处置

a）电镀污泥的临时贮存场地应采取防渗漏和防腐蚀措施，并应符合 GB 18597 的相关规定。

b）电镀废渣、经鉴定或认定属于危险废物的污泥，应交由具备相应资质的单位处置。

c）园区废水处理厂应对电镀污泥的处置去向等进行跟踪、记录。

d）电镀污泥的处置应符合 GB/T 38066 等的相关规定。

#### 2.4.1.10 废气处理

（1）废气收集

a）废气源加盖应便于废水处理设施的运行维护和管理。密闭盖板和支撑应采用耐腐蚀材料，满足风、雪等附加荷载和抗紫外线要求；盖板上宜设置透明观察窗。

b）废气收集宜采用负压吸气式，风管宜采用玻璃钢、UPVC、不锈钢等耐腐蚀材料。风管管径应根据风量和风速确定，一般干支管风速宜为 6～14m/s，小支管风速宜为 2～8m/s。

c）并联收集时风管的阻力宜保持平衡，各吸风口宜设置带开闭指示的阀门。

d）风管宜保持适当的坡度，在最低点设置冷凝水排水口，并有凝结水排除设施。

e）管道架空经过人行通道时，净空不宜低于 2m；架空经过道路时，不应影响设备和车辆通行。

（2）酸性废气处理

a）园区废水处理厂的酸性废气主要为铬酸雾废气、氰化氢废气以及其他酸性废气。有条件时酸性废气可统一收集后进行喷淋处理，喷淋废水回流到废水处理设施处理。

b）根据气体浓度和排放要求，可采用水洗、碱洗、化学氧化等洗涤工艺，需要时可采用双级或多级喷淋工艺。

c）与碱、化学氧化剂等洗涤剂接触的设备和管道应采用耐腐蚀和耐氧化材料。

（3）恶臭气体处理

a）臭气处理工艺宜根据处理要求、场地情况、投资和运行费用等因素综合比较确定，在条件许可时宜以生物除臭为主，也可采用活性炭吸附、低温等离子处理等工艺；对排放要求高的场合，宜采用多种处理工艺的组合。

b）采用生物除臭工艺时，空塔气速不宜大于 200～500m/h，空塔停留时间不宜小于 20s，单层填料层高度不宜超过 3m。在寒冷地区宜适当增加生物处理装置的空塔停留时间，并考虑保温、防冻措施。

c）当臭气处理装置在室内且对室内环境要求较高时，风机宜放在臭气处理装置后。

d）臭气处理装置的主要工艺参数应符合 GB 50014 等的相关规定。

#### 2.4.1.11 总体设计

（1）厂址选择

a）园区废水处理厂应选址在电镀工业园区内，宜靠近电镀生产车间，有方便的交通、运输和水电条件，处理后的废水有良好的排放条件。

b）园区废水处理厂防洪标准应与电镀工业园区相同，并按不低于 50 年一遇标准建设防洪（潮）设施。

c）园区废水处理厂宜布置在当地城镇或居民区等环境保护目标的全年最小频率风向的上风侧。

（2）总体布置

a）园区废水处理厂平面布置应满足各处理单元的功能和处理流程要求，总体布置应符合 GB 50014 的相关规定。

b）园区废水处理厂工艺设备宜按处理流程和废水性质分类布置，便于操作和维修。

c）园区废水处理厂的耗材、药剂、污泥等物料应分类设置存放区，并采取相应的防腐、防渗、防雨、防震等措施。

d）园区废水处理厂的建筑造型应简洁美观，与电镀生产厂房、周围环境相协调。

（3）建（构）筑物设置

a）园区废水处理厂辅助生产设施包括控制室、配电室、分析化验室、仓库、维修车间等。其中，分析化验室应具备监测分析所有需要控制的污染项目的能力。

b）园区废水处理厂的供电，宜按二级负荷设计。低压配电设计应符合 GB 50054 的相关规定，供配电系统应符合 GB 50052 的相关规定。建（构）筑物防雷设计应符合 GB 50057 的相关规定。

c）地下建（构）筑物以及配药间、污泥脱水间等应设置通风设施。在寒冷地区，处理设施、建（构）筑物和管线应有采暖措施，并应符合 GB 50019 等的相关规定。

d）给排水和消防系统应与生产系统统筹考虑，生活用水、生产用水及消防设施应符合 GB 50015、GB 50016 等的相关规定。

e）处理设施、建（构）筑物等应根据其接触介质的性质，采取防渗、防腐、防泄漏和抗震等措施。建（构）筑物防腐可采用环氧树脂、防腐涂料、内衬 PVC 板等多种防腐形式。

#### 2.4.1.12 监测与控制

（1）园区废水处理厂各处理单元根据工艺控制要求，应设置以下监控措施：

a）废水进水口宜设置流量、pH 值、电导率等检测仪表。

b）在调节池、中间水池、污泥浓缩池、清水池等处宜设置液位计，并有高 / 低液位节点输出。

c）药液及酸碱储罐应设置液位监测仪表和高低液位报警装置。

d）含第一类污染物的废水应在车间或生产设施出口设置在线检测系统。

e）在可能产生可燃气体及有毒气体的区域，按相关规范要求设置可燃和有毒气体的检测和报警装置。

（2）按照《排污口规范化整治技术要求（试行）》等设置规范化排污口，安装计量和自动监控系统，并符合 HJ 353、HJ 354、HJ 355 和 HJ 212 等的相关规定。

（3）在总排口应设置流量、pH 值和 COD 在线检测仪表，以及当地生态环境主管部门要求的其他在线检测仪表，并将数据上传至当地生态环境主管部门。

（4）全厂雨水排放口宜设置 pH 值和电导率在线检测仪表。

（5）园区废水处理厂内宜安装视频监控设备。

（6）园区废水处理厂的回用水外送时，应设置流量、压力等检测仪表。

（7）应根据环境影响评价及其批复文件等要求设置地下水污染监测井。

（8）园区废水处理厂的控制水平应根据工程规模、工艺复杂程度等因素合理确定，可采用可编程控制器系统或分散型控制系统，并宜设中央控制室。

#### 2.4.1.13 应急事故与安全

（1）应急事故

a）电镀工业园区应设置事故废水池，宜设置在园区废水处理厂内，其容积应能容纳 12～24h 的平均时废水量。

b）当与园区消防事故废水池合建时，事故废水池需另外考虑消防事故时物料泄漏、消防废水以及混入事故收集系统的降雨等废水量，并应满足国家相关规范的要求。

c）对排入事故废水池的废水应进行污染物监测，并采取下列相应措施：

——符合排放标准要求时，可达标排放或经园区废水处理厂处理后回用；

——不符合排放标准要求，但符合园区废水处理厂进水水质要求时，应限流进入园区废水处理厂回流处理；

——当园区废水处理厂无法处理时，应委托有资质单位处理（处置）。

（2）安全

a）园区废水处理厂的安全设计应符合下列规定：

——含氰废水调节池应加盖、加锁；

——含氰废水处理过程可能产生少量 CNCl 气体，故应在密闭和通风条件下操作，并采取防护措施；

——封闭水池应留有排气孔，并应设置 2 个以上人孔；

——处理构筑物应设置栏杆、防滑梯等安全设施；

——危险化学品应按 GB 15603 的相关规定储存和使用，并应设立标志；

——根据制备、储存、使用药剂的种类和性质，采取相应的防毒、防爆、防火措施。

b）所有正常不带电的电气设备的金属外壳均应采取接地或接零保护；钢结构、排气管、排风管和铁栏杆等金属物应采用等电位连接。

c）各种机械设备裸露的传动部分应设置防护罩，不能设置防护罩的应设置防护栏杆，周围应保持一定的操作活动空间。在设备安装和检修时应有相应的保护设施。

d）园区废水处理厂危险部位应有安全警示标志，并配置必要的安全、报警与简单救护等设施。

e）地下建（构）筑物应有清理、维修工作时的安全措施。主要通道处应设置安全应急灯。

f）人员进入有限空间作业时，应当严格遵守“先通风、再检测、后作业”的原则。未经通风和检测合格，任何人员不应进入有限空间作业。

#### 2.4.1.14 运营维护与管理

（1）园区废水处理厂运营计量宜以电镀企业用水量（水表）为基准。

（2）园区废水处理厂废水收集管网宜统一规划，集中管理，严禁电镀企业自建排污管道。

（3）园区废水处理厂应设置管理机构，配备专职管理人员。有条件时，园区废水处理厂管理机构宜参与电镀园区内企业的环评、设计、施工及验收等全过程管理。

（4）园区废水处理厂应建立操作规程、设备检修、人员上岗培训、应急预案、安全注意事项等处理设施运行与维护的相关制度，加强处理设施的运行维护与管理。

（5）园区废水处理厂应开展自行监测，自行监测方案、监测要求、监测频次、采样及测定方法、数据记录要求、监测质量控制和信息公开等内容应符合 HJ 855 和 HJ 985 等的相关规定。

（6）园区废水处理厂应建立环境管理台账制度，并满足 HJ 855 和 HJ 985 等的相关规定。

（7）园区废水处理厂不应擅自停止废水处理与回用设施的正常运行。

（8）园区废水处理厂应根据处理工艺特点与污染物特性，制定出生产事故、废水污染物负荷突变等突发事件情况下的应急预案，配备相应的物资，并定期进行应急演练。

#### 2.4.1.15 附录

附录内容略。

### 2.4.2 标准内容解读及编制依据

#### 2.4.2.1 范围

本文件适用于各类型的电镀工业园区。电镀工业园区是由政府或行业规划倡导，政府部门批准设立或认定的，由多个相关联的电镀企业及相关服务企业构成，污染物集中治理和综合利用的工业园区，也称为电镀集中区或者电镀定点基地。高浓度废液的处理与处置不属于本文件的范畴。

#### 2.4.2.2 规范性引用文件

本部分给出了在电镀工业园区废水处理工艺规划、设计、运行、施工、环保验收及维护管理等过程中提供技术要求的相关国家标准、地方标准和行业标准，这些技术文件的有关内容将作为本文件的组成部分。

#### 2.4.2.3 术语和定义

本部分给出了为执行本文件制定的专门的术语和对容易产生歧义的名词的定义和解释，包括电镀企业、电镀工业园区、电镀工业园区废水处理厂、电镀废水、电镀废液、低浓度电镀废水、高浓度电镀废水、初期污染雨水、事故废水、回用水、车间或生产设施排放口、公共污水处理系统。

#### 2.4.2.4 总则

本部分主要规定了园区污水处理厂的规划、建设原则，电镀废水的分类、收集、处理（回用），废水及废固处理处置原则，以及二次污染防治原则等。

#### 2.4.2.5 废水分类与收集

本部分主要规定了电镀工业园区废水分类和收集的技术要求。分质分流是做好园区废水处理厂废水处理的前提。改进电镀废水收集及输送方式，每个电镀企业根据其污染物的种类单独设置收集池，并单独输送到园区废水处理厂。采用这种收集方式的好处是：可以杜绝混排，分清责任；一旦泄漏，便于查找原因，防止输送过程中造成的污染。需要说明的是，电镀工业园区的废水收集需要电镀企业予以配合，才能真正实现废水的分类收集。因此，需要明确每个镀槽排出废水的类别，从源头进行分类。

废水分类收集需要注意以下几点内容。

（1）以特征污染物为分流依据

酸碱废水归属于前处理废水，含氰镀液废水归属于含氰废水，含铬酐镀液废水归属于含铬废水，化学镀镍废水经初步处理后与镀镍废水一起归属于含镍废水。实际每个园区的特征污染物都有很大差异，某一股废水中也可能同时含有几种特征污染物，所以应结合处理工艺进行综合考量。

（2）高浓废液与清洗水必须分流

部分电镀企业不考虑废液，或者只考虑重金属废液，比如化学镀镍线上的含镍废液，但实际一条电镀线上基本每个工序都会有废液产生。以最普通的一条镀锌线为例，其基本工序为：脱脂→酸洗→镀锌→出光→钝化，但产生的高浓废液可达6种之多，包括脱脂废液、酸洗废液、含锌废液、出光废液（含稀硝酸）、含铬废液、退镀溶液。

个别电镀企业认为有了废水处理设施就能解决所有的问题，将废弃的电镀槽液及电镀生产过程中产生的污物任意排入（或倒入）电镀废水的收集系统，通过废水设施进行处理。这种理念是不正确的。废弃镀液和退镀溶液等电镀废液处理需单独收集，由专门的处置中心回收利用后予以处置，不能直接进入园区废水处理厂处理。

（3）络合废水单独处理

从电镀废水分流水系中可以看出，络合铜、络合镍、退镀废水一般污染物浓度高、成分复杂，且重金属以络合态形式存在。与游离态的重金属离子相比，络合态的重金属不再以单一的重金属离子形式存在，而是与柠檬酸、EDTA、酒石酸、氨等物质形成稳定的螯合物，如化学镀镍废水中使用强度较大的络合剂与镍作用，重金属离子与络合剂形成稳定的络合态化合物，使重金属不易形成氢氧化物或者硫化物沉淀，因此，采用传统的化学沉淀法不能有效地去除废水中的重金属离子。此种情况下，造成这些类别的废水很难处理至达标水平。

（4）源头控制，同一镀线要考虑交叉污染

即使按照上述要求进行严格分流，也无法杜绝分流不彻底的问题。主要原因是同一条镀线上，不同镀槽之间因为挂具、滚筒、龙门架的重复带出，会将一个镀槽中的污染物带到其他槽中。比如一条典型的镀镍线上，核心工艺如下：脱脂→酸洗→半光镍→全光镍→镍封→钝化，不仅在镀镍工序的清洗水中含有镍，钝化、酸洗甚至脱脂槽中也都可以检测到镍。针对这一问题，一方面需要电镀厂提高清洁生产水平，比如采用更高效的清洗方式、采取防止挂具带出镀液的措施等，尽量减少交叉污染。另一方面，在电镀废水分流时，必须要考虑到这一问题。也是基于同样的原因，故建议同一个电镀园区不要入驻太多镀种，而且同一镀种尽量设置在同一区域，以利于分流。

结合实际运行经验，应重点关注以下 3 类电镀废水：

（1）含镍废水：含镍废水中的镍离子是第一类污染物，需要单独进行收集处理，同时也要充分考虑到贵重金属镍的回收与利用。含镍废水主要有两个来源：电镀镍和化学镀镍。其中电镀镍废水主要来自酸性镀镍生产线的漂洗水，可以采用成熟的膜处理工艺或离子交换树脂来实现资源的回收。化学镀镍废水组成较为复杂，通常含有络合剂、稳定剂、pH 值缓冲剂等。化学镀镍废水单独收集后，可以先破络后再进行单独预处理沉淀，或进入电镀镍废水预处理单元中。

（2）含铬废水：含铬废水中的铬离子和镍离子都是第一类污染物，需要单独进行收集处理，同时也要充分考虑到铬的回收利用。含铬废水的槽边回收通常采用离子交换树脂吸附的工艺，但残余的六价铬毒性极强，危险性大，必须在将六价铬还原为三价铬沉淀后，方可与其他重金属废水混合处理。

（3）含氰废水：含氰废水中的氰离子在酸性的情况下容易形成一种毒性极高、名为“氰氢酸”的气体，这种气体挥发出来对人体的健康危害极大；氰化物在与重金属结合之后，将会以络合阴离子的形式存在，这种形式处理起来难度较大。因此，含氰废水需要单独收集进行破氰预处理后，再与其他重金属废水混合处理。

综上，本文件根据电镀废水的特点，提出在分类收集的基础上，含氰废水、含铬废水以及含镍废水应分别经过预处理，其中含氰废水经过氧化破氰后、含铬废水通过预处理将六价铬还原为三价铬以及化学镀镍废水经破络后，才可与其他含重金属离子的废水混合，再一并进行处理。

需要说明的是，由于各地电镀工业园区的镀种不同，电镀企业排出的废水种类也不尽相同，很难对园区废水处理厂的分类进行统一规定，因此本文件中只是将常见的几种废水进行了分类，以供参考。具体实施可以根据项目的实际情况结合废水回用进行分类，比如再增加含铅废水、含银废水、含磷废水等，也可以对部分废水进行合并，如将含铜废水或含锌废水合并到综合废水中。

#### 2.4.2.6 水量与水质

本部分主要规定了园区废水处理厂的设计水量，企业排水量和水质，以及园区废水处理厂排放水质和回用水质的技术要求。废水水量和水质是确定电镀废水处理规模和设计参数的重要依据，本文件对废水水量的计算和水质数据的获取进行了规定。在规划和设计时，电镀企业排入园区废水处理厂的排水量可按单位产品基准排水量计算确定。

电镀废水的来源及其水质分析是废水处理工程工艺设计的基础，各企业因生产工艺、生产产品不同致使废水各不相同，需全面分析。设计时，应编制废水处理厂的水量平衡图（包括回用水系统产生的浓液，污泥脱水产生的滤液，污水厂地面、设备清洗水等），根据水量平衡图，结合近期、远期建设规模确定，并考虑一定的设计余量。需要说明的是，在设计水量计算时，应考虑到初期污染雨水的废水量，同时初期雨水量（含事故废水量）一般不超过园区废水处理厂设计水量的10%。

电镀企业排入园区废水处理厂的废水浓度，应满足园区废水处理厂设计进水要求，达不到要求的应进行预处理或与园区废水处理厂协商。当没有资料参考时，主要污染物浓度的范围取值可参考附录B（略）。附录B是在总结几十个正在运行的电镀工业园区废水处理厂的平均值基础上得出的数据。

需要说明的是，本文件明确了电镀企业将废水排放至园区废水处理厂进行集中处理时，涉及第一类污染物的，电镀企业车间或生产设施排放口的位置应延伸到园区废水处理厂第一类污染物分质预处理单元的出口（与其他废水混合前）。考虑到园区废水处理厂的废水来源特点，要求园区废水处理厂应满足第一类污染物车间或生产设施排放口、总排口双达标要求。

废水处理后，需回用的应满足回用工序的用水水质要求。废水排放应符合国家和地方排放标准的规定，同时满足环境影响评价批复文件的要求。

#### 2.4.2.7 废水处理

本部分根据电镀废水的分类，将前处理废水、含氰废水、含铬废水、含镉废水、含镍废水、含铜废水、含锌废水、络合废水和综合废水等的分质预处理工艺，从处理流程、参数与要求等方面分别提出了相应的技术要求。根据调研并总结类似工程经验，电镀废水进入生物处理系统前应进行分质预处理，出水混合后宜经过化学沉淀措施后再进入生化处理系统。

本文件废水处理的编制原则是与现有电镀废水治理规范如GB 50136和HJ 2002等相互协同，形成电镀废水处理的系统规范。

#### 2.4.2.8 深度处理及回用

对电镀工业园区的废水进行回用，应符合电镀产业政策要求和水资源再生循环利用的相关政策要求。电镀工业废水回用分为线上回用和末端回用两种，本文件主要针对末端回用，即经电镀工业园区废水处理厂深度处理后回用。

废水回用应根据电镀企业的生产工艺和各工段的水质要求综合确定回用水质和回用场所。经调研，目前电镀废水实际回用率不高，废水再生回用水率受制于电镀企业的水质分流、处理后的水质稳定性、处理成本等诸多因素。例如，将电镀废水经微滤、超滤、反渗透等不同的膜工艺组合处理后，再生水可回用于电镀清洗或前处理清洗。电镀清洗需要充分控制回用水中的各项污染指标，防止交叉污染，若回用水中含有机物，其用于六价铬电镀工艺前道工序的清洗时，可能影响铬的利用率；若回用水中含少量硫离子，硫酸铜的清洗就会存在问题。因此，为了更好地进行再生水利用，建议对回用率进行专题论证，最终根据环境影响评价批复等文件确定。

目前，回用水处理工艺较多采用“过滤＋双膜（超滤膜和反渗透膜）”组合工艺。成分单一、电导率较低的废水可采用离子交换工艺。回用水处理工艺的选择，应通过技术经济比较确定。没有工程资料参考时，本文件给出了园区废水处理厂的中水回用基本工艺（附录 C，略）供设计参考。同时，本文件给出了回用水常用的介质过滤、活性炭吸附、离子交换、超（微）滤、反渗透等工艺的推荐参数和设计要点。

作为回用水体系，本文件对回用水的调节和管网作出了规定，有利于电镀园区回用水管网的稳定可靠运行。

#### 2.4.2.9 污泥处理与处置

污泥处理是园区废水处理工程的重要组成部分。电镀废水的处理实质上是通过化学反应等措施将金属类污染物从液体转移到固体的过程，从而降低废水中的污染物的毒性和对环境的危害程度。由于污染物质转移到污泥中，因此，加强电镀污泥的处理与处置，对防止二次污染具有极其重要的作用。

电镀废水处理过程中产生的污泥属于危险废物，必须进行全过程控制和管理。本部分对污泥的处理、贮存及处置分别作出了规定。

#### 2.4.2.10 废气处理

废气处理是园区废水处理工程的重要组成部分，本部分所指废气不包括电镀企业生产过程产生的废气，仅针对园区废水处理厂在运行过程中所产生的废气，主要包括随着电镀废水带来的酸性废气，如含氰废水中的氰化氢气体和污水处理过程中产生的恶臭气体。

对于废气治理，本文件提出应从源头有效控制酸性废气和恶臭气体的产生，对废气收集和处理工艺提出了技术要求。

#### 2.4.2.11 总体设计

园区废水处理厂的选址应与电镀工业园区同步规划，因此，本文件单列总体设计章节，针对包括污水处理工程的厂址和总体布置提出了原则要求；对建（构）筑物设置方面作出了基本规定；对电气、给排水和消防、采暖通风、防腐、防渗等辅助工程应遵循的现行国家标准、规范和相关技术要求作出了基本规定。

#### 2.4.2.12 监测与控制

为了保证污水处理及回用水处理稳定达标运行，必须对园区废水处理厂进行全过程的监测和控制，因此本部分提出了监控的基本要求，包括污水处理设施进水口流量、pH 值、电导率等的检测，通过简单的仪表直观地反映来水水质的变化，便于园区废水处理厂及时调整生产工艺、排查出电镀企业的异常排水情况。

对于含第一类污染物的废水，规定在车间或生产设施出口（即第一类污染物各分质预处理单元出口，且与其他废水混合前）设置特征污染物在线检测系统。同时，处理后的废水进入受纳水体前，在园区废水处理厂总排口应设置流量、pH 值和 COD 等在线检测仪表，满足当地生态环境主管部门对排放的要求，并将数据上传至当地生态环境主管部门；回用水经计量后输送到回用水管网。

根据国家有关规范，在排污口和排水口安装水质在线自动监测仪器，并符合 HJ 353 和 HJ 212 的要求。

为了降低对环境的风险，本部分对雨水排放口的监控提出了建议，并对地下水监测作出相关规定。

#### 2.4.2.13 应急事故与安全

电镀生产和运行管理过程中会出现各种事故工况，由此产生的事故废水应全部收集、储存并得到妥善处理与处置。关于事故废水池设置的考虑主要基于以下因素：

（1）由于电镀废水有毒有害并涉及第一类污染物，针对可能发生的污染事故，为了确保环境安全，本部分规定电镀工业园区应设置事故废水池。为了便于操作管理，建议事故废水池宜建设在园区废水处理厂附近，可以与电镀工业园区的消防事故废水池合建。

（2）园区电镀企业非正常工况产生的废水的水质水量会出现异常波动，会对园区废水处理厂造成冲击，因此应将事故水储存起来。经调研，设置能容纳 12～24h 平均时废水量的事故废水池容积基本可以满足园区废水处理厂稳定运行，同时也能避免因园区废水处理厂自身事故造成的电镀企业停产。在废水处理设施正常运行时，通过调配水质，在不影响处理系统的处理效果的前提下，与正常废水一并处理，其水质符合 GB 21900 的要求后排放。

另外，本部分在园区废水处理厂的设计安全、操作运行安全等方面提出了相关要求。

#### 2.4.2.14 运营维护与管理

园区废水处理厂的稳定运行离不开对电镀废水的分类和收集系统的统一规划、集中管理，离不开园区废水处理厂的全过程控制与管理。因此，本部分对园区废水治理设施的运行、维护与管理的基本要求等作出了具体的规定，包括给水计量和排污管网管理、管理制度、管理机构、自行监测、管理台账要求、应急预案等。

需要强调的是，目前园区废水处理厂大部分采用第三方运营模式。通过调研，为了确保电镀生产过程中的废水得到有效处置，规定园区废水处理厂运营计量宜以电镀企业用水量（水表）为基准。

#### 2.4.2.15 附录

附录 A 给出了园区废水处理厂废水收集、处理及排放系统的示意图，并给出了车间或生产设施排放口、总排放口的位置。

附录 B 给出了低浓度电镀废水常用的前处理废水、含氰废水、含铬废水、含镉废水、含镍废水、含铜废水、含锌废水、络合废水、综合废水的参考水质。需要说明的是，电镀废液的水质标准为最低限制要求，且其中任意一个指标超过限制即可认定为电镀废液。

按照附录 B 给出的常用的废水种类，结合工程实践，附录 C 给出了主要的污染因子、针对特征污染物的处理技术以及处理效果参考值。

### 2.4.3 标准效益分析

本文件的技术内容以现有国家节能环保法律法规为基础，与节能环保政策、规划、制度所述的战略目标保持一致，充分考虑了与现行环保技术、装备国家标准、环保服务领域行业标准之间的协调性。

本文件的制定与实施，与 GB 21900、GB 50136、HJ 2002、HJ 855、HJ 985 等一起，构成了电镀行业生产与污染物排放以及环境保护设施建设管理的完整的技术法规链条，是规范和管理电镀行业尤其是电镀工业园区环境保护工作的重要依据。

## 2.5 《高效能水污染物控制装备评价技术要求　旋转曝气机》标准研究

### 2.5.1 标准核心内容

《高效能水污染物控制装备评价技术要求　旋转曝气机》（以下简称“本文件”）的核心内容包括以下方面。

#### 2.5.1.1 范围

本文件规定了高效能旋转曝气机的评价要求、测试方法、计算方法和评价方法。

本文件适用于各种工业废水、市政污水处理工艺以及水体富氧时所使用的由电动机驱动的立轴式、卧轴式和自吸叶轮式旋转曝气机。

#### 2.5.1.2 规范性引用文件

下列文件中的内容通过文中的规范性引用而构成本文件必不可少的条款。其中，注日期的引用文件，仅该日期对应的版本适用于本文件；不注日期的引用文件，其最新版本（包括所有的修改单）适用于本文件。

GB 18613　电动机能效限定值及能效等级

GB/T 27872　潜水曝气机

CJ/T 294　转碟曝气机

JB/T 8700　氧化沟水平轴转刷曝气机技术条件

JB/T 12579　多功能高效曝气装置

#### 2.5.1.3 术语和定义

下列术语和定义适用于本文件。

（1）高效能旋转曝气机：同类可比范围内，运行安全可靠、充氧性能优越和能源利用效率领先的旋转曝气机。

（2）旋转曝气机能效比值：在规定的测试条件下，旋转曝气机单位时间内向溶解氧为零的清水中传递的氧量与整机消耗总电能的比值。

（3）立轴式旋转曝气机：曝气叶轮的旋转轴线与水平面垂直的表面曝气装置。

（4）卧轴式旋转曝气机：曝气叶轮的旋转轴线与水平面平行的表面曝气装置。

（5）自吸式叶轮曝气机：安装于水池底部，通过自动吸气的方式向水体充氧的曝气装置。

#### 2.5.1.4　评价要求

（1）定性评价基本要求

a）高效能旋转曝气机生产制造企业应满足相关环境保护法律、法规和标准要求，应建立、实施并保持质量管理体系、环境管理体系、职业健康安全管理体系和能源管理体系。

b）高效能旋转曝气机的设计、制造、安装和试验方法、检验规则等应符合JB/T 12579、CJ/T 294、JB/T 8700 和 GB/T 27872 的规定。

c）高效能旋转曝气机选用的电动机不应低于 GB 18613 规定的 2 级能效值。

d）高效能旋转曝气机应选用使用系数为 1.75～2 的配套减速机，不宜选用使用系数≥2.4 的减速机，减速机的传动效率应大于 95%。

e）高效能旋转曝气机的噪声声压级应小于 80dB（A）。

（2）运行评价指标要求

高效能旋转曝气机运行评价指标及要求见表 2-10。

表 2-10　高效能旋转曝气机运行评价指标及要求

| 序号 | 评价指标 | | 评价要求 | |
|---|---|---|---|---|
| 1 | 能耗指标 | 能效比值（以 $O_2$ 计） | 立轴式旋转曝气机 | ≥3.2kg/kWh |
| | | | 卧轴式旋转曝气机 | ≥2.4kg/kWh |
| | | | 自吸式叶轮曝气机 | ≥0.8kg/kWh |
| 2 | 安全可靠性 | 首次无故障累计运行时间 | ≥20000h | |
| | | 整机使用寿命 | 立轴式旋转曝气机 | ≥8 年 |
| | | | 自吸式叶轮曝气机 | |
| | | | 卧轴式旋转曝气机 | ≥6 年 |

#### 2.5.1.5 测试方法

高效能旋转曝气机的能效比值测试方法按 JB/T 12579 的规定，首次无故障累计运行时间和整机使用寿命依据用户反馈证明。噪声测试方法按相关规定。

#### 2.5.1.6 计算方法

高效能旋转曝气机的能效比值按式（2-2）进行计算：

$$E = \mathrm{SOTR} / P \tag{2-2}$$

式中：$E$——标准状态下旋转曝气机的能效比值，kg / kWh；

SOTR——标准状态下旋转曝气机的充氧能力（以 $O_2$ 计，下同），kg /h；

$P$——电动机输入功率，kW。

#### 2.5.1.7 评价方法

符合要求的为高效能旋转曝气机。

### 2.5.2 标准内容解读及编制依据

#### 2.5.2.1 定性评价基本要求

（1）高效能旋转曝气机的生产制造首先应满足相应环境保护法律、法规的要求，即要求环保产品自身首先必须做到环保。

（2）高效能旋转曝气机还应分别满足相应产品标准（国家标准或行业标准）的要求，即必须保证是达标产品。

（3）高效能旋转曝气机配套电动机必须满足电动机的能效标准要求，不宜选用不符合能耗标准要求的电动机。

（4）高效能旋转曝气机配套减速机的使用系数应满足要求，不宜选用使用系数过小或过大的减速机，否则会影响设备的可靠性或变相增加能源损耗。

#### 2.5.2.2 运行评价指标要求

（1）能效指标

旋转曝气设备的能效指标以“能效比值”来衡量，能效比值既是性能指标又是经济指标，本文件中用能效比值的大小来衡量旋转曝气机的能效高低，并且根据不同类型的旋转曝气机分别规定了不同的能效比值要求。本文件中规定的曝气机的能效比值为高于同类产品平均值的水平，确保高效能旋转曝气机做到真正的节能、减排、高效。

a）立轴式旋转曝气机的运行评价指标要求

国内真正能从事立轴式旋转曝气机设计、生产、制造的厂家屈指可数，本文件起草组做了全面的市场调研，调研覆盖面达85%以上，具体的调研数据统计见表2-11，数据分析如图2-2所示。

表2-11 立轴式旋转曝气机调研数据统计表

| 制造单位 | 型号 | 充氧能力 kg/h | 轴功率 kW | 理论动力效率 kg/kWh | 能效比值 kg/kWh | 检测单位 |
|---|---|---|---|---|---|---|
| 中冶华天工程技术有限公司 | GPQ-50 | 1.171 | 0.305 | 3.839 | 3.38 | 国家环保设备质量监督检验中心（浙江） |
| 南京三元环境工程有限公司 | | | | 3.5 | 3.27 | |
| 南通联振重工机械有限公司 | LDB-Ⅱ-300 | 273.1 | 73.6 | 3.71 | 3.16 | 同济大学环境保护产品检测中心 |
| 江苏亚太水处理工程有限公司 | YDB-2850 | 75.1 | 21.4 | 3.51 | 3.09 | 同济大学环境保护产品检测中心 |
| 河南中新环保物流设备有限公司 | LY-1400 | 58 | 16.5 | 3.52 | 2.64 | 同济大学环境保护产品检测中心 |
| 安徽国祯环保节能科技股份有限公司 | | | | 3.68 | 2.57 | 国家环保产品质量监督检验中心（石家庄） |
| 安徽国祯环保节能科技股份有限公司 | | | | 3.93 | 2.37 | 国家环保产品质量监督检验中心（石家庄） |

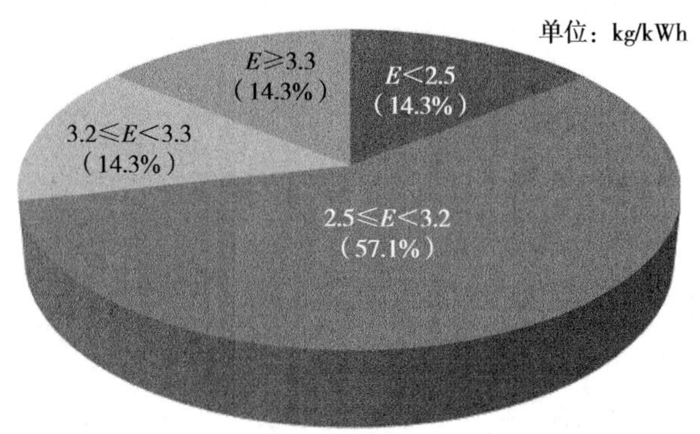


图2-2 立轴式旋转曝气机调研数据分析饼图

调研数据统计表 2-11 及分析饼图 2-2 显示，约 30% 的立轴式旋转曝气机的能效比值很高（≥3.2kg/kWh），故本文件中将能效比值不小于 3.2kg/kWh 的立轴式旋转曝气机确定为高效能系列。

b）卧轴式旋转曝气机的运行评价指标要求

国内从事卧轴式旋转曝气机的生产企业主要集中在天津、江苏宜兴和扬州等地，实际上真正有能力从事卧轴式旋转曝气机主轴（长度 6m 以上）加工的企业并不多，主要依靠外协或外购。卧轴式旋转曝气机的曝气转碟为塑料件，某些专业从事模具设计、制造的企业借助于较早接触塑料转碟的先机，将曝气转碟做成了产品在市场上销售，使得这种曝气转碟几乎成了标准件，更多从事环保设备销售的企业只需从市场分别采购曝气转碟、减速机、电动机便可组装成不同规格的卧轴式旋转曝气机，但这类曝气机的理论动力效率几乎没有差别。当然并不是所有的卧轴式旋转曝气机生产企业都是购买曝气转碟，部分企业的曝气转碟具有自主知识产权且有专有模具。在进行市场调研时，本文件起草组既选择了具有综合实力的企业，也选择了一些专门从事采购、销售配件的企业作为典型对象，具体的调研数据统计见表 2-12，数据分析如图 2-3 所示。

表 2-12　卧轴式旋转曝气机调研统计表

| 制造单位 | 型号 | 输入功率 kW | 理论动力效率 kg/kWh | 能效比值 kg/kWh | 检测单位 |
|---|---|---|---|---|---|
| 南京三元环境工程有限公司 | | | 3.5 | 3.21 | |
| 国美（天津）水技术工程有限公司 | 其转碟曝气机与凌志环保有限公司产品在中冶华天工程技术有限公司下属某污水处理厂进行对比应用，曝气充氧效果优于凌志环保有限公司产品 | | | | |
| 凌志环保有限公司 | ϕ1500 | 1.01 | 3.32 | 2.9 | 同济大学环境保护产品检测中心 |
| 凌志环保有限公司 | ϕ1500 | 1.11 | 3.21 | 2.80 | 同济大学环境保护产品检测中心 |
| 中冶华天工程技术有限公司 | ZD800 | 0.453 | 3.234 | 2.68 | 国家环保设备质量监督检验中心（浙江） |
| 江苏溢洋水工业有限公司 | | | 3.26 | 2.58 | |
| 江苏亚太水处理工程有限公司 | ZD-3 | | 2.8 | 2.38 | |
| 江苏宜兴某环保公司 | ZD1500 | | 2.75 | 2.2 | |
| 江苏泰州某环保公司 | ZD1500 | | 2.75 | 2.2 | |

表 2-12（续）

| 制造单位 | 型号 | 输入功率 kW | 理论动力效率 kg/kWh | 能效比值 kg/kWh | 检测单位 |
|---|---|---|---|---|---|
| 江苏泰兴某环保公司 | ZD1500 | | 2.75 | 2.2 | |
| 江苏天源环保工程有限公司 | ZD1500 | | 2.65 | 2.1 | |
| 江苏天雨环保集团有限公司 | ZD1500-30 | | 2.6 | 2.05 | |
| 江苏宜兴某环保公司 | ZD1500 | | 2.5 | 2 | |
| 扬州三水水务设备有限公司 | ZD1400-22 | | 2.2 | 1.76 | |
| 南京南林环保设备有限公司 | ZD1400 | | 2.1 | 1.72 | |
| 江苏天雨环保集团有限公司 | ZD1400 | | 2 | 1.7 | |

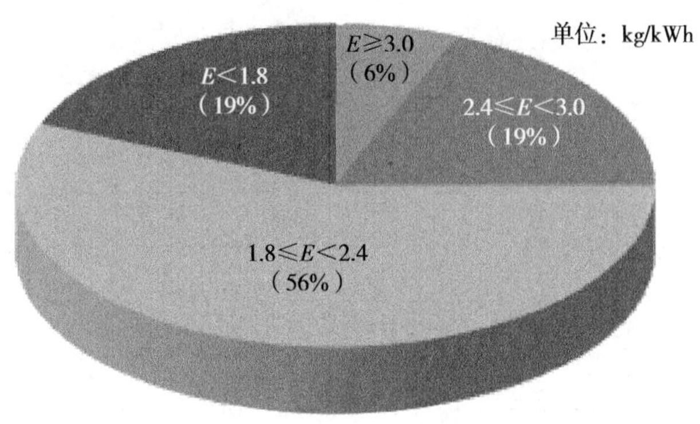


图 2-3　卧轴式旋转曝气机调研数据分析饼图

调研数据统计表 2-12 及分析饼图 2-3 显示，约 25% 的卧轴式旋转曝气机的能效比值很高（≥2.4kg/kWh），故本文件中将能效比值不小于 2.4kg/kWh 的卧轴式曝气机确定为高效能系列。

c）自吸式叶轮曝气机的运行评价指标要求

自吸式叶轮曝气机一般应用于工业废水处置，且沟型比较深的场合。自吸式叶轮曝气机是利用叶轮高速旋转产生的负压进行自动吸气，因速度要求高，故叶轮直径不能设计得较大，所以该类设备的功率配比一般较低。所有自吸式叶轮曝气机的最大缺陷是没有一台配套电动机是符合 GB 18613 规定的标准能效电动机，全部采用非标准电动机，导致该设备的能效比值极低，如 GB/T 27872—2011 规定的动力效率（能效比值）仅为≥0.64～0.8kg/kWh。因能效比值低以及功率配比较小，这类设备没有得到较广泛的推广应用。本文件起草组调研时发现，国内生产制造的同类产品没有一家经过权威机构检测过。故调研仅采用少数企业的自测数据作为参考，本文件的制定依据主要是 GB/T 27872，并特别规定产品必须采用符合 GB 18613 规定的标准能效电动机。因标准能效电动机与非标准电动机存在效率差异，故本文件起草组在 GB/T 27872 规定的性能参数的基础上赋予一较为保守的效率系数，具体的性能参数调研数据统计见表 2-13，数据分析如图 2-4 所示。

表 2-13　自吸式叶轮曝气机性能参数调研数据统计表

| 型号 / 制造单位 | 工作条件 | | 性能参数 | | | | | |
|---|---|---|---|---|---|---|---|---|
| | 电机功率 /kW | 潜水深度 /m | 进气量 / ( $m^3/h$ ) ≥ | 充氧量 / ( kg/h ) ≥ | 气泡作用直径 /m ≥ | 动力效率 / ( kg/kWh ) ≥ | 系数 ( 2 级能效 / 3 级能效 ) | 换算后动力效率 / ( kg/kWh ) |
| QXB0.75-32 | 0.75 | 1.8 | 9.5 | 0.47 | 2.8 | 0.64 | 1.04 | 0.66 |
| QXB1.5-32 | 1.5 | 2.7 | 18 | 0.96 | 3.5 | 0.64 | 1.00 | 0.64 |
| QXB2.2-50 | 2.2 | 3.2 | 28.5 | 1.5 | 4.8 | 0.68 | 1.03 | 0.70 |
| QXB3-50 | 3 | | 39 | 2.06 | 5.5 | 0.68 | 1.03 | 0.70 |
| QXB4-50 | 4 | 3.6 | 53 | 2.8 | 6.5 | 0.7 | 1.02 | 0.72 |
| QXB5.5-65 | 5.5 | | 72 | 3.85 | 8 | 0.7 | 1.02 | 0.72 |
| QXB7.5-65 | 7.5 | 4 | 102 | 5.7 | 10 | 0.76 | 1.02 | 0.77 |
| QXB11-100 | 11 | 4.2 | 178 | 9 | 11 | 0.82 | 1.01 | 0.83 |
| QXB15-100 | 15 | 4.5 | 248 | 12.4 | 12 | 0.83 | 1.02 | 0.84 |
| QXB18.5-100 | 18.5 | 4.5 | 350 | 15.7 | 12.5 | 0.85 | 1.02 | 0.86 |
| QXB22-100 | 22 | 4.5 | 430 | 18.7 | 13.5 | 0.85 | 1.02 | 0.86 |
| QXB30-150 | 30 | 4.5 | 510 | 24.6 | 14.5 | 0.82 | 1.01 | 0.83 |
| QXB37-150 | 37 | 4.5 | 570 | 26.6 | 15 | 0.72 | 1.01 | 0.73 |
| QXB45-150 | 45 | 4.5 | 630 | 31 | 15.5 | 0.69 | 1.01 | 0.70 |
| QXB55-150 | 55 | 4.5 | 820 | 38 | 16 | 0.69 | 1.01 | 0.69 |
| 南京贝特环保通用设备 | D125 | | | 0.72 | 1.01 | 0.73 | | |
| 南京贝特环保通用设备 | D260 | | | 0.89 | 1.01 | 0.90 | | |
| 南京科莱尔泵业有限公司 | | | | 0.64 | 1.01 | 0.65 | | |
| 南京科莱尔泵业有限公司 | | | | 0.85 | 1.01 | 0.86 | | |

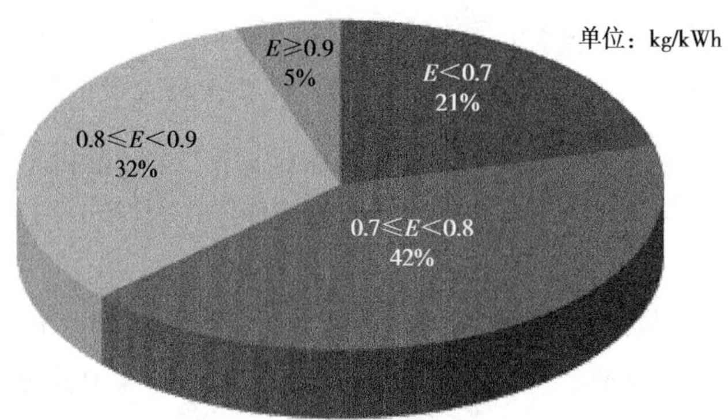


图 2-4 自吸式叶轮曝气机性能参数调研数据分析饼图

调研数据统计表 2-13 及分析饼图 2-4 显示，超过 35% 的自吸叶轮式旋转曝气设备的能效比值很高（≥0.8kg/kWh），故本文件中将能效比值不小于 0.8kg/kWh 的自吸式叶轮曝气机确定为高效能系列。

（2）安全可靠性指标

曝气机是污水处理厂的关键设备，不仅能耗高（占污水处理总能耗的 60% 以上），而且故障率也高，有的设备使用两三年后会频繁出现故障。一旦发生故障，不仅影响生产的正常进行，而且维修比较麻烦、维修费用也很高，用户的利益根本得不到保证。下面举例说明。

【例 1】立轴式旋转曝气机整体寿命的影响因素有很多，如配套减速机用齿轮选材、制造工艺不当，都会对整体寿命产生致命的影响。譬如，山东寿光某污水处理厂使用的某国外品牌减速机，齿轮损坏后，修复一对齿轮需要 6 万元，重置减速机则需 20 多万元，且质保期仅 1 年。作为用户，1 年后必须承担维修的再投资。

【例 2】卧轴式旋转曝气机的水力构件曝气叶轮为非钢件，在污水中运行时易磨损。若叶轮材质以次充好，不仅叶轮使用寿命大大缩短，同时会因为磨损导致叶轮运转不平衡而产生轴向摆动，还会连带损坏支撑轴承以及减速机等，从而影响整体寿命。

本文件中使用“首次无故障累计运行时间”和“整机使用寿命”作为设备的安全可靠性指标，并对这两项指标作出了规范性要求。这两项指标作为旋转曝气机的统一评价准则，从源头上对设备的可靠性进行了把控，企业在设计、生产制造过程中就不会存在偷工减料等影响产品性能和可靠性的任何侥幸心理。

本文件中的“首次无故障累计运行时间”和“整机使用寿命”是以科学、技术和实践经验为基础，用于规范产品的技术要求，它既是对产品质量的要求，也是当产品出现质量问题时进行追溯并具备法律效力的技术依据。

本文件中规定了旋转曝气机无故障累计运行时间应不小于20000h，即做到2年多的时间内无故障运行。一般项目在招投标时，要求曝气设备的保质期限为1年，这种要求太低，对于关键核心设备应区别对待，并适当提高标准要求，才能做到性价对等，更应以此杜绝一些生产制造企业故意借此采用降低产品质量的手段来达到降低成本的目的。

本文件规定旋转曝气机的整机寿命不应少于8年（立轴式和自吸式）和6年（卧轴式）。作为污水处理工艺中的关键核心设备，大多曝气设备必须具备24h连续不停歇运转的能力（有备用曝气设备的除外），若寿命规定太长，则不符合客观规律；寿命规定太短，又不能顾及用户利益。

#### 2.5.2.3 测试方法

关于测试方法，现行曝气机的行业标准或国家标准中都做了规定；需要特别说明的是关于曝气机性能测试，在GB/T 27872—2011中规定的性能检测引用的标准CJ/T 3015.2—1993《曝气器清水充氧性能测定》已废止，并被CJ/T 475—2015《微孔曝气器清水氧传质性能测定》代替，但CJ/T 475—2015仅适用于微孔曝气器及其他鼓风曝气器的氧传质性能测定，即除鼓风曝气设备外的旋转式曝气机检测并不适用该标准。

为了统一检测标准，保证检测数据的公平、公正，本文件中规定能效比值的测试方法统一按照JB/T 12579—2015中附录B的规定进行。

对于“首次无故障累计运行时间”和“整机使用寿命”的检测评判，完全取决于用户对产品的使用评价，以及包括用户依据法律程序追溯和申诉的各种信息反馈，并采取一票否决的制度。

#### 2.5.2.4 计算方法

曝气机能效指标——能效比值统一按本文件中给出的计算公式进行计算，计算结果将作为最终评价定性的依据。

### 2.5.3 标准效益分析

本文件中将污水处理用旋转曝气机能效细分为3个等级，总体原则为性价对等，目的是让更多不同能效等级层次的产品同时参与市场竞争，通过市场公平竞争规律自然淘汰质量差、高能耗、低产能产品，不断提升优质、节能产品的市场竞争力，保证了不同的经济投入得到不同的效益回报，实现厂商和用户的双赢，确保从生产制造到现场运行都能有效制止浪费，合理地利用有限资源。

据统计，2014 年我国全年排放 COD 2294.6 万 t，若其中立轴式旋转曝气机使用率为 20%，卧轴式旋转曝气机使用率为 25%，并且分别用 1 级能效的旋转曝气机替换现有曝气设备，则节约的电能和减排的污染物分析见表 2-14。

表 2-14 用 1 级能效曝气设备替代全国同类曝气设备的社会经济效益分析表

| 类别 | | 立轴式旋转曝气机 | | 卧轴式旋转曝气机 |
|---|---|---|---|---|
| | | 1 级能效替代进口（2.7kg/kWh）产品 | 1 级能效替代国产现有最低性能要求产品 | 1 级能效替代国产现有最低性能要求产品 |
| 节约电量 | | 3 亿 kWh | 7 亿 kWh | 10 亿 kWh |
| 节省电费（0.7 元 /kWh） | | 2 亿元 | 4.9 亿元 | 7 亿元 |
| 折合标准煤 | | 12 万 t | 28 万 t | 40 万 t |
| 减排污染物 | 二氧化碳 | 31 万 t | 69 万 t | 99 万 t |
| | 二氧化硫 | 0.9 万 t | 2 万 t | 3 万 t |
| | 氮氧化物 | 0.5 万 t | 1 万 t | 1.5 万 t |
| | 固体废渣 | 8.4 万 t | 19 万 t | 27 万 t |

由表 2-14 可以看出，通过本文件的实施，获得的社会经济效益非常可观。同时，行业结构得到优化，竞争力得到全面提升，形成协调发展的产业格局。

## 2.6 《高效能水污染物控制产品评价技术要求 中空纤维超滤膜》标准研究

### 2.6.1 标准计划来源

水资源是经济社会发展重要的物质基础。我国是重度缺水国家，全国约有 60% 的城市面临严重缺水的威胁，农业用水也面临严峻挑战，水资源已经成为制约我国经济发展乃至人民生活的重要因素。海水淡化、污水废水循环利用等已经成为解决全球水资源危机的重要途径，因此迫切需要发展高效节能的水处理膜材料和技术。膜材料泛指具有选择分离功能的材料，其反渗透、超滤、微滤等膜技术特性在能源电力、有色冶金、海水淡化、医药食品、给水处理、污水回用等领域都得到了广泛应用。

传统的水处理工艺主要靠沉淀、粗滤，只能处理水质较好的水源，面对日益恶化的水源条件，则不能有效去除水中的污染物。而膜是一种高效的过滤材料，它能通过简单的过滤，实现水中微小颗粒物质的去除，既可以使滤后水质大幅提高，同时又能使过滤成本大幅降低。膜法水处理技术与传统水处理方法相比，由于具有成本较低、分离精度高、投资少、易于操作和管理、对环境二次污染小等优点，在污水处理和净水回用中均有很好的应用前景。当前，膜法水处理已逐渐成为市场的发展趋势，膜科技产业也得到了迅猛发展。

水处理膜主要应用在三个领域，即市政污水处理、工业污水深度处理和海水淡化脱盐。目前，美国、日本、德国等国家在膜法水处理应用方面处于领先地位。我国的膜产业企业主要占据的市场还是低端膜材料市场，而且国内膜产业配套能力仍然不足。以膜材料为例，国内目前还没有很大的化工公司来制作膜材料，膜材料的制造主要来自美国的陶氏化学、通用公司等全球一流化工公司。随着我国膜材料技术不断取得突破，我国的膜产业也已进入快速增长期，膜水处理产品开始在国际市场上崭露头角并获得青睐，未来我国的膜产业发展前景将更加广阔。

为促进我国生态环境可持续发展，根据国家标准委《关于下达 2014 年第一批国家标准制修订计划的通知》（国标委综合〔2014〕67 号），由全国环保产业标准化技术委员会（SAC/TC 275）组织编制的《高效能水污染物控制产品评价技术要求　中空纤维超滤膜》（原名称为:《先进环保装备评价技术规范　水处理超滤微滤膜》）国家标准已获批立项，标准计划编号为 20140671-T-303。

## 2.6.2　标准内容解读及编制依据

《高效能水污染物控制产品评价技术要求　中空纤维超滤膜》（以下简称“本文件”）的主要技术内容包括以下方面。

### 2.6.2.1　范围

本文件规定了高效能中空纤维超滤膜的评价要求、试验方法、计算方法、评价方法等。本文件适用于在市政与工业污水处理、市政与工业给水处理和海水淡化前处理中应用的中空纤维超滤膜的评价。

### 2.6.2.2　规范性引用文件

本部分给出了在高效能中空纤维超滤膜定义、评价、实验、计算的过程中提供技术要求的相关环境保护标准和文件，这些标准和文件的有关条文将作为本文件的组成部分。

#### 2.6.2.3 术语和定义

下列术语和定义适用于本文件。

（1）膜：表面有一定物理或化学特性的薄的屏障物，它使相邻两个流体相之间构成了不连续区间并影响流体中组分的透过速度。

（2）超滤膜：由起分离作用的一层极薄表皮层和较厚的起支撑作用的海绵状或指状多孔层组成，切割分子量在几千至几百万的膜。其中表皮层厚度通常仅为0.1～1μm，多孔层厚度通常为125μm，且超滤膜多数为非对称膜。

（3）中空纤维膜：外形为纤维状、空心的具有自支撑作用的膜，也包含带编织管的内衬增强型膜。

（4）高效能中空纤维超滤膜：同类可比范围内，过滤性能优异，运行通量稳定，机械性能良好的中空纤维超滤膜。

（5）膜组件：中空纤维柱式膜组件是由中空纤维膜、壳体、内连接件、端板和密封圈等组成的实用器件；中空纤维帘式膜组件是由中空纤维膜、集水管、浇铸槽及封端用树脂浇铸而组成的实用器件。

（6）操作压：给料液进入膜组件或各种过滤器的表压。

（7）通量：单位时间、单位膜面积透过组分的量。

（8）泡点压力：第一个气泡出现并引导连续出泡时的临界压力。

（9）最大孔径：与滤膜最大孔等效的圆形毛细管直径。

（10）爆破压力：对膜丝施加垂直于膜面的流体压力，膜开始渗漏或破裂时的临界压力。

（11）膜污染：料液中的某些组分在膜表面或膜孔中沉积导致膜性能下降的过程。

#### 2.6.2.4 评价要求

（1）中空纤维超滤膜评价基本要求

高效能中空纤维超滤膜生产制造企业应建立、实施并保持质量管理体系、环境管理体系。高效能中空纤维超滤膜外观质量不应有指纹、划痕、气泡和缩孔等缺陷；主要部件应使用安全、无毒无害、无异味、不造成二次污染的材料制作，并坚固耐用。

（2）中空纤维超滤膜评价指标要求

高效能中空纤维超滤膜的各项性能评价指标应符合表 2-15 的要求。

表 2-15 高效能中空纤维超滤膜评价指标

| 分类 | 指标 | 能级 |
|---|---|---|
| 膜过滤性能 | 最大孔径（泡压法）/μm | ≤0.200 |
| | 膜污染 $P_{140}$ 渗透通量 /[ L/( $m^2$ · h · bar )] | ≥80 |
| 膜机械性能 | 平均断裂强度 /MPa | ≥4.5 |
| | 平均爆破压力 /MPa | ≥0.5 |
| 膜耐化学性能 | 酸浸泡后平均断裂强度 /MPa | ≥4.2 |
| | 酸浸泡后平均爆破强度 /MPa | ≥0.4 |
| | 酸浸泡后膜污染 $P_{140}$ 渗透通量 /[ L/( $m^2$ · h · bar )] | ≥75 |
| | 碱浸泡后平均断裂强度 /MPa | ≥4 |
| | 碱浸泡后平均爆破压力 /MPa | ≥0.35 |
| | 碱浸泡后膜污染 $P_{140}$ 渗透通量 / [ L/( $m^2$ · h · bar )] | ≥70 |
| | 氧化剂浸泡后平均断裂强度 /MPa | ≥4.2 |
| | 氧化剂浸泡后平均爆破压力 /MPa | ≥0.4 |
| | 氧化剂浸泡后膜污染 $P_{140}$ 渗透通量 / [ L/( $m^2$ · h · bar )] | ≥70 |
| 注：1bar=0.1MPa。 | | |

2.6.2.5 试验方法

由于不同种类膜的分离机理存在差异，例如纳滤膜可用于除去无机盐或小分子有机物（葡萄糖等），本文件的试验方法无法表征出纳滤膜对于无机盐或小分子有机物去除的性能，仅适用于中空纤维超滤膜的各项参数表征。

试验条件和试验设备应满足 GB/T 32361—2015《分离膜孔径测试方法 泡点和平均流量法》、GB/T 17200—2008《橡胶塑料拉力、压力和弯曲试验机（恒速驱动） 技术规范》、HY/T 213—2016《中空纤维超 / 微滤膜断裂拉伸强度测定方法》、GB/T 11547—2008《塑料 耐液体化学试剂性能的测定》和本文件附录 A（略）～附录 E（略）中的相应要求。

对中空纤维超滤膜过滤性能的试验包含最大孔径测试试验和对膜污染衰减曲线的测试试验，按本文件附录 A（略）、附录 B（略）以及 GB/T 32361—2015 中规定的方法进行。其中最大孔径的试验主要是验证膜丝是否存在较大的缺陷，因为膜丝上大孔缺陷的存在会导致污染物进入渗透侧，影响产水质量；膜污染衰减曲线的测试可以反映出超滤膜耐污染的程度，膜丝耐污染能力越强，产水效率越高，能耗也越低。

对中空纤维超滤膜机械性能的测试，包含按平均断裂强度测试和平均爆破压力测试，按 HY/T 213—2016 以及本文件附录 C（略）中规定的方法进行。目前，膜丝大致分为非溶剂致相分离法（NIPS）制备的自支撑中空纤维膜、热致相分离法（TIPS）制备的自支撑中空纤维膜、同质增强型中空纤维膜以及非溶剂致相分离法（NIPS）制备的带内衬管中空纤维膜。其中除非溶剂致相分离法（NIPS）制备的自支撑中空纤维膜断裂伸长率较高外，其余制膜法的膜丝断裂伸长率不高，无法很好地进行比较，因此膜丝的机械性能仅依靠断裂强度来体现。另外，非溶剂致相分离法（NIPS）制备的带内衬管中空纤维膜强度高，机械性能主要体现在织物上，因此不对其进行断裂强度的测试，但是需要考虑膜层与内衬管之间的结合力，可通过膜丝的爆破压力来反映。

对中空纤维超滤膜耐化学性能的测试试验，包含膜耐酸性试验、耐碱性试验和耐氧化性试验，按本文件附录 B（略）～附录 E（略），以及 HY/T 213—2016、GB/T 11547—2008 中规定的方法进行。由于化学清洗过程中使用的化学清洗药剂不仅与污染物发生反应同时也会与膜材料发生反应，在长时间的接触下，对膜材料造成不可逆的损伤，因此对中空纤维超滤膜耐化学性能的测试试验从一定程度上可以反映出膜的使用寿命。

#### 2.6.2.6 计算方法

对超滤膜的最大孔径计算，按本文件附录 A（略）和 GB/T 32361—2015 中规定的方法进行。对超滤膜膜污染衰减曲线的计算，按本文件附录 B（略）中规定的方法进行。对超滤膜膜机械性能的计算，包含平均断裂强度和平均爆破压力测试，按本文件附录 C（略）和 HY/T 213—2016 中规定的方法进行。对超滤膜膜耐酸碱性的计算，按本文件附录 D（略）中规定的方法进行。对超滤膜膜耐氧化性的计算，按本文件附录 E（略）中规定的方法进行。

#### 2.6.2.7 试验数据以及处理

（1）膜过滤性能评价

a）最大孔径评价

表 2-16 列举了部分中空纤维超滤膜的最大孔径测试值。结合国内外中空纤维超滤膜的性能以及应用经验，按前 40% 取最大值，确定高效能中空纤维超滤膜的最

大孔径评价指标，见表 2-17。

表 2-16　部分中空纤维超滤膜的最大孔径

| 测试条件 | 膜类型 | 泡点压力 /MPa | 最大孔径 /μm |
|---|---|---|---|
| 25℃，乙醇<br>膜丝长度 10cm | A | 0.31 | 0.206 |
| | B | 0.25 | 0.255 |
| | C | 0.32 | 0.199 |
| | D | 0.22 | 0.290 |
| | E | 0.18 | 0.354 |
| | F | 0.30 | 0.213 |
| | G | 0.24 | 0.266 |

表 2-17　高效能中空纤维超滤膜的最大孔径评价等级划分

| 评价指标 | 能级 |
|---|---|
| 最大孔径 /μm | ≤0.200 |

b）膜污染评价

表 2-18 列举了部分中空纤维超滤膜的膜污染 $P_{140}$ 渗透通量测试值。结合国内外中空纤维超滤膜的性能以及应用经验，按前 40% 取最大值，确定高效能中空纤维超滤膜的膜污染 $P_{140}$ 渗透通量评价指标，见表 2-19。

表 2-18　部分中空纤维超滤膜的膜污染 $P_{140}$ 渗透通量

| 测试条件 | 膜类型 | 膜污染 $P_{140}$ 渗透通量 /[ L/( $m^2$ · h · bar )] |
|---|---|---|
| 25℃，BSA（1g/L），1bar | A | 92.1 |
| | B | 76.3 |
| | C | 50.5 |
| | D | 84.2 |
| | E | 79.2 |
| | F | 46.3 |
| | G | 72.2 |

表 2-19　高效能中空纤维超滤膜的膜污染 $P_{140}$ 渗透通量评价等级划分

| 评价指标 | 能级 |
|---|---|
| 膜污染 $P_{140}$ 渗透通量 /[ L/( $m^2$ · h · bar )] | ≥80 |

（2）膜机械性能评价

表 2-20 列举了部分中空纤维超滤膜的机械性能测试值。结合国内外中空纤维超滤膜的性能以及应用经验，按前 40% 取最大值，确定高效能中空纤维超滤膜的机械性能评价指标，见表 2-21。

表 2-20 部分中空纤维超滤膜的机械性能

| 测试条件 | 膜类型 | 断裂强度 /MPa | 爆破压力 /MPa |
|---|---|---|---|
| 25℃ | A | 5.13 | — |
| | B | 4.87 | — |
| | C | 4.55 | — |
| | D | 4.11 | — |
| | E | — | 0.45 |
| | F | — | 0.54 |
| | G | — | 0.32 |

表 2-21 高效能中空纤维超滤膜的机械性能评价等级划分

| 评价指标 | 能级 |
|---|---|
| 平均断裂强度 /MPa | ≥4.5 |
| 平均爆破压力 /MPa | ≥0.5 |

（3）膜耐化学性能评价

a）耐酸性评价

表 2-22 列举了部分中空纤维超滤膜在酸溶液中浸泡后的多项指标测试值。结合国内外中空纤维超滤膜的性能以及应用经验，按前 40% 取最大值，确定高效能中空纤维超滤膜的耐酸性评价指标，见表 2-23。

表 2-22 部分中空纤维超滤膜的耐酸性指标测试值

| 测试条件 | 膜类型 | 断裂强度 /MPa | 爆破压力 /MPa | 膜污染 $P_{140}$ 渗透通量 /［L/（$m^2$·h·bar）］ |
|---|---|---|---|---|
| 浸泡溶液 pH=1.0 | A | 5.21 | — | 87.1 |
| | B | 4.95 | — | 78.5 |
| | C | 4.29 | — | 40.5 |
| | D | 4.13 | — | 74.5 |
| | E | — | 0.41 | 70.2 |
| | F | — | 0.53 | 42.3 |
| | G | | 0.34 | 70.2 |

表 2-23　高效能中空纤维超滤膜的耐酸性评价等级划分

| 评价指标 | 能级 |
|---|---|
| 酸浸泡后平均断裂强度 /MPa | ≥ 4.2 |
| 酸浸泡后平均爆破压力 /MPa | ≥ 0.4 |
| 酸浸泡后膜污染 $P_{140}$ 渗透通量 /[L/(m$^2$·h·bar)] | ≥ 75 |

b）耐碱性评价

表 2-24 列举了部分中空纤维超滤膜的在碱溶液中浸泡后的多项指标测试值。结合国内外中空纤维超滤膜的性能以及应用经验，按前 40% 取最大值，确定高效能中空纤维超滤膜的耐碱性评价指标，见表 2-25。

表 2-24　部分中空纤维超滤膜的耐碱性指标测试值

| 测试条件 | 膜类型 | 断裂强度 /MPa | 爆破压力 /MPa | 膜污染 $P_{140}$ 渗透通量 /[L/(m$^2$·h·bar)] |
|---|---|---|---|---|
| 浸泡溶液 pH=12.0 | A | 4.53 | — | 78.9 |
| | B | 3.79 | — | 74.1 |
| | C | 4.15 | — | 46.2 |
| | D | 3.72 | — | 71.9 |
| | E | — | 0.32 | 64.7 |
| | F | — | 0.43 | 41.2 |
| | G | — | 0.29 | 67.3 |

表 2-25　高效能中空纤维超滤膜的耐碱性评价等级划分

| 评价指标 | 能级 |
|---|---|
| 碱浸泡后平均断裂强度 /MPa | ≥4 |
| 碱浸泡后平均爆破压力 /MPa | ≥0.35 |
| 碱浸泡后膜污染 $P_{140}$ 渗透通量 /[L/(m$^2$·h·bar)] | ≥70 |

c）耐氧化性评价

表 2-26 列举了部分中空纤维超滤膜的在含氧化剂溶液中浸泡后的多项指标测试值。结合国内外中空纤维超滤膜的性能以及应用经验，确定高效能中空纤维超滤膜的耐氧化性评价指标，见表 2-27。

表 2-26　部分中空纤维超滤膜的耐氧化性指标测试值

| 测试条件 | 膜类型 | 断裂强度 /MPa | 爆破压力 /MPa | 膜污染 $P_{140}$ 渗透通量 / [ L/（ $m^2$ · h · bar ）] |
|---|---|---|---|---|
| 浸泡溶液<br>$5000 \times 10^{-6}$<br>（NaClO） | A | 4.62 | — | 82.0 |
| | B | 4.73 | — | 71.4 |
| | C | 4.28 | — | 43.1 |
| | D | 4.12 | — | 72.5 |
| | E | — | 0.36 | 65.1 |
| | F | — | 0.42 | 43.8 |
| | G | | 0.35 | 62.9 |

表 2-27　高效能中空纤维超滤膜的耐氧化性评价等级划分

| 评价指标 | 能级 |
|---|---|
| 氧化剂浸泡后平均断裂强度 /MPa | ≥ 4.2 |
| 氧化剂浸泡后平均爆破压力 /MPa | ≥ 0.4 |
| 氧化剂浸泡后膜污染 $P_{140}$ 渗透通量 / [ L/（ $m^2$ · h · bar ）] | ≥ 70 |

#### 2.6.2.8　评价方法

符合评价指标要求的中空纤维超滤膜，评价为高效能中空纤维超滤膜。

#### 2.6.2.9　附录

附录 A 规定了中空纤维超滤膜最大孔径试验和计算方法，附录 B 规定了中空纤维超滤膜膜污染曲线测试试验和计算方法，附录 C 规定了中空纤维超滤膜机械性能试验和计算方法，附录 D 规定了中空纤维超滤膜耐酸碱性试验和计算方法，附录 E 规定了中空纤维超滤膜耐氧化性试验和计算方法。

### 2.6.3　标准效益分析

本文件的技术内容以现有国家节能环保法律法规为基础，与节能环保政策、规划、制度所述的战略目标保持一致，充分考虑了与现行环保技术、装备国家标准、环保服务领域行业标准之间的协调性。

本文件为首次制定，对后续高效能污染物控制装备产品系列标准的研制具有引领和指导作用，有助于我国高效能中空纤维超滤膜行业整体水平的提升。

# 3 典型行业污水处理环保系统设施运行效果评价技术标准研究

## 3.1 《印染废水深度处理系统设施运行效果评价技术要求》标准研究

### 3.1.1 标准计划来源

纺织工业是国计民生的重要产业。纺织工业又是资源、能源密集型产业，在纺纱、织造、染整、服装全产业链中，染整是提升服装产品附加值的最为关键的环节，也是资源、能耗消耗最大的环节，以及废水及污染物排放量最大的工业行业。中国已发展成为全球第一大纺织品服装生产国和出口国，纺织产量占世界总量的50%，国际市场占有率超过1/3。纺织工业废水排放量约为21亿t/年，其中印染废水及污染物排放量占全纺织工业的80%左右，是纺织工业废水及污染物的主要来源。印染废水排放标准日益提高，同时由于印染行业具有低利润率的特征，使印染废水治理已由单一的末端治理，发展成涵盖“源头减排、末端治理”的综合全流程可持续治理模式。

源头减排，即清洁生产减排技术。为达到日渐严格的排放标准，仅依靠强化末端废水治理已难以用较为经济的成本达到较高的排放标准。印染废水中污染物的削减应首先从染整工艺源头减排考虑，采用节水、污染物排放少的生产工艺。在前处理环节，先进的前处理工艺可使染整工艺用水量及污染物排放大幅度减少。例如，生物酶退浆、精炼技术的应用，与传统碱法前处理相比，酶前处理仅为碱处理的一半用水量，废水中有机污染物排放总量可降低50%～75%。染色环节用水量占全部用水量的60%～70%，染色环节的节水减排技术也开始推广应用。例如，低浴比染色可显著降低用水量，活性染料低温浸染技术提高活性染料的上染率和固色率，可显著降低活性染料染色废水中$COD_{Cr}$，节约大量的洗涤用水。在印花环节，少水、低污染排放的数码印花、热转移印花、冷转移印花、涂料印花等新技术开始研发并应用。

末端治理，即通过废水处理的方法使废水达到排放或回用标准。目前，在工程应用中印染废水治理技术主要包括物化、生化、深度处理及回用等方面。在物化处理环节主要涉及混凝、气浮，在生化处理环节主要涉及厌氧、缺氧、水解酸化及好氧处理技术，在深度处理及回用环节主要涉及芬顿氧化、臭氧曝气生物滤池联用、双膜法，废水处理回用环节为防止盐度积累还涉及浓缩、蒸发、结晶等脱盐技术。

应对纺织印染行业可持续发展需求，国内外已开展大量的印染废水深度处理及回用研究及工程应用，而如何评价印染废水深度处理系统设施运行效果，目前尚无相应评价标准。

为促进印染废水深度处理系统运行绩效的提高，带动环保行业健康有序地发展，从而提升我国生态环境的整体水平，根据国家标准委 2021 年第一批国家标准制修订计划（国标委发〔2021〕12 号）的要求，《印染废水深度处理系统设施运行效果评价技术要求》由国家发展改革委提出，全国环保产业标准化技术委员会（SAC/TC 275）归口管理并组织制定，标准计划编号为 20211112-T-303。

2018 年 7 月 23 日至 28 日，标准制定课题组赴我国纺织印染产业聚集地山东省开展调研，分别走访、调研了全国排名前 20 位的纺织印染企业，在调研过程中深入考察了山东省以再生水作为印染工业用水解决缺水地区发展印染产业的途径及案例。同时，调研了印染企业在染整工艺清洁生产节能、减排、节水方面采用低温氧漂、冷轧堆染色、无盐染色、生物酶退浆、双重水洗、尿素替代、无盐染色等先进的染整工艺，并考察了山东地区废水处理工艺、成本及深度处理系统设施运行的实施情况。

2018 年 8 月 16 日至 25 日，标准制定课题组前往新疆石河子、库尔勒、阿拉尔及阿克苏进行调研工作。调研企业包括石河子地区的多家印染企业。调研重点关注企业的清洁生产工艺、废水处理效果及处理模式、废水排水去向及废水综合利用途径及对生态环境的影响等。通过与企业、工业区管理部门、环保部门多次座谈及实地考察，详尽掌握了企业发展情况及废水深度处理及设施运行的相关问题等。通过实地调研，课题组深入了解了新疆地区印染行业特征，进一步明确了印染废水深度处理及回用优化运行重点关注目标。此外，课题组还对江苏、广东等纺织印染企业的废水处理厂进行了深度调研。

### 3.1.2 标准核心内容

《印染废水深度处理系统设施运行效果评价技术要求》（以下简称“本文件”）的核心内容包括以下方面。

### 3.1.2.1 范围

本文件规定了印染废水深度处理系统设施运行效果评价的总则、评价要求、评价方法和评价报告。

本文件适用于印染废水深度处理系统设施运行效果的评价。

### 3.1.2.2 规范性引用文件

下列文件中的内容通过文中的规范性引用而构成本文件必不可少的条款。其中，注日期的引用文件，仅该日期对应的版本适用于本文件；不注日期的引用文件，其最新版本（包括所有的修改单）适用于本文件。

GB 4287 纺织染整工业水污染物排放标准

GB 12348 工业企业厂界环境噪声排放标准

GB 14554 恶臭污染物排放标准

GB 18599 一般工业固体废物贮存和填埋污染控制标准

GB 18918 城镇污水处理厂污染物排放标准

GB/T 50087 工业企业噪声控制设计规范

HJ 471 纺织染整工业废水治理工程技术规范

HJ 879 排污单位自行监测技术指南 纺织印染工业

FZ/T 01002 印染企业综合能耗计算办法及基本定额

### 3.1.2.3 术语和定义

下列术语和定义适用于本文件。

（1）印染废水：对纺织材料（纤维、纱、线和织物）进行以染色、印花、整理为主的处理工艺过程中（包括预处理、染色、印花和整理）排出的废水。

（2）源头减排：印染企业通过染整清洁生产、工艺水重复利用等方法削减废水排放量及水污染物的综合措施。

（3）清洁生产：在染整工艺过程中，通过使用清洁的染化料助剂、能源和原料，采用先进的工艺技术与设备及管理等措施，从源头削减废水及水污染物的产生和排放。

（4）深度处理系统：为削减控制印染废水及水污染物排放量、节约水资源而进行的涵盖一级、二级、三级处理及回用等综合工程措施。

（5）评价指标：影响印染废水深度处理系统设施运行效果的各具体评价目标对象，包括一级评价指标和二级评价指标。

（6）技术经济性能：反映印染废水深度处理系统设施运行过程中主要技术、经济性的评价指标。

（7）运行管理：反映印染废水深度处理系统设施运行过程中管理水平的评价指标。

（8）设备状况：反映印染废水深度处理系统设施主要设备运行状况的评价指标。

#### 3.1.2.4 总则

印染废水深度处理系统设施运行效果的评价应以环境保护法律、法规为依据，以达到国家标准、地方标准以及行业标准要求为前提，科学、客观、公正、公平地评价印染废水深度处理系统设施的运行效果。

印染废水深度处理系统设施运行效果评价总分为 100 分。其中，源头减排指标计 15 分，深度处理及回用效能指标计 45 分，单位 $COD_{Cr}$ 污泥产生量计 5 分，技术经济性能指标计 15 分，运行管理指标计 10 分，设备状况指标计 10 分。具体内容见附录 A（略）。

#### 3.1.2.5 评价要求

（1）一般规定

a）印染废水深度处理系统设施运行效果评价应在其正式运行至少 6 个月后进行，且评价期间处理水量与水质应达到设计负荷。

b）水质指标的检测应按照相关国家标准和行业标准的要求进行，印染企业对废水水质自行监测应符合 HJ 879、HJ 471 的相关规定。

c）印染废水深度处理系统设施出水水质指标须符合 GB 4287 的相关规定，回用水水质需符合 HJ 471 中回用水质要求方能进行评价。其中，化学需氧量、总氮、总磷用于印染废水深度处理系统设施运行效果评价。

d）印染废水处理过程中产生污泥的贮存和无害化处理应符合 GB 18599 的要求。

e）处理厂（站）的噪声评价与检测应符合 GB 12348 的相关规定，对建筑物内部设施噪声源控制应符合 GB/T 50087 的相关规定。

f）印染废水深度处理系统设施调节池、厌氧、水解酸化及污泥处理单元应配套臭气收集处理系统，恶臭处理设施的气体排放浓度应符合 GB 14554 的相关规定。

g）应收集印染废水深度处理系统设施运行效果评价前至少 6 个月的各类评价统计数据，运行考核时间不低于 6 个月。资料收集内容参见附录 B（略）。

（2）评价技术要求

a）源头减排评价包括单位产品废水产生量、单位产品化学需氧量产生量，见附录 C（略）。

b）单位产品废水产生量、单位产品化学需氧量产生量评价分级表见表 3-1～表 3-6。当印染产品计量单位不同时，可按 FZ/T 01002 进行换算。

表 3-1　机织染整布企业源头减排分级评价表

| 序号 | 二级指标 | 机织染整布产品种类 | 单位 | 评价基准值 | | |
|---|---|---|---|---|---|---|
| | | | | Ⅰ级 | Ⅱ级 | Ⅲ级 |
| 1 | 单位产品废水产生量 | 棉 | $m^3$/hm | ≤0.88 | ≤1.06 | ≤1.32 |
| | | 化纤 | $m^3$/hm | ≤0.70 | ≤0.88 | ≤1.06 |
| | | 多纤维混纺 | $m^3$/hm | ≤1.76 | ≤2.11 | ≤2.46 |
| 2 | 单位产品化学需氧量产生量 | 棉 | kg/hm | ≤1.20 | ≤1.36 | ≤1.53 |
| | | 化纤 | kg/hm | ≤0.94 | ≤1.20 | ≤1.36 |
| | | 多纤维混纺 | kg/hm | ≤1.62 | ≤1.98 | ≤2.25 |

表 3-2　针织染整布企业源头减排分级评价表

| 序号 | 二级指标 | 针织染整布产品种类 | 单位 | 评价基准值 | | |
|---|---|---|---|---|---|---|
| | | | | Ⅰ级 | Ⅱ级 | Ⅲ级 |
| 1 | 单位产品废水产生量 | 棉 | $m^3$/t | ≤66 | ≤75 | ≤79 |
| | | 化纤 | $m^3$/t | ≤53 | ≤62 | ≤70.4 |
| | | 多纤维混纺 | $m^3$/t | ≤79 | ≤88 | ≤98 |
| 2 | 单位产品化学需氧量产生量 | 棉 | kg/t | ≤36.3 | ≤41.25 | ≤43.45 |
| | | 化纤 | kg/t | ≤29.15 | ≤34.1 | ≤38.72 |
| | | 多纤维混纺 | kg/t | ≤47.4 | ≤52.8 | ≤58.8 |

表 3-3　毛织物染整企业源头减排分级评价表

| 序号 | 二级指标 | 毛织物染整产品种类 | 单位 | 评价基准值 | | |
|---|---|---|---|---|---|---|
| | | | | Ⅰ级 | Ⅱ级 | Ⅲ级 |
| 1 | 单位产品废水产生量 | 散纤维 | $m^3$/t | ≤85 | ≤102 | ≤110 |
| | | 毛纱 | $m^3$/t | ≤85 | ≤102 | ≤110 |
| | | 精梳毛 | $m^3$/hm | ≤13 | ≤15 | ≤17 |
| 2 | 单位产品化学需氧量产生量 | 散纤维 | kg/t | ≤51 | ≤61.2 | ≤66 |
| | | 毛纱 | kg/t | ≤51 | ≤61.2 | ≤66 |
| | | 精梳毛 | kg/hm | ≤10.4 | ≤12 | ≤13.6 |
| 注：粗梳毛织物单位产品排水量按精梳毛织物的 1.15 倍折算。毛针织绒线、手编绒线单位产品排水量按纱线、针织物的 1.3 倍折算。 | | | | | | |

表 3-4 丝织物染整企业源头减排分级评价表

<table>
<tr><th rowspan="2">序号</th><th rowspan="2">二级指标</th><th rowspan="2">单位</th><th colspan="3">评价基准值</th></tr>
<tr><th>Ⅰ级</th><th>Ⅱ级</th><th>Ⅲ级</th></tr>
<tr><td>1</td><td>单位产品废水产生量</td><td>$m^3$/hm</td><td>≤2.0</td><td>≤2.5</td><td>≤2.7</td></tr>
<tr><td>2</td><td>单位产品化学需氧量产生量</td><td>kg/hm</td><td>≤2.4</td><td>≤3.0</td><td>≤3.24</td></tr>
</table>

表 3-5 纱线染色企业源头减排分级评价表

<table>
<tr><th rowspan="2">序号</th><th rowspan="2">二级指标</th><th rowspan="2" colspan="2">纱线染色工艺及产品种类</th><th rowspan="2">单位</th><th colspan="3">评价基准值</th></tr>
<tr><th>Ⅰ级</th><th>Ⅱ级</th><th>Ⅲ级</th></tr>
<tr><td rowspan="3">1</td><td rowspan="3">单位产品废水产生量</td><td rowspan="2">浸染工艺</td><td>棉</td><td>$m^3$/t</td><td>≤66</td><td>≤75</td><td>≤79</td></tr>
<tr><td>化纤</td><td>$m^3$/t</td><td>≤53</td><td>≤62</td><td>≤70.4</td></tr>
<tr><td>浆染工艺</td><td>片染</td><td>$m^3$/hm</td><td>≤0.76</td><td>≤0.9</td><td>≤1.10</td></tr>
<tr><td rowspan="5">2</td><td rowspan="5">单位产品化学需氧量产生量</td><td rowspan="3">浸染工艺</td><td>束染</td><td>$m^3$/hm</td><td>≤0.55</td><td>≤0.76</td><td>≤0.85</td></tr>
<tr><td>棉</td><td>kg/t</td><td>≤36.3</td><td>≤41.25</td><td>≤43.45</td></tr>
<tr><td>化纤</td><td>kg/t</td><td>≤29.15</td><td>≤34.1</td><td>≤38.72</td></tr>
<tr><td rowspan="2">浆染工艺</td><td>片染</td><td>kg/hm</td><td>≤0.62</td><td>≤0.72</td><td>≤0.88</td></tr>
<tr><td>束染</td><td>kg/hm</td><td>≤0.44</td><td>≤0.61</td><td>≤0.68</td></tr>
</table>

表 3-6 印花布企业源头减排分级评价表

<table>
<tr><th rowspan="2">序号</th><th rowspan="2">二级指标</th><th rowspan="2">印花工艺及产品种类</th><th rowspan="2">单位</th><th colspan="3">评价基准值</th></tr>
<tr><th>Ⅰ级</th><th>Ⅱ级</th><th>Ⅲ级</th></tr>
<tr><td rowspan="2">1</td><td rowspan="2">单位产品废水产生量</td><td>染料印花</td><td rowspan="2">$m^3$/hm</td><td>≤0.51</td><td>≤0.68</td><td>≤0.85</td></tr>
<tr><td>涂料印花</td><td>≤0.32</td><td>≤0.36</td><td>≤0.45</td></tr>
<tr><td rowspan="2">2</td><td rowspan="2">单位产品化学需氧量产生量</td><td>染料印花</td><td rowspan="2">kg/hm</td><td>≤0.61</td><td>≤0.81</td><td>≤1.02</td></tr>
<tr><td>涂料印花</td><td>≤0.27</td><td>≤0.43</td><td>≤0.54</td></tr>
</table>

说明：本文件数据参考了《印染行业清洁生产评价指标体系（试行）》的相关内容，同时结合课题组前期调研论证后得到。数据与 GB 4287 口径一致。

c）深度处理及回用效能评价包括一级、二级处理工艺效能及三级处理工艺效能（出水水质指标包含化学需氧量、总氮、总磷）及废水回用率等指标，见附录 D（略）。

d）废水回用率指回用于染整工艺的废水量与废水产生量的比值。

e）单位化学需氧量污泥产生量为单位体积废水产泥量（干重）和废水化学需氧量的比值（kg/kg），见附录 E（略）。

f）技术经济性能评价包括一级、二级处理工艺单位处理水量投资及运行成本，三级处理及回用工艺单位水量投资、处理及回用工艺运行成本等指标，见附录 F（略）。

g）单位处理水量投资为印染废水深度处理系统设施总投资与其废水处理规模的比值。

h）运行成本为评价期间人工费、药剂费、电费总和与评价期间废水处理总量的比值。

i）运行管理评价包括运行管理、检修及维护等指标，见附录 G（略）。

j）设备状况评价见附录 H（略）。

#### 3.1.2.6　评价方法

（1）评价统计

a）单项考核

单项考核为一级单项指标的评价考核，按式（3-1）计算：

$$P_i = \frac{X_i}{X_{i0}} \times 100\% \tag{3-1}$$

式中：$P_i$——单项相对得分率；

$X_i$——单项实际得分；

$X_{i0}$——单项标准分。

b）综合考核

综合考核按式（3-2）计算：

$$P = \frac{\lambda \sum X_i}{X_0} \times 100\% \tag{3-2}$$

式中：$P$——综合相对得分率；

$\lambda$——时间折算因子，详见表 3-7；

$X_0$——总标准分（100 分）。

表 3-7　运行考核时间折算因子

| 序号 | 日常统计数据连续考核时间 | 时间折算因子 $\lambda$ |
|---|---|---|
| 1 | 印染废水深度处理系统设施运行考核时间≥6 个月，＜8 个月 | 1 |
| 2 | 印染废水深度处理系统设施运行考核时间≥8 个月，＜10 个月 | 1.01 |
| 3 | 印染废水深度处理系统设施运行考核时间≥10 个月，＜12 个月 | 1.02 |
| 4 | 印染废水深度处理系统设施运行考核时间≥12 个月，＜18 个月 | 1.03 |
| 5 | 印染废水深度处理系统设施运行考核时间≥18 个月，＜24 个月 | 1.04 |
| 6 | 印染废水深度处理系统设施运行考核时间≥24 个月 | 1.05 |

（2）综合评价结果

运行效果综合评价结果分为“优秀”“良好”“一般”，共计三档，综合评价结果见表 3-8。

表 3-8 综合评价结果

| 评价结果 | 综合相对得分率 | 单项相对得分率 |
|---|---|---|
| 优秀 | $P \geqslant 90\%$ | $P_i \geqslant 80\%$ |
| 良好 | $80\% \leqslant P < 90\%$ | $P_i \geqslant 70\%$ |
| 一般 | $60\% \leqslant P < 80\%$ | |

#### 3.1.2.7 评价报告

印染废水深度处理系统设施运行效果评价报告至少应包括：

a）印染生产工艺及废水深度处理系统设施工作概况；

b）印染生产工艺及废水深度处理系统设施流程及主要设计运行参数；

c）污染物排放指标所执行的标准；

d）运行效果评价试验；

e）源头减排指标；

f）深度处理及回用效能指标；

g）技术经济性能指标；

h）设备状况指标；

i）存在问题及整改建议；

j）综合评价结论；

k）附录（含重要运行数据、检测数据、批复文件、评分表等）。

### 3.1.3 标准效益分析

本文件的技术内容以现有国家节能环保法律法规为基础，与节能环保政策、规划、制度所述的战略目标保持一致，充分考虑了与现行环保技术、装备国家标准、环保服务领域行业标准之间的协调性。

本文件为首次制定，对后续高效能污染物处理设施系列标准的研制具有引领和指导作用，有助于我国精细化工纺织印染行业整体水平的提升。

## 3.2 《市政污水综合处理系统设施运行效果评价技术要求》标准研究

### 3.2.1 标准核心内容

《市政污水综合处理系统设施运行效果评价技术要求》（以下简称“本文件”）的核心内容包括以下方面。

#### 3.2.1.1 范围

本文件规定了城镇污水处理设施运行效果评价的总则、评价指标与计算方法、评价方法、综合评价结果和评价报告。

本文件适用于采用活性污泥法、生物膜法或其衍生改良工艺的城镇处理设施运行效果评价，不包括与其连接的市政管网。进水中包含允许排入城镇污水收集系统的工业废水和初期雨水所占比例超过 30% 的城镇污水处理设施可参考执行。

#### 3.2.1.2 规范性引用文件

下列文件中的内容通过文中的规范性引用而构成本文件必不可少的条款。其中，注日期的引用文件，仅该日期对应的版本适用于本文件；不注日期的引用文件，其最新版本（包括所有的修改单）适用于本文件。

GB 18918　城镇污水处理厂污染物排放标准

GB/T 50125　给水排水工程基本术语标准

CJ/T 221　城镇污泥标准检验方法

CJJ 60　城镇污水处理厂运行、维护及安全技术规程

CJJ 131　城镇污水处理厂污泥处理技术规程

CJJ/T 228　城镇污水处理厂运营质量评价标准

CJJ/T 243　城镇污水处理厂臭气处理技术规程

CJJ 252　城镇再生水厂运行、维护及安全技术规程

HJ 493　水质采样　样品的保存和管理技术规定

HJ 494　水质　采样技术指导

HJ 576　厌氧－缺氧－好氧活性污泥法污水处理工程技术规范

HJ 577 序批式活性污泥法污水处理工程技术规范

HJ 578 氧化沟活性污泥法污水处理工程技术规范

HJ 978 排污许可证申请与核发技术规范 水处理（试行）

HJ 2006 污水混凝与絮凝处理工程技术规范

HJ 2007 污水气浮处理工程技术规范

HJ 2008 污水过滤处理工程技术规范

HJ 2009 生物接触氧化法污水处理工程技术规范

HJ 2010 膜生物法污水处理工程技术规范

HJ 2014 生物滤池法污水处理工程技术规范

HJ 2038 城镇污水处理厂运行监督管理技术规范

WS 702 城镇污水处理厂防毒技术规范

#### 3.2.1.3 术语和定义

GB/T 50125 界定的以及下列术语和定义适用于本文件。

（1）城镇污水处理设施：用于处理城镇污水的设备及构筑物。不包括市政管网。

（2）评价指标：影响城镇污水处理设施运行效果的各具体评价目标对象，包括一级评价指标和二级评价指标。

（3）环保性能指标：城镇污水处理设施运行过程中对污染物（含有机物、悬浮物、氨氮、总氮、总磷等）去除效果及环境影响（包括废气、固废、噪声等）的评价指标。

（4）资源能源消耗指标：城镇污水处理设施运行过程中反应药剂、水、电等消耗水平的评价指标。

（5）技术经济性能指标：城镇污水处理设施技术水平与运营成本的评价指标。

（6）生产管理指标：体现城镇污水处理设施生产管理水平的评价指标。

（7）设施状况指标：城镇污水处理设施设备、主要构筑物状况的评价指标。

（8）关键设备使用率：城镇污水处理设施中关键设备（以曝气设备计）正常工况下评价周期内实际使用时间占设施运行时间的百分比。

（9）构筑物完好率：城镇污水处理设施实现污水处理和污泥处理功能必不可少的构筑物在评价周期内的完好天数占周期日历数的百分比。

#### 3.2.1.4 总则

（1）评价依据

城镇污水处理设施运行效果的评价应以环境保护法律、法规、标准为依据，以达到国家、地方以及专业标准要求为前提，科学、客观、公正、公平地评价城镇污水处理设施的运行效果。

应收集城镇污水处理系统设施运行效果评价之前不少于 1 年的各类资料和统计数据进行考核。

（2）评价基本要求

城镇污水处理设施运行效果评价的基本要求包括：

a）污染物达标排放；

b）能源消耗、物料消耗低；

c）技术先进，运行成本低；

d）运行管理制度、安全制度健全；

e）设施完好率、利用率高。

#### 3.2.1.5 评价指标与计算方法

（1）评价指标及分值

城镇污水处理设施运行效果评价指标体系见表 3-9。评价指标得分总分为 100 分，其中包括环保性能指标、资源能源消耗指标、技术经济性能指标、生产管理指标、设施状况指标等的得分。各指标得分可参考附录 A（略）。

表 3-9 城镇污水处理设施运行效果评价指标体系

| 目标层 | 一级指标层 | 二级指标层 |
| --- | --- | --- |
| 城镇污水处理设施运行效果评价 A（100 分） | 环保性能指标 B1（30 分） | 年均水质达标率 C1（10 分） |
| | | 年均大气达标率 C2（10 分） |
| | | 年均污泥处置率 C3（10 分） |
| | 资源能源消耗指标 B2（15 分） | 单位水处理电耗 C4（5 分） |
| | | 单位水处理药剂消耗 C5（5 分） |
| | | 单位水处理鲜水耗 C6（5 分） |
| | 技术经济性能指标 B3（20 分） | 技术性能要求 C7*（5 分） |
| | | 单位水处理运行成本 C8（5 分） |
| | | 维护年费用 C9（5 分） |
| | | 人工年费用 C10（5 分） |
| | 生产管理指标 B4（15 分） | 制度与规程 C11*（3 分） |
| | | 人员培训 C12*（3 分） |
| | | 应急措施 C13*（3 分） |

表 3-9（续）

| 目标层 | 一级指标层 | 二级指标层 |
|---|---|---|
| 城镇污水处理设施运行效果评价 A（100 分） | 生产管理指标 B4（15 分） | 安全管理 C14*（3 分） |
| | | 运行、检修、监测记录 C15*（3 分） |
| | 设施状况指标 B5（20 分） | 年运行率 C16（4 分） |
| | | 运行水力负荷 C17（4 分） |
| | | 关键设备使用率 C18（4 分） |
| | | 构筑物完好率 C19（4 分） |
| | | 关键设备先进性 C20*（4 分） |
| * 表示该指标为定性评价指标。 | | |

（2）评价指标试验与计算方法

a）年均水质达标率 C1 的计算，按 CJJ/T 228 中规定的水质综合达标率计算方法进行。

b）年均大气达标率 C2 的计算，按附录 A（略）规定的方法进行。

c）年均污泥处置率 C3 的计算，按附录 A（略）规定的方法进行。

d）单位水处理电耗 C4 的计算，按 CJJ/T 228 中规定的单位污水耗电量计算方法进行。耗电量计量数据应与电费缴纳凭据一致。

e）单位水处理药剂消耗 C5 的计算，按附录 A（略）规定的方法进行。

f）单位水处理鲜水耗 C6 的计算，按附录 A（略）规定的方法进行。鲜水耗用量数据应与水费缴纳凭据一致。

g）单位水处理运行成本 C8 的计算，按附录 A（略）规定的方法进行。

h）维护年费用 C9 的计算，按附录 A（略）规定的方法进行。

i）人工年费用 C10 的计算，按附录 A（略）规定的方法进行。

j）年运行率 C16 的计算，按附录 A（略）规定的方法进行。设施设备运行的数据应与设备台账、运行原始记录等资料一致。

k）运行水力负荷 C17 的计算，按附录 A（略）规定的方法进行。

l）关键设备使用率 C18 的计算，按附录 A（略）规定的方法进行。

m）构筑物完好率 C19 的计算，按 CJJ/T 228 中规定的主要构筑物完好率方法进行。统计的构筑物完好台（座）时的数据应与设备台账、运行原始记录等资料一致。

#### 3.2.1.6 评价方法

（1）评价的基本条件

a）城镇污水处理设施运行效果的评价应在其通过工程验收、环保验收后进行。

b）评价周期内未发生较大及以上的安全生产责任事故，不存在安全隐患，未受到安全生产监管部门的处罚，满足 WS 702 等的要求。

c）评价周期内未发生负有直接或间接责任的环境污染事故，未受到生态环境保护部门的处罚。

d）未达到以上基本条件的城镇污水处理设施可在整改完善后的下一周期进行评价。

（2）评价数据的获得途径与方法

a）评价采用的设计数据应以污水处理厂权属单位提供的为基准，包括可行性研究报告批复、初步设计批复、环境影响评价报告批复等。

b）评价采用的检测数据应由合格的计量器具或规范的检测方法获得。具体要求如下：

——污水处理量的计量器具应符合相应的质量标准或规范，并按要求由具有计量检定资质的机构进行周期性检定；

——水质监测方法应符合 GB 18918 及 HJ 978 的要求；

——水质采样应符合 HJ 493 和 HJ 494 要求，进水取样或检测点应设在污泥处理系统回流液之前，采样间隔按照 GB 18918 的要求；

——应收集城镇污水处理设施运行效果评价周期内的各类资料和统计数据；

——用电量计量数据应与电费缴纳凭据一致，且经过审计获得。

（3）技术性能要求

城镇污水处理设施的预处理设施、生物处理池、深度处理工艺、污泥处置设施、臭气处理设施、水回用设施的运行和技术要求符合 HJ 2038、HJ 576、HJ 577、HJ 578、HJ 2006、HJ 2007、HJ 2008、HJ 2009、HJ 2010、HJ 2014、CJJ 131、CJJ/T 243、CJJ 252 的规定。

#### 3.2.1.7 综合评价结果

（1）城镇污水处理设施运行效果评价

城镇污水处理设施运行效果评价总表见附录 B（略）。一级指标评价环保性能、资源能源消耗、技术经济性能、生产管理、设施状况各项评分标准与方法见附录 C

（略）～附录F（略）。

（2）城镇污水处理设施运行效果评价的计分

城镇污水处理设施运行效果评价一级指标得分为二级指标计分之和；总分数为一级指标分数之和，满分为100分，按式（3-3）计算：

$$T=\sum_{i=1}^{5}t_i \tag{3-3}$$

式中：$T$——总分；

$t_i$——环保性能、资源能源消耗、技术经济性能、生产管理、设施状况各项一级指标实际得分。

（3）城镇污水处理设施运行效果评价结果

评价分为“优秀”“良好”“合格”，共计三档，综合评价结果见表3-10。综合评价结果需同时考虑单项相对得分率，单项相对得分率按式（3-4）计算：

$$P_i=t_i/t_{si} \tag{3-4}$$

式中：$P_i$——单项相对得分率；

$t_i$——环保性能、资源能源消耗、技术经济性能、生产管理、设施状况各项一级指标实际得分；

$t_{si}$——环保性能、资源能源消耗、技术经济性能、生产管理、设施状况各项一级指标满分。

表3-10 综合评价结果

| 评价结果 | 评价总分 | 单项计分 |
|---|---|---|
| 优秀 | $T\geqslant 85$ | $P_i\geqslant 70\%$ |
| 良好 | $70\leqslant T<85$ | $P_i\geqslant 65\%$ |
| 合格 | $60\leqslant T<70$ | 无要求 |

当单项相对得分率不能满足表3-10的等级设定要求时，综合评价结果应作降一级处理。

#### 3.2.1.8 评价报告

城镇污水处理设施运行效果评价报告应至少包括：

a）城镇污水处理设施运行概况；

b）城镇污水处理设施工艺流程和主要性能参数；

c）污染物排放指标所执行的标准；

d）运行效果评价；

e）环保性能指标；

f）资源能源消耗指标；

g）技术经济性能指标；

h）生产管理指标；

i）设施状况指标；

j）存在问题及整改建议；

k）综合评价结论；

l）附录（含重要运行数据、检测数据、批复文件、评分表等）。

#### 3.2.1.9 附录

附录内容略。

### 3.2.2 标准内容解读及编制依据

#### 3.2.2.1 范围

本文件适用于采用活性污泥法或其衍生改良工艺（例如A/O及其衍生工艺、氧化沟、SBR等）的城镇污水处理设施运行效果评价，不包括与其连接的市政管网。

#### 3.2.2.2 规范性引用文件

本文件的规范性引用文件包括GB 18918等国家及环境保护、城建、安全行业标准。

#### 3.2.2.3 术语和定义

本部分给出的术语和定义包括城镇生活污水处理设施、评价指标、环保性能指标、资源能源消耗指标、技术经济性能指标、生产管理指标、设施状况指标等。

#### 3.2.2.4 总则

本部分给出了评价依据和评价基本要求。评价的基本原则主要是从环保性能、资源能源消耗、技术经济性能、生产管理、设施状况等5个方面统筹考虑进行全面评价。

#### 3.2.2.5 评价指标与计算方法

本部分的评价指标包括环保性能、资源能源消耗、技术经济性能、生产管理和设施状况等5个要素作为一级评价指标。评价指标分值是依据各指标在城镇污水处理设施运行过程中的重要程度给出的。评价指标体系中各指标的选取，基于多种方法相结合，即以理论分析法为基础，通过标准比对，选取那些在与污水处理相关的产品、监测、运行维护等国家标准、行业标准、地方标准、团体标准中出现频度较高的因子作为评价指标，同时基于工程案例中对失效工艺环节的故障分析及项目后评估中主要关注内容，综合选择了一些代表性较强的指标，并在此基础上通过行业调研、专家指导及指标的归类处理，不断调整修改所选指标，初步得到城镇污水处理厂综合评价指标体系。本文件的评价指标体系通过多次向以城镇污水处理为主业务的参编单位及同行企业征求有关评价指标的评价方法依据，综合汇总其相关数据，并结合各公司运营相关数据及层次分析法（AHP），经多次会议讨论后最终形成。

（1）环保属性指标。环保属性指标是反映城镇污水处理厂运行过程中产生废气、废水、固废等环境影响的评价指标。环境是人们赖以生存的条件，一旦遭到破坏，人类生存与发展也将受到影响。因而将环境影响子系统列入城镇污水处理厂运行效果综合评价中显得尤为必要。污水处理过程中，不可避免地会产生大量废水、废气、废渣，若不加以控制，这些排放的废物将直接污染周围的环境及影响居民的健康。鉴于清洁生产指标中包含关于污染物产生指标，环保属性方面的二级评价指标建议包括年均水质达标率、年均大气达标率、年均泥质处置率等3项。从空气、水、固体废弃物环境质量三方面来进行研究，可以较为全面地表征污水厂的环境影响。

（2）资源能源消耗指标。资源能效消耗指标是反映城镇污水处理厂运行过程中水、电、药剂等消耗的评价指标。近年来，世界各国开始意识到资源可持续利用的重要性，一些国家开始摒弃传统的经济发展优先论，转而开始提倡可持续发展理论，重视起资源与能源的可再生利用性。在清洁生产指标中就包含了资源与能源利用这一指标，进而实现对企业资源性利用的评价。因此，资源能源消耗二级评价指标建议包括单位水处理电耗、单位水处理药剂消耗、单位水处理鲜水耗等3项。从清洁生产角度，对污水处理厂资源能源利用进行评价，有助于实现整个系统的良性循环。

（3）技术经济性能指标。技术经济性能指标是反映城镇污水处理厂运行过程的主要技术、经济性能的评价指标。对于运行管理者而言，城镇污水处理厂的经济效益指标是首选指标之一，它从侧面反映了该污水处理厂的投资发展水平，同时也是一个污水处理厂运行管理水平好坏的体现。从污水处理厂的自身特点考虑，主要来说包括单位水量投资、单位水量药剂成本等；从经济学角度考虑，按照财务评价及国民经济评价来分，主要包括内部收益率、净现值、利润率、投资回收期等。因此，技术经济性能二级评价指标建议包括技术性能要求、单位水处理运行成本、维护年费用、人工年费用等 4 项。指标反映了污水处理厂的投资发展水平和运行过程中可能存在的经费和技术问题，可以通过调整费用、改进工艺等途径提高污水处理厂的整体运行水平。

（4）生产管理指标。生产运行管理指标主要是对城镇污水处理厂的管理体系和实际运行管理水平进行评价的指标。安全生产管理是现代企业文明生产的标志之一，在企业管理中的地位与作用日趋重要。通过运行管理，可以消除污水处理厂运行过程中一切影响人员健康的不利因素（例如人员触电、有害气体、致病微生物等），保证污水处理厂的正常运行。因此，生产管理二级评价指标建议包括制度与规程、人员培训、应急措施、安全管理及运行、检修、监测记录等。通过指标评价，有助于污水处理厂通过质量与环境管理的手段，在确保污水处理厂安全稳定运行的前提下，提升其运行绩效。

（5）设施状况指标。设施状况指标则是评价城镇污水处理厂的工艺和主要设备的运行状况、设备能效等情况的评价指标。 在清洁生产评价指标体系中包含有生产工艺与装备指标一项，主要用来衡量工艺选择合理性及设备自动化程度等技术性能，从根本上来说它反映了污水处理厂在运行过程中可能存在的技术问题，可以通过改善工艺，调整设备性能参数等途径提高污水处理厂的整体水平。此外，设备操作难易程度、运行稳定情况、耗水量及耗电量等都应该列入技术性能考核标准中以完善该指标体系的建立。因此，设施状况二级评价指标建议包括年运行率、运行水力负荷、关键设备使用率、构筑物完好率、关键设备先进性等 5 项。指标具体反映了污水处理厂运行稳定情况、硬件完好情况、设备先进性等，通过调整设施、设备性能参数等途径提高污水处理厂的整体水平。

#### 3.2.2.6 评价方法

结合城镇生活污水处理运营情况调研并通过参编单位自评确定相应二级评价指标的评价值。在 20 项二级指标中，6 项二级指标采用定性评价的方式，14 项二级指标采用定量评价的方式。在定量指标中，部分指标直接采用了 CJJ/T 228 的计算方法，其余指标则根据参编单位实际生产运行经验公式进行计算。

#### 3.2.2.7 综合评价结果

在“十一五”至“十三五”期间，我国快速建设了一大批城镇污水处理设施。由于建设速度较快，一部分处理厂存在许多设计和建设质量问题，需要在日后运营过程中逐步改造解决。另外，由于“重建设、轻运营”问题的存在，与发达国家相比，我国污水处理设施总体运营质量较差，现有设施通过优化运营，存在提高出水水质、降低能耗物耗的较大空间。因此，本文件的评价适度从严，以预留提高运营质量的空间。

通过对参编单位运营质量进行评价测算，半数城镇污水处理厂（站）运营质量综合评价得分可达到70～85分，为“良好”等级。部分运营状况较好的污水处理厂可达到“优秀”等级。

#### 3.2.2.8 评价报告

本部分给出了城镇生活污水处理设施运行效果评价报告应包括的主要内容，并作为参考。

#### 3.2.2.9 附录

本文件附录A给出了部分城镇生活污水处理设施运行效果二级指标的计算方法，附录B～附录F给出了城镇生活污水处理设施一级指标和二级指标得分的计算方法。

### 3.2.3 标准效益分析

本文件的技术内容以现有国家节能环保法律法规为基础，与(《“十三五”生态环境保护规划》《“十三五”节能减排综合工作方案》《“十三五”节能环保产业发展规划》《水污染防治行动计划》等）国家节能环保政策、规划、制度所述的战略目标保持一致，充分考虑了与现行环保技术、装备国家标准、环保服务领域行业标准之间的协调性。

本文件的制定与实施，与GB 18918—2002《城镇污水处理厂污染物排放标准》和GB 8978—1996《污水综合排放标准》等一起，构成了市政污水处理行业生产与污染物排放以及环境保护设施建设管理的完整的技术法规链条，是规范和管理成套污水处理行业的重要依据。

## 3.3 《城镇污水 MBR 处理工艺系统设施运行效果评价技术要求》标准研究

### 3.3.1 运行效果评价体系指标构建

城市污水处理厂 MBR 处理工艺综合评价指标的选择方法多样，大体上可以分为定性和定量两大类指标选择方法。城市污水处理厂综合评价中常用的定性综合评价指标选择方法有理论分析法、专家咨询法、综合法、频度统计法等；主成分分析法是常用的定量指标的选取方法。一般对于指标的选取常采用多种指标选择方法进行确定。

（1）理论分析法：目前综合评价指标选取最常用的方法，主要是通过对被评价的主体，如对城市污水处理厂 MBR 处理工艺的特征进行综合分析，确定指标体系的层级结构，对每层评价指标进行细化分析筛选，最终选择出对城市污水处理厂 MBR 处理工艺在经济性、技术性、环境效益等方面最重要、最优的指标因子。

（2）专家咨询法：由美国 Rand 公司创立，是一种常用的定性分析的方法。该方法是一种依靠专家给出的意见，并将专家意见汇总、筛选、分析的综合评价方法，多用于指标的选择及指标权重的确定。方法的实施是通过向专家发出调查征询函件，由专家匿名给出意见，并反馈给询问人，由询问人统计归纳专家意见，并反馈提炼统计结果，缩小询问范围后再次向专家发出征询函件。如此经过几轮询问、汇总、统计、反馈后，专家意见趋于一致，以最后一次的询问反馈结果作为本次专家咨询的最终结果。

（3）综合法：对现有的指标依据某种规则或者标志，进行聚类分析而建立指标体系的方法。针对综合评价城市污水处理厂 MBR 处理工艺这一总目标，总结归纳之前业内对污水处理厂综合评价筛选出的指标，最终选择及补充适用于本评价主体的指标，从而建立相对完善的、综合的针对城市污水处理厂 MBR 处理工艺的综合评价指标体系。

（4）频度统计法：一种定性分析的方法，主要是通过调研文献及研究报告对城市污水处理厂 MBR 处理工艺在经济性、技术性以及环境效益等方面的指标出现频率进行统计，选择出现频率较高的指标。

（5）层次分析法（AHP 法）：将城市污水处理厂 MBR 处理工艺综合评价分层次制定评价指标，通过模糊量化法制定指标权重，通过权重赋值的大小来筛选指标。AHP 法的主要优点包括：系统性的分析方法，简洁实用的决策方法，所需定量数据信息较少等。AHP 法的主要缺点包括：不能为决策提供新方案；定量数据较少、定性数据多，不易令人信服；当数据信息量大的情况，指标权重不容易确定，综合评判的精度降低；选择计算特征值和特征向量的方法相对精度低，精度高的方法计算又比较复杂，不容易开展。故 AHP 法因其精度问题，一般不单独使用。AHP 法常常应用在以人的主观判断为准的定性评价过程中，特别是在指标权重赋值中，它是一种从定性到定量的过渡的综合评价方法。

（6）主成分分析法（PCA 法）：一种常用的定量分析及降维分析方法。主要是将综合评价指标体系中相关性很高的指标转换成彼此独立或不相关的指标的方法。PCA 法可以最大限度地在保留原始数据的基础上，综合和简化高维度变量，并且可以客观地对各指标权重赋值，提高评价的精确度，是目前综合评价方法中的主流评价方法之一。

（7）模糊综合评判法（FCE 法）：由我国学者汪培庄提出。FCE 法的基础是模糊数学，其特点是评价的精度不受参加评判者所在的评判集合干扰，均独立进行评判并对每个评判者给出分值，对每个评判者按照分值的高低进行排序，最终通过分值的大小选出在此次综合评价中的优胜者。FCE 法适合解决各种非确定性问题，现代综合评价方法中常用 FCE 法与其他综合评价方法相结合的形式对评价主体进行综合评价。

通过以上方法对初选指标的筛选，得到城镇污水 MBR 处理工艺系统设施运行效果综合评价指标体系。选取的指标以定量指标为主，定性指标为辅，并将定性指标通过指标标准化转换成定量表示，尽量避免主观因素的影响。根据 AHP 法的规则步骤，将目标层确定为“城镇污水 MBR 处理工艺系统设施运行效果评价”；评价层包含 5 类指标，分别涉及工艺运行效果与稳定性、基建与能耗、环境效益、主要设施设备状况和运行管理。

### 3.3.2 标准核心内容

《城镇污水 MBR 处理工艺系统设施运行效果评价技术要求》（以下简称“本文件”）的核心内容包括以下方面。

#### 3.3.2.1 范围

本文件规定了城镇污水 MBR 处理工艺系统运行效果评价的总则、评价指标与计算方法、评价方法、评价报告。

适用于城镇污水 MBR 处理工艺系统设施运行效果评价。

#### 3.3.2.2 规范性引用文件

下列文件中的内容通过文中的规范性引用而构成本文件必不可少的条款。其中，注日期的引用文件，仅该日期对应的版本适用于本文件；不注日期的引用文件，其最新版本（包括所有的修改单）适用于本文件。

GB 3096 声环境质量标准

GB/T 3797 电气控制设备

GB/T 5226.1 机械电气安全 机械电气设备 第 1 部分：通用技术条件

GB/T 11901 水质 悬浮物的测定 重量法

GB/T 11914 水质 化学需氧量的测定 重铬酸盐法

GB 12348 工业企业厂界环境噪声排放标准

GB/T 13200 水质 浊度的测定

GB 18918 城镇污水处理厂污染物排放标准

GB/T 20103 膜分离技术 术语

GB 50014 室外排水设计规范

GB 50268 给水排水管道工程施工及验收规范

GB 50334 城市污水处理厂工程质量验收规范

CJ/T 51 城市污水水质标准检验方法

CJJ 60 城市污水处理厂运行、维护及安全技术规程

HJ/T 91 地表水和污水监测技术规范

HJ/T 260 环境保护产品技术要求 鼓风式潜水曝气机

HJ/T 263 环境保护产品技术要求 射流曝气器

HJ 353 水污染源在线监测系统（$COD_{Cr}$、$NH_3$-N 等）安装技术规范

HJ 355 水污染源在线监测系统（$COD_{Cr}$、$NH_3$-N 等）运行技术规范

HJ 535 水质 氨氮的测定 纳氏试剂分光光度法

HJ 505 水质 五日生化需氧量（$BOD_5$）的测定 稀释与接种法

HJ 579 膜分离法污水处理工程技术规范

HJ 2010 膜生物法污水处理工程技术规范

HJ 2527 环境保护产品技术要求 膜生物反应器

HJ 2528 环境保护产品技术要求 中空纤维膜生物反应器组器

#### 3.3.2.3 术语和定义

本部分给出的术语和定义包括膜生物反应器、膜组器、浸没式膜生物处理系统、外置式膜生物处理系统、超细格栅、离线清洗、开停时间比、膜完整性检测、膜污染、膜泄漏、膜抗氧化性、膜通量等。

#### 3.3.2.4 总则

城镇污水 MBR 处理工艺系统设施运行效果的评价应以环境保护法律、法规、标准为依据，以达到国家、地方以及行业标准要求为前提，科学、客观、公正、公平地评价 MBR 处理工艺系统设施的运行效果。

#### 3.3.2.5 评价指标与计算方法

本文件的评价指标包括工艺运行效果与稳定性、基建与能耗、环境效益、主要设施设备状况、运行管理等 5 个要素，作为一级评价指标。评价指标分值是依据各指标在城镇污水 MBR 处理工艺系统设施运营过程中的重要程度给出的。评价指标体系中各指标的选取，基于多种方法相结合，即以理论分析法为基础，通过标准比对，选取那些在与污水处理相关的产品、监测、运行维护等国家、行业、地方、团体标准中出现频度较高的因子，同时基于工程案例中对失效工艺环节的故障分析及项目后评估中主要关注内容，综合选择了一些代表性较强的指标，并在此基础上通过行业调研、专家指导及指标的归类处理，不断调整修改所选指标，初步得到城镇污水处理厂综合评价指标体系。

（1）工艺运行效果与稳定性指标。工艺运行效果指标是反映 MBR 工艺系统设施处理城镇污水的运行过程中对污染物处理效果及产生固废的评价指标。MBR 是一种由膜分离单元与生物处理单元相结合的新型水处理技术，因其出水水质优良、可直接回用和节省占地等优点使其在污水处理和中水回用领域的应用日益广泛。为保证 MBR 系统在长期稳定运行过程中良好与稳定的处理效果，需要对运行过程中的以下 5 项指标进行评价：MBR 处理工艺系统设施运行率、年均水质达标率、年均污染物综合削减率、年均剩余污泥达标率、工艺稳定性。其中，工艺稳定性又包括进水水质稳定、预处理稳定、出水系统稳定、出水指标稳定、膜清洗系统稳定、曝气系统稳定、排泥系统稳定、膜组件稳定、污泥浓度稳定等项目。上述指标反映了 MBR 工艺系统设施运行过程中可能存在的技术问题，可以通过调整参数等途径提高 MBR 工艺系统的运行水平。

（2）基建与能耗指标。MBR 水处理工艺由于其高生物量和高效截留作用的特点，曝气池体积相对活性污泥法来说较小，可以省去二沉池，降低基建费用。但是，MBR 处理工艺中的膜组件价格相对昂贵，且安置膜组件技术要求高，这会增加前期建设费用。因此，需要从基础建设方面对此工艺进行评价。此外，能耗指标是反映 MBR 处理工艺系统设施运行过程中水、电、药剂等消耗的评价指标，有助于实现 MBR 处理工艺系统设施的优化运行。因此，能耗二级评价指标建议包括单位水处理电耗、单位水处理药剂消耗等 2 项。从清洁生产角度，对 MBR 处理工艺系统设施资源能源进行评价，有助于实现整个系统的良性循环。

（3）环境效益指标。环境是人们赖以生存的条件，一旦遭到破坏，人类生存与发展也将受到影响。因而将环境影响子系统列入城镇污水处理厂运行效果综合评价中显得尤为必要。对于运行管理者而言，MBR 处理工艺系统设施的环境效益指标也是首选指标之一，它从侧面反映了该工艺对周围环境及对污水处理厂的贡献水平。在清洁生产指标中就包含了资源与能源利用这一指标，进而实现对企业资源性利用的评价。利用 MBR 处理工艺的出水可以达到二级回用水标准的优势，对水资源的回收利用率进行计算，评价其对环境效益的贡献。

（4）主要设施设备状况指标。主要设施设备状况指标是评价 MBR 处理工艺系统设施的运行状况、设备能效等情况的评价指标。在清洁生产评价指标体系中包含有生产工艺与装备指标一项，主要用来衡量工艺选择合理性及设备自动化程度等技术性能，从根本上来说它反映了污水处理厂在运行过程中可能存在的技术问题，可以通过调整设备性能参数等途径提高污水处理厂的整体水平。此外，设备的操作难易程度、运行稳定情况等都应该列入技术性能考核标准中以完善该指标体系的建立。因此，主要设施设备状况方面的二级评价指标建议包括构筑物完好率、构筑物运行完整性等 2 项。上述指标具体反映了 MBR 处理工艺系统设施运行稳定情况、硬件完好情况等，通过调整设施设备性能参数等途径提高 MBR 处理工艺系统设施的运行稳定性。

（5）运行管理指标。运行管理指标主要是城镇污水处理厂的管理体系和实际运行管理水平进行的评价指标。安全生产管理是现代企业文明生产的标志之一，在企业管理中的地位与作用日趋重要。通过运行管理，可以消除污水处理厂运行过程中一切影响人员健康的不利因素（例如人员触电、致病微生物等），保证污水处理厂的正常运行。因此，运行管理方面的二级评价指标建议包括制度与规程、组织机构、人员培训、应急预案、运行检修台账及记录、监测分析记录、设备台账、技术资料等8项。通过指标评价，有助于污水处理厂通过质量与环境管理的手段，在确保污水处理厂安全稳定运行的前提下，提升其运行绩效。

#### 3.3.2.6 评价方法

结合城镇生活污水处理运营情况调研并通过本文件参编单位自评确定相应二级评价指标的评价值。城镇污水MBR处理工艺系统设施综合评价指标体系所选取的指标以定量指标为主，定性指标为辅，并将定性指标通过指标标准化转换成定量表示，尽量避免主观因素的影响。

通过对被评价的主体，如城镇污水MBR处理工艺系统设施的特征进行综合分析，确定指标体系的层级结构，对每层评价指标进行细化分析筛选，最终选择出对MBR处理工艺系统设施在经济性、技术性、环境效益等方面最重要、最优的指标因子。

将专家意见汇总、筛选、分析的综合评价方法，多用于指标的选择及指标权重的确定。方法的实施是通过向专家发出调查征询函件，由专家匿名给出意见，并反馈给询问人，由询问人统计归纳专家意见，并反馈提炼统计结果，缩小询问范围后再次向专家发出征询函件，如此经过几轮询问、汇总、统计、反馈后，专家意见趋于一致，以最后一次的询问反馈结果作为本次专家咨询的最终结果。

针对综合评价城镇污水MBR处理工艺系统设施这一总目标，总结归纳之前业内对污水处理厂综合评价筛选出的指标，最终选择及补充适用于评价主体的指标，从而建立相对完善的、综合的针对城市污水处理厂MBR处理工艺系统设施综合评价指标体系。

通过调研文献及研究报告对城镇污水MBR处理工艺系统设施在经济性、技术性以及环境效益等方面的指标出现频率进行统计，选择出现频率较高的指标。将城镇污水MBR处理工艺系统设施综合评价分层次制定评价指标，通过模糊量化法制定指标权重，通过权重赋值的大小来筛选指标。将综合评价指标体系中相关性很高的指标转换成彼此独立或不相关的指标。

#### 3.3.2.7 评价报告

本部分给出了城镇污水MBR处理工艺系统运行效果评价报告应包括的内容，并作为参考。

### 3.3.3 标准编制依据

对现有国家标准和行业标准进行了系统梳理，为本文件总体内容、研制思路、顶层设计的确立奠定了基础。目前，已发布并实施的与城镇污水处理及膜法处理法相关的技术标准如表 3-11 和表 3-12 所示。

表 3-11 城镇污水处理相关国家标准列表

| 序号 | 标准编号 | 标准名称 | 发布部门 |
|---|---|---|---|
| 排放标准 | | | |
| 1 | GB 8978—1996 | 污水综合排放标准 | 国家环境保护总局 |
| 2 | GB 18918—2002 | 城镇污水处理厂污染物排放标准 | 国家环境保护总局 |
| 3 | GB/T 24188—2009 | 城镇污水处理厂污泥泥质 | 国家质量监督检验检疫总局 |
| 4 | GB/T 31962—2015 | 污水排入城镇下水道水质标准 | 国家质量监督检验检疫总局 |
| 污水再生利用标准 | | | |
| 5 | GB/T 18919—2002 | 城市污水再生利用　分类 | 国家质量监督检验检疫总局 |
| 6 | GB/T 18920—2020 | 城市污水再生利用　城市杂用水水质 | 国家市场监督管理总局 |
| 7 | GB/T 18921—2019 | 城市污水再生利用　景观环境用水水质 | 国家市场监督管理总局 |
| 8 | GB/T 19923—2024 | 城市污水再生利用　工业用水水质 | 国家市场监督管理总局 |
| 9 | GB 20922—2007 | 城市污水再生利用　农田灌溉用水水质 | 国家质量监督检验检疫总局 |
| 10 | GB/T 25499—2010 | 城市污水再生利用　绿地灌溉水质 | 国家质量监督检验检疫总局 |
| 工程技术规范标准 | | | |
| 11 | GB/T 19570—2017 | 污水排海管道工程技术规范 | 国家质量监督检验检疫总局 |
| 12 | GB/T 21873—2008 | 橡胶密封件　给、排水管及污水管道用接口密封圈　材料规范 | 国家质量监督检验检疫总局 |
| 13 | GB/T 28742—2012 | 污水处理设备安全技术规范 | 国家质量监督检验检疫总局 |
| 14 | GB/T 28743—2012 | 污水处理容器设备　通用技术条件 | 国家质量监督检验检疫总局 |
| 15 | GB 50335—2016 | 城镇污水再生利用工程设计规范 | 住房和城乡建设部 |
| 污泥处置标准 | | | |
| 16 | GB/T 23484—2009 | 城镇污水处理厂污泥处置　分类 | 国家质量监督检验检疫总局 |
| 17 | GB/T 23485—2009 | 城镇污水处理厂污泥处置　混合填埋用泥质 | 国家质量监督检验检疫总局 |

表 3-11（续）

| 序号 | 标准编号 | 标准名称 | 发布部门 |
| --- | --- | --- | --- |
| 18 | GB/T 23486—2009 | 城镇污水处理厂污泥处置　园林绿化用泥质 | 国家质量监督检验检疫总局 |
| 19 | GB/T 24188—2009 | 城镇污水处理厂污泥泥质 | 国家质量监督检验检疫总局 |
| 20 | GB/T 24600—2009 | 城镇污水处理厂污泥处置　土地改良用泥质 | 国家质量监督检验检疫总局 |
| 21 | GB/T 24602—2009 | 城镇污水处理厂污泥处置　单独焚烧用泥质 | 国家质量监督检验检疫总局 |
| 22 | GB/T 25031—2010 | 城镇污水处理厂污泥处置　制砖用泥质 | 国家质量监督检验检疫总局 |
| 设备与装备标准 | | | |
| 23 | GB/T 24674—2021 | 污水污物潜水电泵 | 国家市场监督管理总局 |
| 24 | GB/T 26081—2022 | 排水工程用球墨铸铁管、管件和附件 | 国家市场监督管理总局 |
| 25 | GB/T 28743—2012 | 污水处理容器设备　通用技术条件 | 国家质量监督检验检疫总局 |
| 26 | GB 32030—2022 | 潜水电泵能效限定值及能效等级 | 国家市场监督管理总局 |

表 3-12　膜处理法相关的行业标准

| 序号 | 标准编号 | 标准名称 | 发布部门 |
| --- | --- | --- | --- |
| 1 | CJ/T 530—2018 | 饮用水处理用浸没式中空纤维超滤膜组件及装置 | 住房和城乡建设部 |
| 2 | HJ 579—2010 | 膜分离法污水处理工程技术规范 | 环境保护部 |
| 3 | HJ 2010—2011 | 膜生物法污水处理工程技术规范 | 环境保护部 |
| 4 | HJ 2527—2012 | 环境保护产品技术要求　膜生物反应器 | 环境保护部 |
| 5 | HJ 2528—2012 | 环境保护产品技术要求　中空纤维膜生物反应器组器 | 环境保护部 |

表 3-11 的 26 项国家标准中，有排放标准 4 项，污水再生利用标准 6 项，工程技术规范标准 5 项，污泥处理标准 7 项，设备与装备标准 4 项。表 3-12 的 5 项行业标准中，对 MBR 处理工艺设计、主要设备材料、施工与验收等作出了规范。但是对于城镇污水 MBR 处理工艺系统设施的运行效果评价，我国还没有建立起科学的、正式的、完善的绩效评价标准体系，因此应针对 MBR 处理工艺系统设施的现状，并结合目前已经颁布的各项标准，建立适合我国国情的城镇污水 MBR 处理工艺系统设施运行效果评价的标准体系。

### 3.3.4 标准效益分析

（1）技术综合分析

MBR 技术是一项新兴的污水处理工艺，主要用于生活污水、工业废水等污水处理，净化后的出水通常都会被再次利用，多用于景观补水及中水回用，近年来在城市污水处理厂新建及改扩建中被大量使用。在污染物去除方面，部分调研水厂的出水 COD 平均浓度为 27.2mg/L、出水 $BOD_5$ 平均浓度为 7.8mg/L、出水 SS 平均浓度＜5mg/L、出水 $NH_3$-N 平均浓度为 4.9mg/L、出水 TN 的平均浓度为 11.4mg/L、出水 TP 的平均浓度为 0.5mg/L。总体来说，应用 MBR 处理工艺出水优于 GB 18918—2002 一级 A 标准。其中，采用 A-A-O-A+MBR 工艺的水厂，90% 的出水 TP 浓度低于 0.3mg/L，在此项指标中得分最优。

大部分污水处理厂均采用主流的 PVDF 材料，但在膜表面改性技术和膜孔径上有差异。此外，60% 的样本厂家选择膜孔径为 0.04μm 的超滤膜，选择超滤膜的样本厂家平均膜通量控制在 17.5～30L/（$m^2$・h），与世界其他一些类似 MBR 工程的实际运行膜通量对比，处于中游偏下的水平。调研的样本厂家中，膜在线清洗频率方面基本一致，清洗方法（如主要化学试剂）也基本相同，但具体组合步骤和膜清洗化学试剂浓度有一定差异。

《城市污水处理工程项目建设标准》中规定了污水处理厂建设用地标准中Ⅳ类二级水厂的用地标准，即每吨处理污水用地 0.85～0.70$m^2$/d，含深度处理的污水处理厂规定每吨处理污水用地 1.25～1.05$m^2$/d。调研结果显示，样本厂家平均每吨处理污水用地为 0.57$m^2$/d，平均数值小于相关用地面积标准。本文件所建立的综合评价模型应该进一步细分评价指标，例如依据区域特点进一步对指标权重赋值，分区域评价，缩小评价范围等。

（2）经济成本分析

随着全球对水处理高效的追求以及 MBR 技术自身的优势，被不断推广和应用，这也使得所需要的膜组件数量在不断增多。但现有的生产技术还存在一定不足，在“供不应求”的环境下，导致膜自身成本较高。此外，随着近些年自动化技术及规模的发展，实现污水自动处理，也成为目前追求的目标，导致 MBR 技术最终运行费用增加。因此，本文件在制定过程中需考虑膜组件、运行工艺等各方面的经济成本，从经济效益方面进行全方面评价。

从经济效益方面考虑，应从单位处理水总耗电量、单位处理水膜清洗药剂费、

MBR 处理工艺基建费用、工艺复杂度、工艺运行评价等指标对需要评价的水厂进行评价打分。可以采用 10 分制打分法对评价水厂进行打分，各项指标基本都达标的在 8～10 分之间，大部分达标的在 6～8 分之间，中等水平的打分在 4～6 分之间，较不达标的在 2～4 分之间，低于 2 分为完全不达标。具体评分细则可以从本文件征求意见稿中获取。

（3）环境效益分析

城镇污水 MBR 处理工艺系统设施运行效果评价技术要求标准体系的建立，从长远看可以规范城镇污水 MBR 处理工艺系统设施的运行效果评价标准，使 MBR 处理工艺系统设施能高效稳定地运行，并且有助于改善水环境质量，实现环境综合效益的最大化。可以对样本厂家的出水污染物去除率、水资源的回收与利用率，以及占地效益各方面进行综合评价，以此评价其环境效益，可以帮助解决城镇污水 MBR 处理工艺系统设施运行效果评价的技术问题，为我国城镇污水 MBR 处理工艺系统设施的优化发展及主管部门的有序监管提供评价依据，为我国城镇污水处理行业的发展提供技术支持。

## 3.4 《高盐废水膜法处理模块化装备运行效果评价技术要求》标准研究

### 3.4.1 运行效果评价体系指标构建

根据研究内容，主要采用标准查询及资料收集、实地调研、数据分析、广泛征求意见、标准验证等多种方式开展项目研究。

（1）标准查询及资料收集

以国内外高盐废水膜法处理装备与系统设施领域的相关研究成果和成熟理论为基础，充分利用国家标准数据库、国内外文献数据库、专利数据库等检索库，收集并翻阅国内外标准、论文、专著、专利等成果的研究资料，为项目研究奠定理论基础。

（2）实地调研

围绕高盐废水膜法处理装备与系统设施的先进案例开展典型行业针对性调研，调查研究目前的技术水平和指标现状、存在的问题和技术需求。结合装备和系统设施运行效果评价技术要求的研究内容，总结实际生产中的先进做法和宝贵经验，掌握真实的资料和数据来源，为项目研究提供客观依据。

（3）数据分析

根据现有资料、调研情况和相关数据，针对高盐废水膜法处理装备与系统设施落后、工艺不规范、不环保和模块化程度不高等突出问题，系统总结先进的技术、经验和模式，分析存在的关键技术问题，提出用标准手段解决问题的方案和建议。

（4）广泛征求意见

围绕高盐废水膜法处理模块化装备与系统设施运行效果评价技术要求标准的研究，召开由政府管理部门、科研机构、行业协会、企业等相关领域的专家参与的研讨会，广泛征求行业、政府主管部门、学会、协会、专家学者的多方意见，研讨标准制定过程中的不确定部分，不断修改、补充、完善标准内容。

（5）标准验证

在前期充分研究和科学研制的基础上，组织开展标准验证，充分考虑标准的实际应用环境，合理校验标准的具体技术指标，确保标准内容的科学性、适用性。

### 3.4.2 标准核心内容

《高盐废水膜法处理模块化装备运行效果评价技术要求》（以下简称“本文件”）的核心内容包括以下方面。

#### 3.4.2.1 评价对象和适用范围

高盐废水膜法处理模块化装备运行效果评价是针对模块化特点显著的碟管式（DT）膜处理设备进行的，DT 膜技术分为 DTRO（碟管式反渗透，Disc Tube Reverse Osmosis）、DTNF（碟管式纳滤，Disc Tube Nanofiltration）。因此，本文件适用于以碟管式膜法，包括碟管式反渗透（DTRO）和碟管式纳滤（DTNF）对高盐废水进行处理的模块化装备的运行效果评价。

#### 3.4.2.2 一般要求

作为环保装备，首先应满足相关环境保护法律法规和标准要求，应建立相应的管理体系和管理制度，评价指标的测试方法应满足国家标准和行业标准的相关要求。因此，可从以下方面进行考虑：①装备处理后的清水应满足 GB 8978《污水综合排放标准》及建厂所在地方污水排放标准，或者相应行业水回用标准的要求；②装备处理后的浓缩水或污泥应符合 GB 18918《城市污水处理厂污染物排放标准》、

GB/T 24188《城镇污水处理厂污泥泥质》等的要求；③运行企业应建立统一的管理体系和管理制度，如环境管理体系、质量管理体系、能源管理体系、职业健康安全管理体系等；④装备的评价指标中的水通量、脱盐率、耐压性能、水回收率、产水能耗、耐酸碱性能的测试按 GB/T 32373《反渗透膜测试方法》、GB/T 32359《海水淡化反渗透膜装置测试评价方法》和 GB/T 34242《纳滤膜测试方法》等的要求进行；⑤装备厂界噪声应符合 GB 12348《工业企业厂界环境噪声排放标准》的要求。

#### 3.4.2.3 评价指标要求

根据环保装备运行效果评价系列标准的框架，一级评价指标分为环保性能指标、技术经济指标、资源和能耗指标、运行管理指标、装备性能指标等 5 项。对已发布的反渗透和纳滤相关标准中涉及的技术指标进行归纳和总结，见表 3-13。

表 3-13　已发布的反渗透和纳滤相关标准中的技术指标

| 标准编号 | 标准名称 | 适用类型 | 技术指标 |
| --- | --- | --- | --- |
| GB/T 19249—2017 | 反渗透水处理设备 | 卷式、碟管式反渗透 | 耐压性能、电控系统、产水量、脱盐率、回收率、密封性能 |
| GB/T 30299—2013 | 反渗透能量回收装置通用技术规范 | 反渗透法脱盐系统 | 外观、耐压性能、有效能量转换效率、装置泄漏率、噪声 |
| GB/T 32359—2015 | 海水淡化反渗透膜装置测试评价方法 | 反渗透 | 产水量、脱盐率、压力降、水回收率、产水能耗 |
| GB/T 32373—2015 | 反渗透膜测试方法 | 平板反渗透膜 | 膜厚度均匀性、脱盐率、水通量、脱盐层完整性、耐压性能 |
| GB/T 33758—2017 | 碟管式膜处理设备 | 碟管式纳滤、碟管式反渗透 | 脱盐率、回收率、污染物脱除率（COD、氨氮、悬浮物）、膜片使用寿命 |
| GB/T 34241—2017 | 卷式聚酰胺复合反渗透膜元件 | 卷式反渗透 | 产水量、脱盐率、水回收率 |
| GB/T 34242—2017 | 纳滤膜测试方法 | 平板纳滤膜 | 膜厚度均匀性、水通量、离子脱除率、低分子量有机物脱除率、耐酸碱性能 |
| GB/T 37200—2018 | 反渗透和纳滤装置渗漏检测方法 | 卷式反渗透或纳滤装置 | 渗漏点检测 |
| HY/T 049—1999 | 中空纤维反渗透膜测试方法 | 中空纤维反渗透 | 水通量、除盐率 |

表 3-13（续）

| 标准编号 | 标准名称 | 适用类型 | 技术指标 |
|---|---|---|---|
| HY/T 054.1—2001 | 中空纤维反渗透技术　中空纤维反渗透组件 | 中空纤维反渗透 | 产水量、除盐率 |
| HY/T 074—2018 | 反渗透海水淡化工程设计规范 | 海水淡化反渗透 | 水通量、脱盐率、水回收率、年平均衰减率（产水量、脱盐率） |
| HY/T 107—2017 | 卷式反渗透膜元件测试方法 | 卷式反渗透膜元件 | 完整性、气密性、渗透性能（产水量、水通量、水回收率、脱盐率） |
| HY/T 113—2008 | 纳滤膜及其元件 | 中空纤维、卷式、管式、板框式纳滤 | 脱盐率、产水量 |
| HY/T 114—2008 | 纳滤装置 | 用于水质软化领域的纳滤装置 | 脱盐率、产水量、水回收率 |
| HY/T 211—2016 | 移动式反渗透淡化装置 | 海水（苦咸水）淡化反渗透装置 | 产水量、回收率、脱盐率、给水水质、产水水质 |
| HY/T 246—2018 | 海岛反渗透海水淡化装置 | 中小型海水淡化反渗透装置 | 产水规模、水回收率、脱盐率、中间水质、产水电导率 |
| HJ/T 270—2006 | 环境保护产品技术要求　反渗透水处理装置 | 反渗透 | 脱盐率、水回收率、产水量、膜通量 |
| CJ/T 279—2008 | 生活垃圾渗滤液碟管式反渗透处理设备 | 碟管式反渗透 | 脱盐率、$COD_{Cr}$ 去除率、$NH_3$-N 去除率、原水回收率 |
| DL/T 951—2019 | 火电厂反渗透水处理装置验收导则 | 卷式和碟管式反渗透 | 脱盐率、回收率、运行压力和压差、产水量、出水水质、噪声 |
| YB/T 4257.1—2012 | 钢铁污水除盐技术规范　第 1 部分：反渗透法 | 用于钢铁污水除盐的反渗透系统 | 产水通量、回收率、脱盐率、清洗周期、使用寿命 |

确定二级评价指标时，是在一级评价指标分类的基础上，借鉴已发布标准中技术指标的同时，根据高盐废水碟管式膜处理装备的特点，结合现有成熟的膜性能测试方法以及在线监控系统实际监测的指标，对二级评价指标进行细化（见表 3-14），各指标项检测方法成熟，定量指标数据易于获取、定性指标便于验证。其中，单位废水处理费用指标项，可规定在系统回收率为 75% 的条件下，按电导率 1000～5000μS/cm、5000～15000μS/cm、15000～25000μS/cm 三种进水水质时进行指标值的确定；投资费用按 1000t 废水处理量计；电能消耗包括各类水泵、增压泵、加药泵等所有动力设备的运行功率。

表 3-14 高盐废水膜法处理模块化装备评价指标表

| 一级指标 | 环保性能指标 | 技术经济指标 | 资源和能耗指标 | 运行管理指标 | 装备性能指标 |
|---|---|---|---|---|---|
| 二级指标 | 产水水质 | 投资费用 | 电能消耗 | 管理体系规章制度 | 耐受压力 |
| | 脱盐率（DTRO）<br>二价盐脱除率 | 人工年费用 | 膜消耗 | 运行、检修及维护管理 | 过滤精度（DTRO） |
| | COD 脱除率 | 维护年费用 | 药剂消耗 | — | 水通量 |
| | 处理后的浓缩水或污泥 | 运行费用 | — | — | 在线监测系统 |
| | 装备噪声 | 水回收率 | — | — | 系统投运率 |
| | — | 单位废水处理费用 | — | — | — |

评价要求划分为三档，划分原则是装备中运行效果优秀的产品数量约占行业内总数的 20%；运行效果良好的产品数量约占行业内总数的 40%；运行效果一般的产品数量约占行业内总数的 30%。剩余的 10% 运行效果差的产品，需整改或淘汰，不列入表格。各指标评价要求的具体数据需要调研高盐废水碟管式膜处理的企业实际运行数据，以进行分档。

#### 3.4.2.4 评价方法及评价报告

评价方法包括评价统计和综合评价结果。评价统计分单项考核和综合考核，单项考核是单项相对得分率，综合考核中的综合相对得分率将装备运行时间折算因子考虑其中。运行效果综合评价结果分为“优秀”“良好”“一般”，综合评价结果见表 3-15。当单项相对得分率不能满足表 3-15 的等级设定要求时，综合考核评价应作降一级处理。

表 3-15 综合评价结果

| 评价结果 | 综合相对得分率 | 单项相对得分率 |
|---|---|---|
| 优秀 | $P \geqslant 90\%$ | ≥70% |
| 良好 | $75\% \leqslant P < 90\%$ | ≥60% |
| 一般 | $60\% \leqslant P < 75\%$ | — |

高盐废水膜法处理模块化装备运行效果评价报告应包括但不限于：

a）高盐废水膜法处理模块化装备运行效果评价方案；

b）高盐废水膜法处理的工艺流程和主要性能参数；

c）高盐废水膜法处理模块化装备的环保性能评价；

d）高盐废水膜法处理模块化装备的技术经济评价；

e）高盐废水膜法处理模块化装备的资源和能耗评价；

f）高盐废水膜法处理模块化装备的运行管理评价；

g）高盐废水膜法处理主要装备性能评价；

h）存在问题及整改建议的内容；

i）附录（含重要运行数据、检测数据、批复文件、评分表等）。

### 3.4.3 标准编制依据

（1）与当前环保法律法规和产业政策紧密结合。包括：相关的环保产业政策、资源与能源的开发利用与节约政策、生态文明建设与水污染防治政策，以及水污染物控制技术装备的示范推广、限制淘汰政策等。梳理和总结国家有关部门出台的水污染防治的指导性文件，以及相关的国家、行业和地方标准规范，包括：《水污染防治行动计划》（简称“水十条”）、GB 8978《污水综合排放标准》、GB 18918《城市污水处理厂污染物排放标准》、GB/T 19249《反渗透水处理设备》、GB/T 19923《城镇污水再生利用　工业用水水质》、GB/T 20103《膜分离技术　术语》、HJ 579《膜分离法污水处理工程技术规范》、GB/T 24188《城镇污水处理厂污泥泥质》，以及各行业的水污染物排放标准等，例如：GB 31573《无机化学工业污染物排放标准》、GB 16171《炼焦化学工业污染物排放标准》、GB 21904《化学合成类制药工业水污染物排放标准》、GB 4287《纺织染整工业水污染物排放标准》。

（2）遵循环保装备运行效果评价系列标准的框架要求。此前，全国环保产业标准化技术委员会（SAC/TC 275）率先制定并发布了环保装备运行效果评价技术要求的系列国家标准，包括：GB/T 34340—2017《燃煤烟气脱硝装备运行效果评价技术要求》、GB/T 34605—2017《燃煤烟气脱硫装备运行效果评价技术要求》、GB/T 34607—2017《钢铁烧结烟气脱硫除尘装备运行效果评价技术要求》、GB/T 33017.1—2016《高效能大气污染物控制装备评价技术要求　第1部分：编制通则》，以及高效能环保设备评价技术要求系列标准等，应结合高盐废水膜法处理模块化装备的特点，并吸收采纳已颁布的相关标准的研究成果，确定本文件的指标体系框架，将装备运行效果评价指标分为环保性能指标、技术经济指标、资源和能耗指标、运行管理指标和装备性能指标。

（3）与现行的膜法水处理相关的国家标准和行业标准相协调。要充分研究并考虑已发布的膜法水处理相关的国家标准和行业标准，尤其是通用标准及与反渗透和纳滤有关的标准。

（4）评价方法和评价指标体系确立的原则：对高盐废水膜法处理模块化装备运行效果进行评价，既要对设备本身的性能进行评价，又要对生产企业的管理水平进行评价，通过本文件的实施和应用，有效规范碟管式膜装备的生产，引导企业技术进步。评价指标体系的构建及评价指标的选取应考虑全面精简、突出重点、科学合理，指标数据易获取，可操作性强。

### 3.4.4 标准效益分析

从高盐废水膜法处理现状出发，选择高盐废水膜法处理模块化装备的典型代表——碟管式膜装备为研究对象，结合当前该装备的研究和生产技术水平以及用户的实际运行效果，综合考虑各行业高盐废水的进水水质特点、出水水质要求、膜处理装备的模块化特点、实际运行效果等各方面，在五类一级指标下，全面筛选能真正体现装备运行效果的二级指标项，并结合装备现有的技术水平、实际运行效果以及用户的实际需求，对二级指标项进行分等，具体确定二级指标各等级的划分及分值。

在深入分析膜法水处理行业发展及标准化研究现状的基础上，进行高盐废水膜法处理模块化装备运行效果评价技术标准研究，将引领并促进对高盐废水膜法处理模块化装备的全面规范，并产生以下方面的效益：

（1）引领技术进步，填补高盐废水膜法处理模块化装备技术的空白。高盐废水膜法处理模块化装备目前在垃圾渗滤液、工业园区、药厂等废水处理领域已成功地得到了极大推广和应用，进行高盐废水膜法处理模块化装备运行效果评价标准化研究，将有利于推进该项技术向更广泛的高盐废水深度处理及回用领域扩展应用。另外，对应的国家标准还可配套我国政府出台的一系列可持续发展政策的实施，促进企业节能减排、清洁生产工作的开展，减轻企业向环境排放的污染负荷，为环境保护工作作出贡献。

（2）确定高盐废水膜法处理模块化装备运行效果评价标准化考核指标，为企业提供技术指导。进行高盐废水膜法处理模块化装备运行效果评价标准化研究，制定对应国家标准，对装备运行效果评价的一般要求、评价指标要求（指标体系和指标值）、评价方法、评价报告等方面做出详细规定，可作为高盐废水膜法处理模块化装备设计、制造、检验及调试运行的技术依据，为制造厂商提供技术指导，引导设备制造厂商推进高盐废水膜法处理模块化装备的不断完善和改进，提高其生产管理效率。

本文件可以为规范市场秩序提供参考，为工程招投标提供标准依据，保证相关项目高标准高质量地进行。

# 4 高效能固废处理处置工艺及装备评价技术标准研究

## 4.1 《回转窑回收次氧化锌工艺技术要求》标准研究

### 4.1.1 标准框架构建

根据文献调研和部分企业的现场调研和咨询，了解到目前我国回转窑回收次氧化锌工艺主要是以钢铁企业回转窑处理钢铁烟尘和固废资源综合利用企业回转窑处理锌冶炼渣回收次氧化锌工艺为主，而锌冶炼渣不同于钢铁烟尘，锌冶炼废渣属于危险废物，需要具有相应资质的企业进行处理。因此，在构建回转窑回收次氧化锌工艺技术要求标准的框架时，课题组选择将钢铁烟尘和锌冶炼废渣两大类原料单独列出。钢铁烟尘中锌含量的高低直接决定了其处理方式，当锌含量较低时，一般高炉炼铁烟尘直接返回烧结工序，当钢铁烟尘中锌含量超过一定比例时，兼顾回收锌和回收铁，因此企业多采用火法处理钢铁烟尘回收铁和次氧化锌。锌冶炼渣与钢铁烟尘不同，锌冶炼渣中锌含量相比钢铁烟尘偏低，且多数锌冶炼渣中铁含量低，因此回转窑回收次氧化锌的工艺技术参数和污染物排放也会不同。《回转窑回收次氧化锌工艺技术要求》（以下简称“本文件”）的框架主要包括原料贮存要求、含锌钢铁烟尘回转窑挥发工艺技术要求和锌冶炼渣回转窑挥发工艺技术要求、污染控制要求等。

### 4.1.2 标准编制原则与依据

本文件的编制主要遵循以下原则。

（1）确保高效资源回收，减少二次污染

高炉炼铁烟尘、电锌冶炼废渣等含锌固体废物除具有较高的环境风险外，还含有丰富的锌、铁、铟、镉、铋等金属资源，通过制定回转窑处理含锌废物回收次氧化锌的工艺技术要求标准，实现锌、铁等金属的高效回收，同时实现固体废物的减量化、无害化，减少二次污染。

（2）注重科学与实用相结合

通过对国内回转窑回收次氧化锌行业企业现状的调研，摸清回转窑回收次氧化锌的应用场景、原料成分组成、工艺特点、装备运行水平、地域分布等，根据现状水平以及工艺装备发展趋势，制定与国家相关产业政策、技术发展水平相符的工艺技术要求标准，具有一定的前瞻性、较强的科学性，同时也具有普遍的适用性。

（3）引导行业健康发展与技术进步

由于缺少相关标准，目前回转窑回收次氧化锌工艺技术及装备水平差异较大，运行管理不一，导致回转窑回收次氧化锌的能耗普遍较高，污染防治水平相对较低。通过本文件的制定可有效规范回转窑回收次氧化锌的原料贮存、工艺技术及污染控制要求，提高回转窑回收次氧化锌的效率、装备运行及污染防治水平，推动技术不断进步，引导行业绿色、健康发展。

### 4.1.3 标准核心内容

本文件的核心内容包括以下方面。

#### 4.1.3.1 范围

利用回转窑回收次氧化锌的原料主要是含锌钢铁尘泥和各类锌冶炼渣，多数是有色金属冶炼行业产生的含锌危险废物和钢铁行业产生的含锌钢铁尘泥，处理场景有产废企业内部处理和含锌资源综合利用企业处理两种，结合不同情景下的回转窑回收次氧化锌技术，给出相对应的原料贮存要求、工艺技术要求和污染控制要求等。

#### 4.1.3.2 规范性引用文件

下列文件中的内容通过文中的规范性引用而构成本文件必不可少的条款。其中，注日期的引用文件，仅该日期对应的版本适用于本文件；不注日期的引用文件，其最新版本（包括所有的修改单）适用于本文件。

GB 5085.7　危险废物鉴别标准　通则

GB 12348　工业企业厂界环境噪声排放标准

GB 18597　危险废物贮存污染控制标准

GB 18599　一般工业固体废物贮存和填埋污染控制标准

HJ 2025　危险废物收集、贮存、运输技术规范

YS/T 1343　锌冶炼用氧化锌富集物

《国家危险废物名录（2021 年版）》（生态环境部令第 15 号）

#### 4.1.3.3　术语和定义

下列术语和定义适用于本文件。

（1）含锌固体废物：回转窑回收次氧化锌的原料主要包括含锌钢铁烟尘和锌冶炼渣两大类。因此，本文件中含锌固体废物主要是指有色金属冶炼行业产生的含锌危险废物和钢铁行业产生的含锌钢铁尘泥。

（2）含锌危险废物：有色金属冶炼行业产生的含锌危险废物。主要包括《国家危险废物名录（2021 年版）》中 HW 48 有色金属采选和冶炼废物（321-003-48 粗锌精炼加工过程中湿法除尘产生的废水处理污泥；321-004-48 铅锌冶炼过程中，锌焙烧矿、锌氧化矿常规浸出法产生的浸出渣；321-005-48 铅锌冶炼过程中，锌焙烧矿热酸浸出黄钾铁矾法产生的铁矾渣；321-007-48 铅锌冶炼过程中，锌焙烧矿热酸浸出针铁矿法产生的针铁矿渣；321-008-48 铅锌冶炼过程中，锌浸出液净化产生的净化渣，包括锌粉－黄药法、砷盐法、反向锑盐法、铅锑合金锌粉法等工艺除铜、锑、镉、钴、镍等杂质过程中产生的废渣；321-009-48 铅锌冶炼过程中，阴极锌熔铸产生的熔铸浮渣；321-011-48 铅锌冶炼过程中，鼓风炉炼锌锌蒸气冷凝分离系统产生的鼓风炉浮渣；321-012-48 铅锌冶炼过程中，锌精馏炉产生的锌渣；321-028-48 锌再生过程中集（除）尘装置收集的粉尘和湿法除尘产生的废水处理污泥等）。

321-006-48 硫化锌矿常压氧浸或加压氧浸产生的硫渣（浸出渣），由于含硫高，不适用直接进入回转窑处理，因此一般不作为回转窑回收次氧化锌的原料；321-010-48 铅锌冶炼过程中，氧化锌浸出处理产生的氧化锌浸出渣，由于含铅高，容易导致处理后废气废渣中铅含量偏高，一般也不作为回转窑回收次氧化锌的原料。此处含锌危险废物不包括这两类。

（3）含锌钢铁尘泥：在烧结、球团、炼铁和炼钢等工艺过程中进行干法除尘、湿法除尘得到的含锌烟尘、粉尘、尘泥等。钢铁尘泥中含锌相对较高的主要是高炉炼铁烟尘、电炉灰及烧结机头灰。

（4）回转窑系统：包括回转窑本体和辅助设备（混料设备、加料机、鼓风机、沉降设备、冷却设施、除尘器、引风机、废气处理设施等）的系统设施。

（5）次氧化锌：含锌固体废物经回转窑挥发还原处理后，收集得到的氧化锌品位相对较低且含氟、氯等杂质的粉末。

#### 4.1.3.4 原料贮存要求

由于原料不同，特性不同，则贮存要求也不同，因此需对不同类型的原料给出相应的贮存要求。原料中有危险废物时，危险废物的贮存应符合 GB 18597、HJ 2025 的要求。危险废物以外的原料贮存应符合 GB 18599 的要求。原料应干、湿分开贮存，干料卸、输应采用密闭设施，防止干料逸撒、扬尘。

#### 4.1.3.5 工艺技术要求

（1）工艺流程

回转窑回收次氧化锌不同应用场景下工艺流程（见图 4-1）略有不同，当在钢厂内部处置时，由于处理的含锌钢铁烟尘可能氯含量比较高，会对滤袋产生较大的影响，而且回收次氧化锌后产生的窑渣如果氯含量偏高直接影响回炉，因此需在进入回转窑前先进行水洗脱氯处理。锌冶炼渣因含水偏多，在进入窑炉前需要脱水处理。对于固废资源综合利用企业，含锌钢铁烟尘与锌冶炼渣等混合处理，氯含量、铁含量及含水量等均可通过混料调配实现较佳配比。

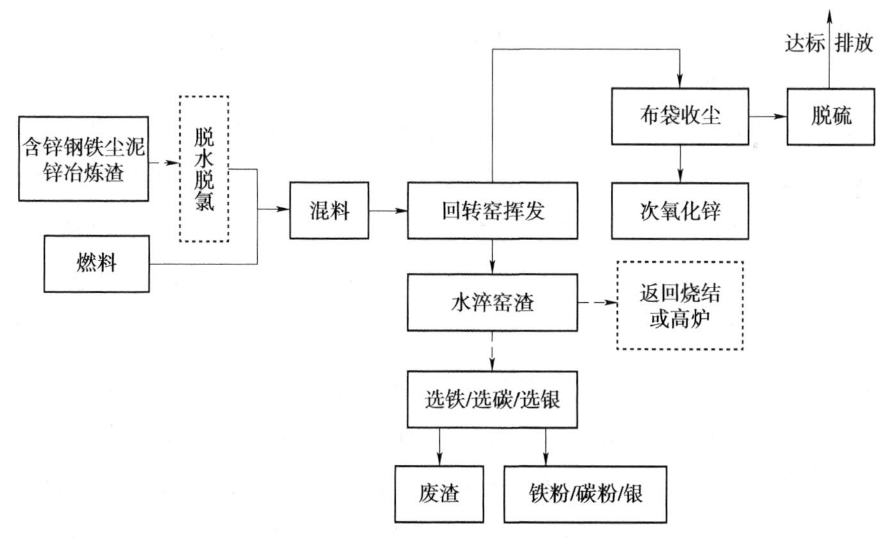


图 4-1 回转窑回收次氧化锌工艺流程图

不同应用场景下回转窑回收次氧化锌的区别还有窑渣的去向，钢厂内部的回转窑产生的窑渣因铁含量高多是直接返回烧结或高炉，或经磁选得到铁粉后返回烧结或高炉；有色金属冶炼厂内部的回转窑产生的窑渣先经浮选得到银渣送至铜铅厂回收银，再经选碳回收碳；固废综合利用企业回转窑产生的窑渣一般经选铁选碳后，废渣外售进行资源化利用等。

（2）装备要求

为了引导回转窑回收次氧化锌行业企业绿色高效以及规模化发展，本文件对回转窑的直径以及处理规模做了规定，要求新上回转窑窑体外径应达到3.5m以上，单条线炉料实际生产能力不得低于6万t/a，避免节能减排以及环保治理能力欠缺的小、散企业进入行列中，提高行业的整体发展水平。根据开展的企业调研情况可知，回转窑外径为3.5m时，物料处理量一般为400～500t/d，按年运行时间6个月算，年处理规模约为7.2万～9万t。约束单条线炉料实际生产能力不得低于6万t/a，是要求企业回转窑连续稳定且满负荷运行，防止回转窑时转时停，能耗过高。

（3）过程控制要求

回转窑内的燃烧过程直接影响回转窑挥发作业的效率，应根据炉渣含锌、窑内物料的燃烧、黏结和窑衬磨损腐蚀情况综合确定焙烧制度，主要包括焙烧温度，终点控制，窑头鼓风风量、压力、方向与窑尾抽风负压等。根据窑内各区间温度变化，一般从窑尾至窑头按温度从高到低划分为四段，依次为干燥段、预热段、高温段、冷却段。其中，高温段是锌被还原析出的主要反应段，生产实践表明，高温段温度为1100～1300℃（窑尾进料干燥预热段温度为650～1000℃）、冷却段温度应在800～1000℃，控制回转窑结圈。高温段长度以窑身总长的1/3～2/3为宜，焙烧终点位置离窑头挡料圈0.5m左右。

一般认为，除稳定的固定碳量与鼓风供氧外，适当增加鼓风量和窑尾负压，可以延长高温段长度，反之则可缩短高温段长度。生产实践表明，窑尾负压过高，则风速加快，反应带后移，窑尾温度升高，容易造成窑内大量烟尘颗粒物随气流进入烟道，虽然产量有所提高，但影响成品次氧化锌的品质，严重时还会加剧窑尾进料溜槽的磨损及烧坏。

在生产过程中，真正影响焙烧反应的是回转窑转速、填充率与物料停留时间三大关键可变工艺参数。一般回转窑生产的适宜转速应小于临界转速的15%～20%，使物料在回转窑内呈滚动状态，从而保证物料在窑内良好翻动，固气相充分接触与反应。如果转速过低，会直接导致处理量降低，窑尾返料增多，同时物料在窑内翻动情况不好，也造成炉渣含锌增高。反之，转速太快，虽然暂时可提高原料处理量，但不易保持窑内高温带温度与稳定的锌挥发率。企业应科学开展提高窑速焙烧试验，选择合理的窑速。填充率又称充填系数，是指回转窑内物料所占回转窑容积的百分数。当物料停留时间不变时，回转窑内物料填充率增大，能提高回转窑产量，但是由于料层增厚，物料运动受到限制，因此对物料的翻动和焙烧不利。填充率过小，则设备生产能力没有有效发挥，一般以小于15%为宜。物料在回转窑内停留时间受物料粒度、黏度、比重、水分、充填系数、风速、压力、燃烧与反应情况等影响。

回转窑运行过程中，窑内氧含量也是影响反应效率的因素之一。当在我国西部地区尤其是高原地区运行时，应考虑富氧鼓风，补充窑内氧含量，提高窑内的反应效率，一般控制在23%～25%以内。窑内氧含量过低会影响反应效率，氧含量过高容易导致氮氧化物浓度较高，使得后续氮氧化物去除达标排放压力大。

在实际生产运行过程中，因运行和管理水平不同，回转窑连续稳定运行时间差异很大，为了引导企业提升装备高效运行，本文件对洗窑周期和不停窑连续稳定运行时间也做了规定。洗窑周期要求控制在25～30d，同时对国内运行回转窑的企业调研获知，80%企业不停窑连续稳定运行时间在6个月即180d左右，且大多数都有继续提高运行时间的潜力，为了提高回转窑的稳定运行时间，本文件要求不停窑稳定运行时间达到4320h以上。

在回转窑回收次氧化锌过程中，氧化锌以粉尘的形式进入收尘系统被捕集，即为次氧化锌粉。在这过程中布袋收尘的收尘效率十分关键，直接决定了锌的回收率，也对后续烟气处理影响很大。本文件要求布袋收尘效率（主要指进布袋前与出布袋后的收尘效率）达到99.9%以上。

（4）产品要求

含锌钢铁尘泥和锌渣经回转窑挥发还原处理后，收集得到的次氧化锌一般需要满足YS/T 1343的要求，如果次氧化锌用于企业下游进一步冶炼可不用必须满足以上标准要求。

（5）余热利用要求

当前，北方地区的回转窑系统基本都配备了余热锅炉，但是余热利用率偏低，仅为40%～50%；南方地区则很少配备余热锅炉，大部分热能散失。为了引导企业节能减排，提高能源利用率，要求回转窑都应配备余热锅炉，余热利用率达到65%以上。但是在调研过程中也发现，处理不同的原料时产生的余热差异也很大，导致余热利用率差异大。当处理原料为锌渣时烟气温度一般能达到650～750℃，而处理原料主要是含锌钢铁烟尘时，烟气温度一般相对较低，大概在500～600℃，处理转炉灰时烟气温度更低，为400～420℃，产生的余热差异很大，利用率和利用形式也相差较大。余热产生量低时如果也要求配备余热锅炉，对企业自身投资以及余热锅炉运行都不太有利。因此，在鼓励企业余热利用时，本文件提出当烟气温度＞550℃时，才要求配备余热锅炉，并对余热利用率提出具体要求，达到65%以上；当烟气温度在550℃以下时，只是鼓励余热利用，不一定配备余热锅炉，可以采取其他形式进行余热利用。

（6）回收率要求

在回转窑回收次氧化锌的实践中，由于处理的原料不同，锌含量不同，导致回转窑回收次氧化锌过程中锌的回收率差异也较大。本文件针对不同原料，根据不同锌含量，做出不同锌回收率要求：原料中锌含量在 8% 以上时，锌回收率≥92%；原料中锌含量为 3%～8% 时，锌回收率≥90%；原料中锌含量在 3% 以下时，锌回收率≥80%。原料中锌含量在 3% 以下时，进窑主要是为了脱除含锌钢铁烟尘中的锌后返回烧结或高炉，也有情况是为了处理危险废物，本身收取了危险废物处置费，企业本身盈利点不在锌回收率，因此部分企业在运行回转窑时不注重效能。为了引导企业回转窑的高效运行，所以本文件对此种情况也做了要求，规定原料中锌含量在 3% 以下时，锌回收率也应达到 80% 以上。

（7）水淬渣要求

回收次氧化锌后的废渣经水淬后形成水淬渣，当处理的原料以含锌钢铁烟尘为主时，产生的水淬渣一般铁含量很高，经调研知当渣满足铁含量达到 55% 以上，锌含量＜0.1%，碱金属含量≤1.2% 时可直接返回烧结或高炉；达不到条件的一般需经磁选选铁生产铁粉，选铁后的废渣用作建材或制砖原料；当处理的原料以锌渣为主时，产生的水淬渣经选铁后废渣应资源化利用，获得的含铁部分经过调研发现会含有部分银，多数是返回铜冶炼厂或铅冶炼厂进行再冶炼。

#### 4.1.3.6 污染控制要求

由于回转窑回收次氧化锌的应用场景不同，根据不同应用场景管理部门对其应执行的排放标准实际认定也有所差异，比如“2+26”区域钢铁企业内部建设的回转窑废气排放有的执行《关于推进实施钢铁行业超低排放的意见》中附件 2《钢铁行业超低排放指标限值》要求，有的执行 GB 9078《工业炉窑大气污染物排放标准》；固废资源综合利用企业回转窑废气排放有的执行 GB 25466《铅、锌工业污染物排放标准》，有的执行 GB 31573《无机化学工业污染物排放标准》；也有的执行 GB 31574《再生铜、铝、铅、锌工业污染物排放标准》，还有的执行地方相关标准。考虑到不同区域对产业发展的管理不同，此处对回转窑经处理后的废气排放执行标准不做统一规定，满足相应的排污许可证或环评批复要求即可，有地方标准的执行地方标准。对于废水要求经处理后尽量全部循环利用，不能循环利用的也是按照相应的排污许可证或环评批复要求执行。

当进入回转窑的原料中含危险废物时，回转窑处理后的产物，应参照 GB 5085.7

的要求进行鉴别，经鉴别属于危险废物的，应按 GB 18597 和 HJ 2025 的要求进行管理，属于一般工业固体废物的按 GB 18599 的要求进行管理。

### 4.1.4　标准效益分析

回转窑回收次氧化锌工艺技术相对成熟，在国内已有不少企业在应用，但是由于不同原料处理的目的性不同，应用场景较多，回转窑回收次氧化锌工艺存在较大差异，并且不同规模企业的运行管理水平差距很大，导致回转窑的运行效率差别很大，从而制约了回转窑回收次氧化锌的绿色高效发展。

本文件的实施，将有力推动回转窑回收次氧化锌的技术发展，提高能效水平和环保水平，在降低企业处理大量堆存含锌固废环境风险的同时，促进金属的最大资源化，大大提高企业的经济效益和环保效益，为相关从业企业利用回转窑回收次氧化锌提供指导。本文件发布实施后，将大大减少钢铁企业含锌烟尘长期、大量堆存以及炼锌企业含锌危废环境风险防控的难题，为大宗工业固废、危废的减量化、资源化、无害化以及节能减排的推进提供强有力途径。

## 4.2　《建材用回转窑水淬渣要求》标准研究

### 4.2.1　标准框架构建

根据文献调研、企业咨询以及对相关行业标准的梳理，不同的建筑材料对于原材料、技术要求有所不同。因此，在构建建材用回转窑水淬渣标准的框架时，课题组选择将按建材产品进行分类对水淬渣提出原料要求，并根据建材产品相关标准提出技术要求。《建材用回转窑水淬渣要求》（以下简称“本文件”）的框架主要包括一般要求、技术要求、试验方法、检验规则及包装、运输与贮存。

### 4.2.2　标准编制原则与依据

本文件的编制主要遵循以下原则。

（1）提高回转窑水淬渣资源化利用效率

根据统计数据堆存 10000t 废渣需占用土地超过 670m²，大量的回转窑水淬渣堆存将会占用宝贵的土地资源。同时，由于大量的水淬渣在堆存过程中未得到妥善的处理处置，长期暴露在外，会造成一定的环境风险，具体如下：

a）对水体的污染：随意堆放或简单填埋的回转窑水淬渣受雨水淋入所产生的渗滤液会流入周围地表的水体和渗入土壤，其中的有害物质和污染物对地表水和地下水会造成严重的污染，并直接影响水生动植物的生存环境，造成水质下降、水域面积减少等恶劣影响。

b）对大气的污染：露天堆放的回转窑水淬渣小粒径颗粒会进入大气环境，形成可吸入颗粒物（PM10），且颗粒上往往负载有金属或重金属等有害物质，直接影响人体健康与大气环境质量。

c）对土壤的污染：部分回转窑水碎渣中含有铅等重金属，大量的堆存会导致重金属向地下渗透，污染堆存场地周边土壤，损害土壤中的微生物。与此同时，重金属等有害物质会在土壤中累积迁移到农作物中，最终影响人类的健康。

通过规定以水淬渣为原料生产建材的种类与水淬渣最小添加比例等要求，明确回转窑水淬渣资源化利用渠道，有效提高回转窑水淬渣在建材生产中的利用效率。

（2）规范建材生产过程水淬渣利用行为

水淬渣中除含有一定量的铁外，其余有价金属含量较低，继续回收的技术难度大、成本高，而水淬渣中近 60%～85% 的硅酸盐玻璃体，可作为建材原料加以资源化利用。但由于不同冶金回转窑工艺技术与原辅材料存在一定差异，致使水淬渣成分有所差别，甚至少量水淬渣含有重金属或具有腐蚀性。对可用作建材生产原料的水淬渣的成分、放射性核素、重金属含量等可能影响建材安全与质量的关键性指标做出规定和约束，可有效规范建材生产过程水淬渣利用行为，以确保建筑材料的安全性与环保性。

（3）促进回转窑水淬渣建材产业链形成

由于缺少相关标准、未明确可利用途径与范围等原因，致使水淬渣产生企业与建材生产企业间的产业链无法形成，水淬渣无法大规模资源化利用。本文件立足于以水淬渣为原料生产烧结砖与水泥，对其成分、质量以及相应的试验检测方式做出明确规定，且规范水淬渣作为产品出售时的检验规则及包装、运输与贮存要求，促进回转窑水淬渣建材产业链形成。

### 4.2.3 标准的核心内容

本文件的核心内容包括以下方面。

#### 4.2.3.1　范围

本文件规定了建材用回转窑水淬渣的一般要求、技术要求（成分含量要求、pH值要求）、试验方法、检验规则及包装、运输与贮存。

本文件适用于作为烧结普通砖或水泥的生产原料使用的回转窑水淬渣。以回转窑水淬渣生产其他建材可参考本文件。

本文件不适用于根据GB 5085《危险废物鉴别标准》判定后属于危险废物的回转窑水淬渣。

【条款说明】为提高回转窑水淬渣资源化利用效率，规范资源化利用过程，同时确保文件的完整性，本文件对建材用回转窑水淬渣的一般要求、技术要求、试验方法、检验规则、包装、运输与贮存都进行了规定。

本文件中所述的回转窑水淬渣为冶金行业所用回转窑排出的液态熔融物经水淬冷却后的固态物，不同企业产生水淬渣主要成分和含量见表4-1和表4-2。由表4-1和表4-2中的数据可以看出，回转窑水淬渣中除含一定量的金属铁外，钙质与硅质含量占比最大，适宜作为烧结普通砖与水泥的生产原料之一。因此本文件仅适用于生产烧结普通砖与水泥，生产其他建材可以参考使用。

由于不同企业回转窑工业技术与添加原料具有很大的差异性，所产生的回转窑水淬渣重金属含量较高或具有腐蚀性，为保证所制得的建筑材料安全性与环保性，明确提出经鉴别属于危险废物的水淬渣不适用于本文件。

#### 4.2.3.2　一般要求

（1）建材用回转窑水淬渣中放射性核素限量应满足GB 6566《建筑材料放射性核素限量》的规定。

【条款说明】放射性核素也称为不稳定核素，指不稳定的原子核能自发地放出射线（如α射线、β射线等），通过衰变形成稳定的核素。而所自发放出的射线可以由多种途径进入人体，它们发出的射线会破坏机体内的大分子结构，甚至直接破坏细胞和组织结构，对人体造成损伤。作为强制性国家标准，GB 6566规定了建筑材料放射性核素限量，适用于对放射性核素限量有要求的无机非金属类建筑材料。为使水淬渣在建筑材料生产利用过程中符合国家相关规定，同时避免放射性水平过高的水淬渣用于建筑材料，破坏生态环境，危害人体健康，本文件中所涉及的回转窑水淬渣中放射性核素限值应满足GB 6566中的要求。

（2）经混配的烧结普通砖原料中回转窑水淬渣添加量应不少于15%。

【条款说明】制备烧结普通砖一般根据需求和用途采用两种以上材料进行原料混

配，为切实实现回转窑水淬渣的资源化利用，防止向原料中添加含有重金属等有毒有害物质超标的水淬渣，依据调研情况，使用回转窑水淬渣制备烧结普通砖一般添加量为 15%～20%，因此经混配的烧结普通砖原料中回转窑水淬渣添加量应不少于 15%。

经混配的水泥原料中回转窑水淬渣添加量应不少于 5%。

【条款说明】烧制水泥熟料一般需根据需求和用途采用两种以上材料进行原料混配，在尽可能扩大水淬渣利用率的同时保证水泥产品质量。同时依据调研情况，使用回转窑水淬渣制备水泥熟料一般添加量在 5% 左右，因此经混配的水泥原料中回转窑水淬渣添加量应不少于 5%。

（3）建材用回转窑水淬渣中不得混有其他固体废物。

【条款说明】本文件中所涉及内容仅针对水淬渣，且由于不同的固体废物理化性质差异较大，混入其他固体废弃物后可能会造成烧结普通砖难以成型，水泥性能不达标等一系列不良后果，因此在水淬渣中不得混有其他固体废物。同时，建材生产企业是以购买产品的形式与水淬渣产生企业进行贸易交易，若其中含有杂质甚至有毒有害物质，将会给建材生产企业带来经济损失或者环境风险。

（4）以回转窑水淬渣为原料生产的烧结普通砖应满足 GB/T 5101《烧结普通砖》的规定。

【条款说明】GB/T 5101 作为烧结普通砖产品唯一的国家标准，其中规定了烧结普通砖的产品分类、等级、规格、标记、一般要求、技术要求、试验方法、检验规则、标志、包装、运输和贮存等，适用于以黏土、页岩、煤矸石、粉煤灰、建筑渣土、淤泥、污泥等为主要原料，经焙烧而成主要用于建筑物承重部位的普通砖。GB/T 5101 明确规定了烧结普通砖的尺寸、外观、强度、抗风化、泛霜等性能要求，虽然回转窑水淬渣可替代部分原料生产烧结普通砖，但是其各项指标需满足 GB/T 5101 的规定。

（5）以回转窑水淬渣为原料生产的水泥应满足 GB/T 21372《硅酸盐水泥熟料》的规定。

【条款说明】GB/T 21372 规定了硅酸盐水泥熟料的技术要求、试验方法和验收规则等，适用于贸易的硅酸盐水泥熟料。对硅酸盐水泥熟料的化学性能、物理性能做出了明确详实的规定，因此以回转窑水淬渣为原料生产的水泥也应满足其规定。

#### 4.2.3.3 成分含量要求

（1）烧结普通砖用回转窑水淬渣成分含量要求

烧结普通砖的制备共分为原料制备、坯体成型、湿坯干燥和成品焙烧四个部分。原料含水量直接影响坯体成型和湿坯干燥环节，如原料含水量不处于合理的范围则无法生产出质量较好的湿坯，从而导致干燥室的干燥废品率大大增加，甚至使生产过程无法正常进行。一般情况下，原料的含水率需根据坯体成型所使用的挤出机性能确定。如生产中采用高真空度、高挤出压力的真空挤出机，则原料含水率应在13%～15%；采用半硬塑挤出机时，原料含水率应控制在15%～17%；采用一般挤出机成型时，原料含水率应控制在18%～20%。因此，本文件中用于制备烧结普通砖的水淬渣含水率应不大于20%。

文献调研和企业调研发现，回转窑水淬渣对烧结普通砖质量影响较大的化学成分指标主要有三氧化二铁（$Fe_2O_3$）、三氧化硫（$SO_3$）、氧化钙（CaO）、氧化镁（MgO）等。$Fe_2O_3$是制砖原料中的着色剂，一般含量在3%～10%，含量过高会降低制品的耐火度。原料中的$SO_3$在烧结普通砖的制备过程中会有气体逸出，使产品发生膨胀和气泡，同时会产生硫酸钙引起产品泛白和泛霜，因此原料中的$SO_3$含量一般不高于1%。鉴于水淬渣制备烧结普通砖时掺和量要求以及水淬渣中$SO_3$含量数据，本文件中要求用于制备烧结普通砖的水淬渣$SO_3$含量不大于4%。CaO含量不应超过10%，如含量过高时将缩小烧结温度范围，给焙烧操作造成困难。原料中的MgO在烧结砖制备过程中会产生硫酸镁等化合物，造成烧结砖产品泛霜，一般原料中的MgO含量应不超过3%。

综上所述，烧结普通砖用回转窑水淬渣成分含量要求见表4-1。

表4-1 烧结普通砖用回转窑水淬渣成分含量要求

| 理化指标 | 限值 |
|---|---|
| 含水量/% | ≤20 |
| 三氧化二铁（$Fe_2O_3$）质量分数/% | ≤10 |
| 三氧化硫（$SO_3$）质量分数/% | ≤4 |
| 氧化钙（CaO）质量分数/% | ≤10 |
| 氧化镁（MgO）质量分数/% | ≤3 |

（2）水泥用回转窑水淬渣成分含量要求

水泥的性能主要取决于熟料的质量，而熟料的质量则取决于生料的化学成分，因此控制生料的化学成分是水泥生产的重要环节之一。硅酸盐水泥生料主要由CaO、$SiO_2$、$Al_2O_3$、$Fe_2O_3$四种氧化物组成，经1450℃左右的高温煅烧后得到由硅酸二钙（$C_2S$）、硅酸三钙（$C_3S$）、铝酸三钙（$C_3A$）及铁铝酸四钙（$C_4AF$）四种矿物质组成的水泥熟料。$C_3S$是熟料中主要矿物，其含量通常在50%以上，是水泥早期强度的主要来源。$C_2S$ 在水泥熟料中的含量一般为 20%，是水泥后期强度的主要来源。$C_3A$ 主要作用为提高水泥的水化速度，在熟料中的含量约为 7%～15%。$C_4AF$ 对水泥硬度的贡献相对较小，在水泥熟料中的含量约为 10%～18%。水泥熟料中上述四种矿物质中的钙质由 CaO 提供，$C_2S$、$C_3S$ 中的硅质由 $SiO_2$ 提供，$C_3A$ 和 $C_4AF$ 中的铝由 $Al_2O_3$ 提供，$Fe_2O_3$ 为 $C_4AF$ 提供铁。

在水泥实际生产过程中，往往是通过调控原料的率值以保证产品质量。水泥熟料的率值主要包含硅率（SM）和铝率（IM）等。其中 SM 表示熟料中 $SiO_2$ 与 $Al_2O_3$、$Fe_2O_3$ 之和的质量比，一般在 1.7～2.7 之间。IM 值表示 $Al_2O_3$、$Fe_2O_3$ 的质量比，一般在 0.9～1.7 之间。由于 $SiO_2$ 与 $Al_2O_3$ 的含量直接影响着 $C_2S$、$C_3S$ 以及 $C_3A$ 这三种控制水泥强度的矿物含量，为保证水泥的强度，$SiO_2$、$Al_2O_3$ 含量一般固定在 20%～24% 与 4%～7% 之间，因此综合考虑回转窑水淬渣中 $Fe_2O_3$ 含量、生产水泥熟料的添加量以及调研结果，原料中的 $Fe_2O_3$ 含量应不大于 10%。同时，在水泥熟料的焙烧过程中会产生经高温煅烧而仍未化合的氧化钙，称为游离化氧化钙（f-CaO）。经高温煅烧的游离氧化钙结构比较致密，通常在 3 天后才开始水化生成氢氧化钙，体积增加，造成硬化水泥局部膨胀。同时随着游离化氧化钙的增加，水泥抗折强度下降，引起 3 天后硬化水泥强度倒缩，存在安定性不良的可能。因此原料中游离化氧化钙需严格控制，根据 GB/T 21372 中的要求，f-CaO 质量分数应不大于 1.5%。

除 CaO、$SiO_2$、$Al_2O_3$ 与 $Fe_2O_3$ 这四种主要氧化物，水泥熟料中同时还含有 5% 左右的次要成分。根据相关资料统计，水泥中微量成分按含量由大至小的顺序依次为：MgO＞$K_2O$＞$SO_3$＞$Na_2O$＞$P_2O_5$＞$Cl^-$ 等。这些微量成分与元素在某一范围内时，起有利的作用，而超过范围时，会严重影响水泥熟料的烧成及水泥的性能。

在生料中含有一定量的 MgO 时，可在一定程度上降低煅烧温度，增加液相量，有效改善熟料色泽。但生料中若含有过量的 MgO 则会导致其结晶析出，呈现游离状态，造成水泥的安定性不良。这是因为游离态的 MgO 的水化反应比游离态的 CaO 更为缓慢，通常在几个月后才会发生水化生成氢氧化镁，且造成硬化水泥局部体积膨胀 148% 左右。因此，在水泥熟料的生产过程中，应严格控制生料原料中的 MgO 含量，根据 GB/T 21372 中的要求，MgO 质量分数不大于 5%。

水泥中的碱物质 $Na_2O$ 与 $K_2O$ 构成了水泥中的碱含量，用 $Na_2O$ 的合计当量表示，即为 $Na_2O+0.658K_2O$。水泥中的碱物质作为有害成分会造成混凝土发生碱－骨料反应，即水泥中的骨料会与碱物质发生化学反应。一般水泥骨料中与碱物质反应的骨料成分主要为 $SiO_2$，并在骨料表面生成碱－硅酸凝胶。碱－硅酸凝胶吸水后会产生较大的体积膨胀，增加混凝土胀裂的概率，因此需严格控制水泥原料中的碱含量。依据 GB 175《通用硅酸盐水泥》与 GB/T 21372《硅酸盐水泥熟料》中的规定，$Na_2O$+0.658$K_2O$ 含量应不大于 0.6%。

氯盐（$Cl^-$）作为熟料煅烧的矿化剂可以有效降低熟料煅烧温度，有利于节约企业能源，降低成本，同时 $Cl^-$ 也是有效的水泥早强剂，可以使水泥 3 天强度提高在 50% 以上。但水泥中的 $Cl^-$ 是造成混凝土工程中钢筋锈蚀的主要因素，因此对于原料中的含量应严格控制。根据 HJ 662《水泥窑协同处置固体废物环境保护技术规范》中规定水泥生料中的 $Cl^-$ 含一般不大于 0.04%，GB 175 中规定硅酸盐水泥中的 $Cl^-$ 含量不大于 0.06%，以保证生产的水泥符合相关质量要求，避免引起工程质量问题。根据水淬渣的成分组成，本文件规定以回转窑水淬渣为原料生产水泥时其中的 $Cl^-$ 含量应不大于 0.04%。和 $Cl^-$ 相同，$P_2O_5$ 作为水泥生产中的矿化剂，合适的添加量也可降低水泥熟料的煅烧温度，减少能源消耗。目前，有关水泥熟料与产品的国家标准中并未明确规定其中 $P_2O_5$ 含量范围，但根据相关研究表明水泥熟料中含量应不大于 1%。这是由于过量的 $P_2O_5$ 会导致煅烧温度过低，从而造成煅烧过程中物料液相不足，进而影响 $C_3S$ 的生成，降低了水泥的强度。同时，为控制 f-CaO 在煅烧过程中的产生量，煅烧温度不应低于 1430℃。综上，生产水泥的原料中的 $P_2O_5$ 含量应不大于 1%，故本文件中要求生产水泥所用水淬渣的 $P_2O_5$ 含量应不大于 1%。

水泥中适量的 $SO_3$ 可以使水泥发挥最佳的强度，同时使水泥的初凝时间在恰当的范围内。在 GB/T 21372 中规定硅酸盐水泥熟料中的 $SO_3$ 含量应不大于 1.5%，GB 175 中规定矿渣硅酸盐水泥中的 $SO_3$ 含量应不大于 4.0%，其他种类水泥的 $SO_3$ 含量应不大于 3.5%。如果水泥中含有过量的 $SO_3$，则会在硬化后的水泥中产生针棒状的钙矾石晶体，造成硬化水泥的局部体积膨胀，导致水泥的安定性不良。根据回转窑水淬渣成分含量，本文件规定用于生产水泥熟料的回转窑水淬渣中的 $SO_3$ 含量应不大于 4%。

综上所述，水泥用回转窑水淬渣成分含量要求见表 4-2。

表 4-2　水泥用回转窑水淬渣成分含量要求

| 理化指标 | 限值 |
|---|---|
| 游离化氧化钙（f-CaO）质量分数 /% | ≤1.5 |
| 氧化镁（MgO）质量分数 /% | ≤5 |
| 三氧化二铁（$Fe_2O_3$）质量分数 /% | ≤10 |
| 碱含量（$Na_2O$+0.658$K_2O$）/% | ≤0.6 |
| 三氧化硫（$SO_3$）质量分数 /% | ≤4 |
| 氯离子（$Cl^-$）质量分数 /% | ≤0.04 |
| 五氧化二磷（$P_2O_5$）质量分数 /% | ≤1 |

（3）重金属含量限定

目前，在现有关于工业固废在建筑材料中资源化利用的国家标准中，只有GB/T 30760《水泥窑协同处置固体废物技术规范》和GB/T 25031《城镇污水处理厂污泥处置　制砖用泥质》中有重金属含量限值要求。为确保水泥熟料中的重金属含量满足要求，GB 30760中对于进入水泥窑协同处置的原料中的重金属含量作出了明确的限定。同样，为确保以污泥为原料生产的烧结砖中重金属符合要求，GB/T 25031对用于制备烧结砖污泥中的重金属限值也给出了明确的限值。本文件基于这两项现行国家标准中关于重金属的限值要求，综合考虑行业内使用水淬渣制备水泥熟料与烧结普通砖的用量掺比以及水淬渣中实际重金属含量，分别得到用于生产烧结普通砖用水淬渣中的重金属含量以及用于生产水泥熟料水淬渣中的重金属含量限值要求，具体数值见表4-3。

表4-3　建材用回转窑重金属含量限定

| 化学成分 | 质量分数/% | | | | | | | |
|---|---|---|---|---|---|---|---|---|
| | 砷 | 铅 | 镉 | 铬 | 铜 | 镍 | 锌 | 锰 |
| GB/T 25031 | <0.0075 | <0.03 | <0.002 | <0.1 | <0.15 | <0.02 | <0.4 | — |
| GB/T 30760 | ≤0.0028 | ≤0.0067 | ≤0.0001 | ≤0.0098 | ≤0.0065 | ≤0.0066 | ≤0.0361 | ≤0.0384 |
| 烧结普通砖用回转窑水淬渣重金属含量限值 | ≤0.08 | ≤0.2 | ≤0.01 | ≤0.1 | ≤0.5 | ≤0.1 | ≤2 | ≤2 |
| 水泥用回转窑水淬渣重金属含量限值 | ≤0.6 | ≤0.1 | ≤0.002 | ≤0.2 | ≤0.15 | ≤0.15 | ≤0.7 | ≤0.7 |

#### 4.2.3.4　pH值要求

回转窑水淬渣中的pH值见表4-4。由表中数据可看出，回转窑水淬渣pH值为7～8。此pH值的回转窑水淬渣作为原料生产烧结砖与水泥熟料，可保证产品的质量与安全。因此，本文件规定用于生产烧结砖与水泥的水淬渣pH值为7～8。

表4-4　回转窑水淬渣pH值

| 编号 | 1 | 2 | 3 | 4 | 5 | 6 | 7 | 8 | 9 | 10 |
|---|---|---|---|---|---|---|---|---|---|---|
| pH值 | 7.67 | 7.68 | 7.67 | 7.68 | 7.59 | 7.58 | 7.63 | 7.65 | 7.60 | 7.61 |

#### 4.2.3.5　试验方法

（1）重金属按 GB/T 30760 的规定进行。

【条款说明】GB/T 30760 规定了水泥窑协同处置固体废物的鉴别和检测、处置工艺技术和管理要求、入窑生料和熟料重金属含量限值及水泥可浸出重金属限值、检测方法和检测评测。本文件中水淬渣作为水泥生产原料之一进入水泥窑烧制处理，烧结普通砖制备时也采用烧结工艺，因此重金属含量检测试验方法应参照 GB/T 30760 的规定执行。

（2）放射性核素按 GB 6566 的规定进行。

【条款说明】GB 6566 规定了建筑材料放射性核素限量和天然放射性核素镭 -226、钍 -232、钾 -40 放射性比活度的试验方法，适用于对放射性核素限量有要求的无机非金属建筑材料。因本文件中的水淬渣为无机非金属建筑材料生产原料，其放射性核素试验方法应参照 GB 6566 的规定执行。

（3）含水量按附录进行。

【条款说明】目前，现有标准中还没有水淬渣含水量试验方法的设定，因此本文件附录中给出了采用烘干前后质量差值法，对水淬渣中的含水量进行测定。具体如下：

1　原理

将回转窑水淬渣放入规定温度的烘干箱内烘至恒重，以烘干前后的质量差与烘干前的质量比确定回转窑水淬渣的含水量。

2　仪器设备

2.1　烘干箱

可控温度 105～110℃，最小分度值不大于 2℃。

2.2　天平

量程不小于 50g，最小分度值不大于 0.01g。

3　试验步骤

3.1　称取回转窑水淬渣试样约 50g，精确至 0.01g，倒入已烘干至恒重的蒸发皿中称量（$m_1$），精确至 0.01g。

3.2　将装有回转窑水淬渣试样的蒸发皿放入 105～110℃烘干箱内烘干至恒重，取出放在干燥器中冷却至室温后称量（$m_0$），精确至 0.01g。

4　结果计算

含水量按下式计算，结果保留至 0.1%。

$$w=\frac{m_1-m_0}{m_1}\times 100\%$$

式中：$w$——含水量；

$m_1$——烘干前试样的质量，g；

$m_0$——烘干后试样的质量，g。

（4）氧化镁（MgO）、碱含量（$Na_2O$+0.658$K_2O$）、氯离子（$Cl^-$）、五氧化二磷（$P_2O_5$）按 GB/T 176《水泥化学分析方法》的规定进行。

【条款说明】GB/T 176 规定了水泥化学分析方法、X 射线荧光分析方法和电感耦合等离子体发射光谱对烧失量、不溶物、$SiO_2$、$Fe_2O_3$、$Al_2O_3$、CaO、MgO、$TiO_2$、$Cl^-$、$K_2O$、$Na_2O$、$S^{2-}$、MnO、$P_2O_5$、$CO_2$、ZnO、$F^-$、游离化氧化钙、SrO 的测定，适用于通用硅酸盐水泥和制备上述水泥的熟料、生料及制定采用该文件的其他水泥和材料。本文件中作为水泥生产原料的水淬渣技术指标试验方法应按 GB/T 176 的规定进行。同时根据相关资料显示，目前制砖原料中化学技术要求的测定多参照 GB/T 176 进行，因此本文件中作为烧结普通砖生产原料的水淬渣技术指标试验方法应按其规定进行。

#### 4.2.3.6 检验规则

（1）回转窑水淬渣技术要求检验方及检验项目可由买卖双方协商确定，检验方负责出具检验报告，检验报告内容应包括所检验项目含量值。

【条款说明】由于水淬渣产生企业的工艺技术与原料在生产过程中存在一定的变化，导致所产生的水淬渣成分在一定程度上存在变化，为方便水泥与砖体生产厂商混料，且确保其中的技术指标符合生产厂商的需求，因此需对水淬渣进行检验。具体检验指标与检验方可由双方协商确定，在检验后检验方以报告的形式告知双方所检验项目的含量值。

（2）回转窑水淬渣取样方法按 GB/T 12573《水泥取样方法》的规定进行。取样应有代表性，可连续取，也可从 10 个以上不同部位取等量样品，总量不少于 3kg。必要时，买方可对其进行随机抽样检验。

【条款说明】GB/T 12573 规定了出厂水泥取样方法的取样工具、取样部位、取样步骤、取样量和样品制备与试验等，适用于出厂水泥的取样。根据调研与资料查询，目前建筑材料原料的取样方式均参照 GB/T 12573，因此本文件中的水淬渣取样方式也参照 GB/T 12573 执行。为保证检测样品数量充足，要求取样总量不少于 3kg。

#### 4.2.3.7 包装、运输与贮存

（1）包装：回转窑水淬渣可以散装或包装，包装形式与规格可由买卖双方协商确定，散装与包装的回转窑水淬渣净含量不得少于标定质量的99%。

【条款说明】一般进行贸易交易的渣料包装形式主要为散装与袋装等，本文件不对水淬渣交易时的包装形式做出具体的规定，其形式与规格由买卖双方达成一致即可。但水淬渣的净含量不得少于标定质量的99%，以保证水淬渣质量，同时保证不给购买方造成经济损失。

（2）运输与贮存：在运输过程中应采取必要措施避免回转窑水淬渣遗撒与扬尘。回转窑水淬渣贮存应符合GB 18599《一般工业固体废物贮存和填埋污染控制标准》的规定，不得露天贮存。

【条款说明】由于水淬渣属于一般工业固废，如若遗撒或扬尘会影响道路等环境，因此在运输过程中，交通工具可采取加盖遮布等方式以避免遗撒与扬尘。水淬渣若露天贮存则会导致水淬渣因降雨等原因增加含水量，造成扬尘污染等问题。GB 18599中规定了一般工业固体废弃物贮存、处置场的选址、设计、运行管理、关闭与封场以及污染控制与监测等要求，适用于一般工业固体废物贮存、处置场的建设、运行和监督管理。本文件中涉及水淬渣属于一般工业固废，因此其贮存应符合GB 18599的规定。

### 4.2.4 标准效益分析

本文件根据水淬渣的性质与烧结砖、水泥生产原料的要求制定指标参数，符合实现水淬渣规范资源化利用的目的，可有效提高水淬渣资源化利用率，减少水淬渣生产企业固体废物处置资金投入并有一定收益，同时降低烧结砖与水泥生产企业原料成本。本文件的实施将为企业带来良好经济效益的同时减少环境风险，产生一定的环境效益。

## 4.3 《等离子体处理危险废物技术及评价要求》标准研究

### 4.3.1 标准框架构建

《等离子体处理危险废物技术及评价要求》（以下简称“本文件”）为等离子体处理危险废物的技术标准，应对危险废物从进场接收、分析检测、贮存运输、预处理

和进料、等离子体炉处理、污染物控制以及资源化利用等全过程提出技术要求。

### 4.3.2 标准编制原则与依据

本文件的编制主要遵循以下原则：

（1）与国际接轨，指标及其对应的分析方法要积极参照采用国际标准；

（2）标准要具有科学性、先进性和可操作性；

（3）要结合国情和产品特点；

（4）与相关标准法规协调一致；

（5）促进行业健康发展与技术进步。

### 4.3.3 标准核心内容

本文件的核心内容包括以下方面。

#### 4.3.3.1 适用范围

等离子体熔融玻璃化处理固体废物，由于处理成本较高，更多的是处理危险废物，所以本文件适用于危险废物的等离子体处理，其他固体废物的等离子体处理可参考本文件执行。

同时，等离子体熔融玻璃化处理技术也被应用于放射性固体废物的处理处置中，但由于放射性物质的特殊理化性质，在我国生态环境管理工作中是一个独立的管理体系，故本文件的适用范围不包括放射性固体废物的处理。

#### 4.3.3.2 规范性引用文件

本部分列出了在本文件中所规范性引用的国家标准和行业标准等技术文件。主要针对本文件的应用必不可少的文件，凡是注日期的引用文件，仅该日期对应的版本适用于本文件。凡是不注日期的引用文件，其最新版本（包括所有的修改单）适用于本文件。

#### 4.3.3.3 术语和定义

在本文件应用时，需对等离子体有关概念以及装备运行效果评价有关概念等进行明确界定，以更好地理解文件，避免文件内容的混淆。关于几个等离子体的相关概念引自 GB/T 2900.23—2008《电工术语 工业电热装置》。等离子体分为高温等离子体和低温等离子体，其中低温等离子体又可以分为热等离子体和冷等离子体。本文件主要研究热等离子体对固体废物的高温处理。由于上述术语已经在 GB/T 2900.23—2008 中给出了明确定义，根据委员会审查意见，本文件正文中不再列出。通过对等离子体发生器的定义进行改写，只保留了等离子体发生器的定义。

利用等离子体技术处理危险废物的方法有等离子体热解、等离子体气化、等离子体熔融及其各种工艺组合形成的等离子体热解气化、等离子体热解熔融或等离子体气化熔融等工艺，既可满足有机固体废物的处理，又可处理无机固体废物及混合类型固体废物（既含有有机成分，又含有无机成分），适用性广。结合《环境科学大辞典》《环境学词典》《化学化工大辞典》等专业技术词典以及前期研究的认识，将等离子体处理的几个典型工艺进行了定义。

#### 4.3.3.4 一般要求

（1）对危险废物等离子体处理设施的选址提出了要求，应符合城市总体规划、区域环境保护规划等要求。

（2）应根据危险废物的性质特点选择适合的等离子体处理技术，确保危险废物得到安全妥善处置。

（3）对危险废物等离子体初始设施的工程设计、施工和运行管理要求，本文件未提及的，还应满足 HJ 2035《固体废物处理处置工程技术导则》和 HJ 2042《危险废物处置工程技术导则》的规定。

（4）危险废物等离子体处理设施包括危险废物接收系统、分析检测系统、贮存与运输系统、预处理和进料系统、等离子体发生器系统、等离子体炉处理系统、污染控制系统、自动控制系统、监测系统、应急系统以及辅助设施等。

（5）危险废物等离子体处理产生固体废物的属性是行业普遍关心的问题。应首先判断等离子的处理过程属于利用还是处置，如果是利用过程，那么根据 GB 5085.7《危险废物鉴别标准 通则》，该过程产生的固体废物可以进行危险特性鉴别，如果鉴别有危险特性，则属于危险废物，如果鉴别没有危险特性，则属于一般工业固体废物。

（6）危险废物等离子体处理还应符合其他生产安全、生态环境、消防、职业卫生等相关要求。

（7）危险废物等离子处理单位应建立完备的规章制度，包括危险废物接收制度、运营管理制度、应急预案制度、安全生产管理制度等，以保障工作人员安全和危险废物得到安全、合规处置。

#### 4.3.3.5 技术要求

（1）危险废物接收过程中应进行抽检采样、化验，并建立入库档案。

（2）危险废物等离子处理企业，应根据接收危险废物类型及特征配备危险废物特性分析以及废气、废水和废渣等常规指标检测和分析的仪器设备，并具有相应的检测能力。

（3）为保证等离子处理设施运行稳定，贮存设施的贮存能力应不低于等离子体处理设施能力 15 日的处理量。危险废物的贮存和运输要严格按照危险废物管理。等离子处理产物的贮存管理要求，应根据其属性确定。

（4）由于危险废物性质复杂，不同的处理工艺路线、来料理化性质不一样，从而对破碎、混合、配伍等预处理方式要求不同，故对于处理和进料环节要根据原料特性来确定预处理工艺。涉及等离子熔融的工艺，都应考虑配伍和过程控制，确保得到玻璃态物质的目标产物。

（5）等离子体炉是等离子体处理工艺的核心，具体要求如下：

a）等离子体炉的设计应该考虑其处理温度及压力的需求，保证其系统及主体设备使用寿命不低于 10 年。

b）等离子体发生器系统包括等离子体发生器本体、电源系统、载体工质系统、冷却水系统、插拔系统及控制系统等。给水泵、冷却水泵、风机应处于不同的电源段内。

c）等离子体发生器系统的冷却水系统宜设置应急电源，异常断电后启动运行，避免等离子体发生器被损毁。等离子发生器的插拔系统、控制系统都应考虑安全、稳定的因素，防止断电给系统带来安全隐患。

d）等离子体炉内气压应为微负压状态，以保证气密性，防止有毒有害气体泄漏。

e）等离子体炉所采用耐火材料的技术性能应该满足等离子体炉电离气氛的要求，质量应满足所选择耐火材料对应的技术标准，能够承受等离子体炉工作状态的电热反应及产生的氯化氢等各种化学物质的腐蚀。

f）危险废物等离子体炉尾气净化系统应对高温尾气采取快速冷却措施，烟气温度应在 1s 内从 500℃降到 200℃以下，防止二噁英再合成。

g）等离子熔融炉出渣设计应考虑连续排渣需要，宜设置温度传感器监控熔体温度，保证熔体的流动状态。

h）等离子体炉应设置在线工况监测系统、控制系统、报警系统和应急处理安全防爆装置。监测系统应能在线显示等离子体炉温度、压力、流量等表征等离子体炉运行的工况参数。

#### 4.3.3.6 污染排放控制要求

（1）危险废物等离子体炉大气污染物排放应符合 GB 18484《危险废物焚烧污染控制标准》的要求或者相关环境保护要求，等离子体处理医疗废物时，大气污染物排放应符合 GB 39707《医疗废物处理处置污染控制标准》的相关要求。

（2）等离子体处理过程中产生的生产废水经处理后应优先回用，当排放时，污染物应符合 GB 8978《污水综合排放标准》等的相关要求。

（3）等离子处理产生的固体废物应进行属性鉴定，根据鉴定结果，属于危险废物的，可返回工艺过程重新处理或者按照危险废物进行安全处置；不属于危险废物的，按照一般工业固体废物进行处置。

#### 4.3.3.7 资源化利用要求

（1）为了提升节能减排水平，等离子体炉产生的合成气达到相关要求后可进行燃气发电、燃气锅炉产蒸汽、合成气外售等资源化利用。

（2）等离子体处理产生的熔融富集物满足替代原料标准要求时，可交给下游冶炼企业进行资源化利用。

（3）等离子体处理产生的熔融固化体综合利用时，应符合 GB 34330《固体废物鉴别标准 通则》和 HJ 1091《固体废物再生利用污染防治技术导则》等的相关规定，符合《固体废物玻璃化处理产物技术要求》的产品质量标准要求时，可用于相应替代原料产品的生产。

### 4.3.4 标准效益分析

危险废物等离子体处理技术在国内已有一定应用，但是由于不同原料特性不同，等离子处理工艺存在较大差异，并且由于缺乏国家、行业或地方发布的等离子处理技术标准，不同规模企业的运行管理水平差距很大，导致等离子处理的运行效率差别很大，从而制约了等离子处理技术的健康可持续发展。

本文件的实施，将有力推动危险废物等离子体处理技术的发展，提高能效水平和环保水平，促进危险废物的减量化、无害化和资源化，有力提高企业的经济效益和环保效益，为相关企业采用等离子处理技术提供指导，为无废城市建设和国民经济绿色低碳循环经济发展提供有力支撑。

## 4.4 《高效能炉排炉评价技术要求》标准研究

### 4.4.1 标准框架构建

为更好更全面地开展对高效能装备——炉排炉的评价，《高效能炉排炉评价技术要求》（以下简称“本文件”）分定性和定量两个方面对高效能炉排炉评价作了技术要求，定性评价主要针对相关生产企业的运行管理、安装设计、辅助设备等进行了规定，定量评价主要通过建立合理的评价指标体系开展，同时本文件对试验方法、计算方法以及评价方法等内容做了详细规定。

### 4.4.2 标准编制原则与依据

在标准制定过程中遵循以下原则

（1）按照 GB/T 1.1—2020《标准化工作导则　第 1 部分：标准化文件的结构和起草规则》的规定，确定本文件的组成要素。

（2）与当前国家环保产业政策、规划生活垃圾焚烧污染控制标准、生活垃圾焚烧技术及工艺、设备、检测、管理等相关标准紧密结合，协调一致。

（3）根据我国生活垃圾焚烧炉排炉的现状、技术水平和特点、产业发展现状，结合对现有国内相关技术标准的比对和分析，制定科学合理的产品评价标准。

### 4.4.3 标准核心内容

本文件的核心内容包括以下方面。

#### 4.4.3.1 范围

本文件规定了高效能炉排炉的技术要求、试验方法、计算方法和评价方法。

本文件适用于机械炉排式焚烧炉的评价。

#### 4.4.3.2 规范性引用文件

下列文件中的内容通过文中的规范性引用而构成本文件必不可少的条款。其中，注日期的引用文件，仅该日期对应的版本适用于本文件；不注日期的引用文件，其最新版本（包括所有的修改单）适用于本文件。

GB/T 16157 固定污染源排气中颗粒物测定与气态污染物采样方法

GB 18485 生活垃圾焚烧污染控制标准

GB/T 18750 生活垃圾焚烧炉及余热锅炉

CJJ 90 生活垃圾焚烧处理工程技术规范

HJ/T 44 固定污染源排气中一氧化碳的测定 非色散红外吸收法

HJ 77.2 环境空气和废气 二噁英类的测定 同位素稀释高分辨气相色谱－高分辨质谱法

#### 4.4.3.3 术语和定义

下列术语和定义适用于本文件。

（1）炉排炉：采用机械层状燃烧方式进行焚烧处理的装置。

（2）高效能炉排炉：具有污染物排放量低、焚烧效率高、能耗低、质量高等特点的焚烧炉排炉。

（3）主燃烧器：用于焚烧炉启炉和停炉时对炉膛进行加热的装置。

（4）辅助燃烧器：用于运行时维持炉膛温度的装置。

（5）炉膛：由炉排上表面至顶部高温烟气出口、炉排四周炉墙包围起来供生活垃圾燃烧的立体空间。

（6）炉排：用于堆置、输送生活垃圾并使之有效燃烧的部件，主要包括框架和炉排片两部分。其中炉排的形式众多，如往复式炉排（包括顺推式、逆推式等）、滚筒式炉排、摆动式炉排、移动式炉排等。

（7）炉排机械负荷：单位时间内、单位炉排面积的设计焚烧处理量，单位：kg/（$m^2$·h）。计算公式为：

$$炉排机械负荷 = 焚烧处理能力（t/d）\times 1000 \div 炉排面积（m^2）\div 24（h）$$

（8）年运行小时数：炉排炉在一年内的正常运行时间，单位：h。

（9）吨垃圾耗电量：炉排炉处理一吨垃圾所消耗的电量，单位：kWh/t。

（10）炉膛出口颗粒物浓度：炉膛出口在温度为 273K、压力为 101325Pa 的标准状态下，基准氧含量为 11% 时干烟气中的颗粒物浓度。

（11）炉膛出口烟气污染物浓度：炉膛出口在温度为 273K、压力为 101325Pa 的标准状态下，基准氧含量为 11% 时干烟气中的污染物浓度。

#### 4.4.3.4 技术要求

（1）定性评价要求

炉排炉生产制造企业应建立、实施并保持质量管理体系、环境管理体系、职业健康安全管理体系和能源管理体系。

炉排炉的设计、制造、调试、验收、安装、技术要求、试验方法、检验规则等应符合 GB/T 18750 的规定。

高效能炉排炉应配置主燃烧器及辅助燃烧器，主燃烧器及辅助燃烧器总负荷应保证启停炉及处理物热值较低时炉膛温度符合“850℃、2s”的规定，辅助燃料宜采用天然气或轻柴油。

（2）定量评价要求

选取炉膛出口烟气污染物浓度、烟气停留时间、颗粒物转化率、炉渣热灼减率、焚烧炉热效率、机械负荷范围、机械超负荷时间、吨垃圾耗电量、炉排片年更换率、炉膛停炉清焦频次、焚烧系统年运行小时数作为炉排炉的二级评价指标，评价要求见表 4-5。

表 4-5 高效能炉排炉评价指标

| 序号 | 一级指标 | 二级指标 | 评价要求 |
|---|---|---|---|
| 1 | 环保指标 | 炉膛出口烟气污染物浓度 | CO：24h 均值≤50mg/$m^3$<br>二噁英：测定均值≤1ng（TEQ）$m^3$ |
| | | 烟气停留时间 | ≥850℃，≥2s |
| | | 颗粒物转化率 | ≤20% |
| 2 | 技术性能指标 | 炉渣热灼减率 | 日均值≤3%，月均值≤2.5% |
| | | 焚烧炉热效率 | ≥ 97% |
| | | 机械负荷范围 | 70%～120% |
| | | 机械负荷超负荷时间 | 100%～110%（全天），110%～120%（≥2h/d） |
| 3 | 节能指标 | 吨垃圾耗电量 | ≤15kWh/t |
| 4 | 安全可靠性指标 | 炉排片年更换率 | ≤3% |
| | | 炉膛停炉清焦频次 | ≤2 次 / 年 |
| | | 焚烧系统年运行小时数 | ≥8200h |

#### 4.4.3.5 试验方法

焚烧炉大气污染物浓度检测时的测定采用表 4-6 所列的方法标准，检测值应符合表 4-5 中“炉膛出口烟气污染物浓度”的要求。

表 4-6　污染物浓度测定方法

| 序号 | 污染物项目 | 方法标准名称 | 标准编号 |
|---|---|---|---|
| 1 | 颗粒物 | 固定污染源排气中颗粒物测定与气态污染物采样方法 | GB/T 16157 |
| 2 | 一氧化碳（CO） | 固定污染源排气中一氧化碳的测定　非色散红外吸收法 | HJ/T 44 |
| 3 | 二噁英 | 环境空气和废气　二噁英类的测定　同位素稀释高分辨气相色谱－高分辨质谱法 | HJ 77.2 |

选用温度范围适合的热电偶，在烟气上升 2s 的位置处测量，测量值应符合表 4-5 中“烟气停留时间”的要求。

利用电表测量炉排炉风机、液压站、刮板机以及其他设备（如有）的总电量，统计 1 天的电量值，计算“吨垃圾耗电量”。

#### 4.4.3.6　计算方法

（1）炉渣热灼减率

炉渣样品从渣坑取样，每日 100% 负荷下取样 9 次，混成 3 个样品。超负荷工况取样 1 次。每日样品测量值取平均，即为日均值；连续一个月日均值取平均，即为月均值。

热灼减率按式（4-1）计算：

$$P=(A_0-A_1)/A_0\times 100\% \tag{4-1}$$

式中：$P$——热灼减率；

$A_0$——焚烧炉渣经 110℃干燥 2h 后冷却至室温的质量，g；

$A_1$——焚烧炉渣经 600℃（±25℃）灼烧 3h 后冷却至室温的质量，g。

（2）颗粒物转化率

颗粒物转化率按式（4-2）计算：

$$\alpha=\frac{D_\mathrm{k}V_\mathrm{d}}{D_\mathrm{k}V_\mathrm{d}+3600\times 10^6 B_\mathrm{a}}\times 100\% \tag{4-2}$$

式中：$\alpha$——颗粒物转化率；

$D_\mathrm{k}$——炉膛出口烟气中颗粒物的质量浓度，mg/m$^3$；

$V_\mathrm{d}$——焚烧炉烟气量，m$^3$/h；

$B_\mathrm{a}$——焚烧炉的炉渣量，kg/s。

（3）焚烧炉热效率

焚烧炉热效率按式（4-3）计算：

$$\eta_t = \left(1 - \frac{Q_1 + Q_2 + Q_3 + Q_4}{Q_1 + Q_2 + Q_3 + Q_4 + Q_5 + Q_6 + Q_N}\right) \times 100\% \quad (4\text{-}3)$$

式中：$\eta_t$——焚烧炉热效率；

$Q_1$——气体未完全燃烧热损失，kW［按式（4-4）计算］；

$Q_2$——固体未完全燃烧热损失，kW［按式（4-5）计算］；

$Q_3$——焚烧炉散热损失，kW［按式（4-6）计算］；

$Q_4$——炉渣物理显热损失，kW［按式（4-7）计算］；

$Q_5$——锅炉灰物理显热损失，kW［按式（4-8）计算］；

$Q_6$——锅炉排烟热损失，kW［按式（4-9）计算］；

$Q_N$——有用输出热量，kW［按式（4-10）计算］。

$$Q_1 = \mathrm{LHV_{CO}} \cdot V_d \cdot D_{CO} / (3600 \times 10^6) + \mathrm{LHV_C} \cdot V_d \cdot D_C / (3600 \times 10^6) \quad (4\text{-}4)$$

式中：$\mathrm{LHV_{CO}}$——烟气中未燃尽CO的低位热值，kJ/kg；

$D_{CO}$——焚烧炉烟气量中CO质量浓度，mg/m$^3$；

$\mathrm{LHV_C}$——烟气中未燃尽炭颗粒的低位热值，kJ/kg；

$D_C$——烟气量中未燃尽炭颗粒的质量浓度，mg/m$^3$；

$V_d$——焚烧炉烟气量，m$^3$/h。

$$Q_2 = B_a \cdot P_a \cdot \mathrm{LHV_C} + B_f \cdot P_f \cdot \mathrm{LHV_f} \quad (4\text{-}5)$$

式中：$B_a$——焚烧炉的炉渣量，kg/s；

$P_a$——炉渣的热灼减率，%；

$\mathrm{LHV_C}$——炉渣中未燃尽物质热值，kJ/kg；

$B_f$——焚烧炉的飞灰量，kg/s；

$P_f$——飞灰的热灼减率，%；

$\mathrm{LHV_f}$——飞灰中未燃尽物质热值，kJ/kg。

$$Q_3 = \sum_{i=1}^{n} \left\{ S_i \times \left[ h \times (T_b - T_0) + C \times \sigma \times (T_b^4 - T_0^4) \right] \right\} \quad (4\text{-}6)$$

式中：$S_i$——焚烧炉本体某一外表面面积，m$^2$；

$n$——焚烧炉本体外表面面积数量之和；

$h$——锅炉房内对流换热系数，kW/（m$^2$·K）；

$T_b$——焚烧炉表面温度，K；

$T_0$——锅炉房内环境温度，K；

$C$——黑体辐射常数，kW/（m$^2$·K$^4$）；

$\sigma$——焚烧炉外表面发射率，K$^3$。

$$Q_4=c_{pa}\cdot B_a\cdot(T_a-T_0) \quad (4-7)$$

式中：$c_{pa}$——焚烧炉炉渣的比热容，kJ/（kg·K）；

$B_a$——焚烧炉的炉渣量，kg/s；

$T_a$——焚烧炉炉排尾部的排渣温度，K；

$T_0$——环境温度，K。

$$Q_5=c_{pf}\cdot B_f\cdot(T_f-T_0) \quad (4-8)$$

式中：$c_{pf}$——锅炉灰平均比热容，kJ/（kg·K）；

$B_f$——锅炉灰量，kg/s；

$T_f$——锅炉灰温度，K；

$T_0$——环境温度，K。

$$Q_6=m_G\cdot c_{pG}\cdot(T_G-T_0) \quad (4-9)$$

式中：$m_G$——湿烟气流量，kg/s；

$c_{pG}$——湿烟气比定压热容，kJ/（kg·K）；

$T_G$——排烟温度，℃。

$$Q_N=m_{Dg}\cdot(h_{Dg}-h_{sp})+m_{Db}\cdot(h_{Db}-h_{sp})+m_{Ab}\cdot(h_{Ab}-h_{sp}) \quad (4-10)$$

式中：$m_{Dg}$——过热蒸汽质量流量，kg/s；

$m_{Db}$——汽包抽汽质量流量（如有），kg/s；

$m_{Ab}$——排污水质量流量，kg/s；

$h_{Dg}$——过热蒸汽焓，kJ/kg；

$h_{Db}$——汽包抽汽焓，kJ/kg；

$h_{sp}$——给水焓，kJ/kg；

$h_{Ab}$——排污水焓，kJ/kg。

（4）炉排机械负荷

炉排机械负荷按式（4-11）计算：

$$m_{炉排}=B/S_{炉排} \quad (4-11)$$

式中：$m_{炉排}$——炉排机械负荷，kg/（m$^2$·h）；

$B$——处理量，kg/h；

$S_{炉排}$——炉排面积，m$^2$。

（5）烟气停留 2s 的高度

烟气停留 2s 的高度按式（4-12）计算：

$$H = V_1 \times \left(\frac{T_1 + T_2}{2} + 273℃\right) \div 273℃ \div 3600 \div S_1 \times 2s \quad (4\text{-}12)$$

式中：$H$——烟气停留 2s 的高度，m；

$V_1$——第一烟道内的平均流量，$m^3/h$；

$T_1$——焚烧炉出口温度，℃；

$T_2$——第一烟道出口温度，℃；

$S_1$——第一烟道横截面积，$m^2$。

（6）炉排片年更换率

炉排片年更换率按式（4-13）计算：

$$R = \frac{S_c}{S_t} \times 100\% \quad (4\text{-}13)$$

式中：$R$——炉排片年更换率；

$S_c$——一年内更换的炉排片面积，$m^2$；

$S_t$——炉排片总面积，$m^2$。

（7）吨垃圾耗电量

吨垃圾耗电量按式（4-14）计算：

$$W = \frac{W_{f1} + W_{f2} + W_{fc} + W_h + W_c + W_0}{t} \quad (4\text{-}14)$$

式中：$W$——吨垃圾耗电量，kWh/t；

$W_{f1}$——一次风机耗电量，kWh/d；

$W_{f2}$——二次风机耗电量，kWh/d；

$W_{fc}$——冷却风机耗电量，kWh/d；

$W_h$——液压站耗电量，kWh/d；

$W_c$——炉排落灰输送机耗电量，kWh/d；

$W_0$——其他设备电耗，如烟气再循环风机，kWh/d；

$t$——处理量，t/d。

#### 4.4.3.7 评价方法

符合要求的垃圾焚烧炉排炉，评价为高效能炉排炉。

高效能炉排炉评价技术要求的重点是采用一些定量指标对其进行评价，主要分为环保指标、技术性指标、节能指标、安全可靠性指标四个方面。

（1）环保指标

本文件环保指标主要选取炉膛出口烟气污染物浓度以及炉膛内高温烟气停留时间。炉膛出口烟气污染物浓度包括CO和二噁英浓度，其他污染物$NO_x$、HCl、$SO_2$等和垃圾成分关系很大，不完全取决于焚烧炉燃烧效率。CO指标主要决定焚烧过程中的化学不完全燃烧热损失，影响焚烧炉效率，GB 18485—2014中CO日均值限值为80mg/m$^3$，欧盟排放标准（DIRECTIVE 2010）CO日均值限值为50mg/m$^3$，为评价高效能焚烧炉排炉，日均值采用目前最高标准50mg/m$^3$。二噁英主要是现代人类工业化活动中的产物，不完全燃烧条件下的垃圾焚烧过程会产生二噁英，二噁英是致癌物质之一。GB 18485—2014和欧盟排放标准（DIRECTIVE 2010）二噁英类限值均为0.1ng/m$^3$，对焚烧炉出口无要求。经部分项目测试，焚烧炉炉膛出口二噁英浓度在可达到1ng/m$^3$，故环保指标炉膛出口二噁英浓度限值定为1ng/m$^3$。在良好组织的燃烧工况条件下，保持炉内燃烧温度达到850℃以上，停留时间大于2s时，烟气中的二噁英分解率超过99%。为了有效减少二噁英在炉内的形成，目前国内垃圾焚烧发电厂要求炉膛内高温烟气停留时间≥850℃且≥2s。颗粒物转化率可以评价焚烧过程中垃圾灰分转化到气相中颗粒物的比例，可以反映焚烧炉效率，经部分项目统计，颗粒物转化率可以达到小于20%水平，环保指标颗粒物转化率限值定为20%。

（2）技术性能指标

技术性能指标主要用来分析垃圾焚烧炉排炉的先进高效性。依据GB/T 18750，统筹考虑指标选取的科学性与实用性，选取了炉渣热酌减率、焚烧炉热效率、机械负荷范围、机械负荷超负荷时间等参数作为技术性能指标。

GB 18485—2014中规定：焚烧炉渣热灼减率≤5%。生活垃圾焚烧炉炉渣的热灼减率不应大于5%，额定处理量不小于200t/d的生活垃圾焚烧炉炉渣的热酌减率不应大于3%。为评价高效能焚烧炉排炉，日均值采用目前最优标准3%，月均值进一步限制为2.5%。热灼减率计算方法依据GB 18485执行。GB/T 18750规定生活垃圾焚烧炉及余热锅炉的热效率不应低于75%，经部分项目测试，焚烧炉及余热锅炉效率一般为75%～80%，单独统计焚烧炉部分，焚烧炉效率较高水平可达到97%，技术性能指标焚烧炉效率规定为≥97%，焚烧炉效率计算公式采用热平衡法；GB/T 18750规定活垃圾焚烧处理量允许在额定焚烧处理量的70%～110%范围内波动，经部分项目统计，焚烧炉处理量可达到额定焚烧处理量的120%以上，为评价高效能焚烧炉排炉，技术性能指标机械负荷范围限定为70%～120%，机械负荷超负荷时间规定处理量为100%～110%时，可长期超负荷，处理量为110%～120%时，每天超负荷时间不少于2h。

（3）节能指标

垃圾焚烧炉排炉在运行中的成本是评价炉排炉是否高效的一个重要指标，吨垃圾耗电量的多少与运行成本息息相关。吨垃圾量耗电量越低，表示垃圾焚烧炉排炉越节能高效。焚烧炉系统主要耗电设备有一次风机、二次风机及冷却风机、液压站、炉排落灰输送机等，经部分项目统计计算，焚烧炉吨垃圾耗电量的较高水平可达到15kWh/t，后期会进一步进行调研。

（4）安全可靠性指标

垃圾焚烧炉排炉在运行过程中的各部件使用寿命标志着炉排炉是否安全可靠。综合目前国内外垃圾焚烧炉排炉的运行情况进行分析，可以选取炉排片年更换率、炉膛修炉清焦频次、焚烧系统年运行小时数作为垃圾焚烧炉排炉的安全可靠性指标。经部分项目跟踪统计，同时参考一些焚烧炉系统关键设备标准，获得了具有代表性和有科学依据的安全可靠性定量评价要求。炉排片年更换率≤3%，炉膛清焦频次≤2次/年，焚烧系统年运行小时数≥8000h。

### 4.4.4 标准效益分析

本文件重点关注垃圾焚烧炉排炉的运行效率评价，提炼出高效能炉排炉评价指标体系，推动建立垃圾焚烧炉排炉在低能耗、低成本的条件下，实现最高效率处理效果的过程监控和管理模式，为向垃圾焚烧行业推广垃圾焚烧炉排炉运行效率评价提供示范。

本文件中对高效能垃圾焚烧炉的环保指标作出了定量评价要求，高效能垃圾焚烧炉出口的烟气污染物浓度低于GB 18485。本文件的实施，可促进高效能垃圾焚烧炉排炉的增长，可大大降低炉排炉出口烟气中的污染物浓度，产生显著的环境效益。

本文件作为对垃圾焚烧炉排炉评价的一个规范性文件，可用来指导垃圾焚烧炉排炉生产工作的高效实施与推进，可实现生活垃圾处理设施高效化、规范化，处理技术先进的目标。

本文件实施后，将为我国高效能垃圾焚烧炉排炉的评定提供科学依据，能提高高效能炉排炉的生产率。高效能炉排炉具备更高的焚烧率效率、较低的厂用电率，可减少运行成本，提高电厂上网电量。高效能垃圾焚烧炉排炉的增长，会产生显著的经济效益。

# 5 典型行业固废处理处置环保系统设施运行效果评价技术标准研究

## 5.1 《固废处理装备运行效果评价技术要求　循环流化床》标准研究

### 5.1.1 标准核心内容

《固废处理装备运行效果评价技术要求　循环流化床》（以下简称“本文件”）的核心内容包括以下方面。

#### 5.1.1.1 范围

本文件规定了固废处理装备——循环流化床运行效果评价的总则、评价要求、试验方法、评价方法、评价报告。

本文件适用于以固废处理为目的的循环流化床运行效果评价。

#### 5.1.1.2 规范性引用文件

本文件引用的相关规范和标准，直接引用了其中的内容。相关文件所包含的条文，通过在本文件中引用而构成本文件的条文，与本文件同效。引用的相关文件，当其被修订时，应使用其最新版本。

#### 5.1.1.3 术语和定义

本部分给出了为执行本文件需要界定的术语及其定义，主要包括固体废物、固废处理、循环流化床、额定生活垃圾处理量、炉渣热灼减率、低位热值、炉膛热负荷、年运行小时数、锅炉出口烟气污染物浓度等。GB/T 2900.48《电工名词术语　锅炉》、GB/T 34552《可移动式通用 LED 灯具性能要求》、GB/T 34911《工业固体废物综合利用术语》界定的术语和定义适用于本文件。

#### 5.1.1.4 总则

循环流化床运行效果评价除应执行本文件之外，尚应符合国家现行有关法律、法规、标准的规定，以达到国家标准、行业标准以及地方标准的要求为前提，科学、客观、公正、公平地评价循环流化床的运行效果。

本部分确定了循环流化床运行效果的评价原则。即通过指标评价并打分形式进行，总分设置为100分。按照重要性和涉及范围，设计循环流化床的指标。根据关联性设计不同权重，具体包括：技术性能指标计40分、环保性能指标计20分、安全可靠性指标20分，运行管理指标计10分、设备状况指标计10分。

#### 5.1.1.5 评价要求

本部分对指标的选择和分级做出要求，保证科学性。具体包括一般性要求和具体评价要求。

（1）一般性要求

一般性要求主要是保证循环流化床稳定运行的前提条件，包括：①运行时间和燃料的要求：循环流化床运行效果的评价应在连续运行168h移交生产至少6个月后进行，且评价期间，循环流化床燃用设计燃料或尽量接近设计燃料。②负荷要求：应进行不少于7天负荷适应性试验，宜分两次进行，两次间隔时间不少于30天。负荷适应性至少包括满负荷、75%负荷的试验。③指标的检测流程要求：现场检测应符合GB/T 16157《固定污染源排气中颗粒物测定与气态污染物采样方法》、GB/T 10180《工业锅炉热工性能试验规程》、GB/T 10184《电站锅炉性能试验规程》等。④指标的时间要求：应收集装备系统评价之前至少6个月的各类资料和统计数据，运行考核时间不低于6个月。

（2）具体评价要求

具体评价要求即规定详细指标内容并分级，通过表格的方式呈现。以完整性、代表性和科学性为指导原则，一级指标分类为：技术性能指标、环保性能指标、安全可靠性指标、运行管理指标和设备状况指标，二级指标则是一级指标的详细化。

对二级指标进行分级前，需要按照焚烧的固体废物种类，将循环流化床分为生物质循环流化床和生活垃圾循环流化床两类进行分开讨论。原因是焚烧固废种类的不同会影响热值和元素组成，从而导致分级标准的选择不同。二级指标统计运行工况参数，其中技术性能指标、环保性能指标和安全可靠性指标所含指标能够量化，拥有具体数值，因此设计按照数值大小分级，从高到低依次为A、B、C、D四个等级，并根据指标所代表的工况参数在一级指标中的重要程度赋予每个等级不同分数。下面具体介绍。

a）技术性能指标是核心指标之一，反映了循环流化床运行过程中的燃烧水平以及燃烧的经济性，是循环流化床高效运行的关键。其二级指标包括炉渣含碳量、炉渣热灼减率、锅炉出口烟气中氧含量、能效等级、主汽温度的波动范围（70%~100% 负荷）、吨垃圾或吨生物质发电量、焚烧掺煤比（能量比），见表 5-1。这些参数从燃烧和能量转化的角度出发，衡量循环流化床的运行。

表 5-1　技术性能指标及其分级

| 一级指标 | 二级指标 | 评价分级 | 生物质循环流化床 | 生活垃圾循环流化床 |
|---|---|---|---|---|
| 技术性能指标 | 炉渣含碳量 | A 级 | ＜1% | — |
| | | B 级 | 1%～3% | |
| | | C 级 | ＞3% | |
| | 炉渣热灼减率 | A 级 | — | ＜3% |
| | | B 级 | | 3%～5% |
| | | C 级 | | ＞5% |
| | 锅炉出口烟气中氧含量 | A 级 | ≤6% | ≤10% |
| | | B 级 | ＞6% | ＞10% |
| | 能效等级 | A 级 | Ⅰ | Ⅰ |
| | | B 级 | Ⅱ | Ⅱ |
| | | C 级 | Ⅲ | Ⅲ |
| | | D 级 | ＜Ⅲ | ＜Ⅲ |
| | 主汽温度的波动范围（70%～100% 负荷） | A 级 | 5～-10℃ | 5～-10℃ |
| | | B 级 | 超出上述范围 | 超出上述范围 |
| | 吨垃圾或吨生物质发电量 | A 级 | ＞800kWh/t | ＞400kWh/t |
| | | B 级 | ≥650kWh/t 且≤800kWh/t | ≥300kWh/t 且≤400kWh/t |
| | | C 级 | ＜650kWh/t | ＜300kWh/t |
| | 焚烧掺煤比（能量比） | A 级 | — | ＜12% |
| | | B 级 | | 12%～20% |
| | | C 级 | | ＞20% |

炉渣含碳量和炉渣热灼减率分别适用于生物质和生活垃圾焚烧，它们反映了垃圾的焚烧效果。含碳量和灼减率是控制指标，可降低固废的机械未燃烧损失，提高燃烧的热效率，同时减少了残渣量，提高焚烧后的减容量。因此，这两者的值越低

越好，可以通过焚烧炉炉排的调节、垃圾的特性及合理配风来控制。

锅炉出口烟气中氧含量反映了空气在燃烧过程中的氧耗量程度，其代表燃烧用空气的控制水平。氧含量过大，则风量有富余，风机负荷不经济。氧含量过低说明燃烧不充分，将会导致氮氧化物排放过高，环保性能降低，同样不经济。因此，氧含量有个最佳范围，其值的大小与锅炉结构、燃料的种类和性质、锅炉负荷的大小、运行配风工况及设备密封状况等因素均有关。出口烟气氧含量是日常运行监控的重要指标。

能效等级代表了余热回收的水平，和锅炉的热效率直接相关，该值越高说明焚烧的热能损失越小，循环流化床的经济性越好。其值的大小与锅炉本体结构、燃料的种类和性质密切相关。

主汽温度的波动范围（70%～100%负荷）则代表了余热转化为蒸汽时的稳定性，影响余热发电的效率和安全性，是一个非常重要的被控参数。该参数的延迟现象比较严重，同时受多种因素影响，如烟气温度和压力的波动、负荷的变化、主蒸汽压力的变化、燃料量的变化、给水温度和流量的波动及减温水流量的抖动、吹灰器投入、磨煤机的切换等。因此，该参数能直接代表整体运行控制水平。

吨垃圾或吨生物质发电量统计年平均值，是指一吨固废经过循环流化床的焚烧，余热用来发电的发电量。该参数反映了焚烧厂的整体经济性，是循环流化床经济性的重要参考之一。

焚烧掺煤比（能量比）是指焚烧固废过程中固废热值较低，为保证锅炉设计效率与出力而添加一定煤进行混烧时煤的比例。掺煤比是需要控制的参数，反映了循环流化床和固废的匹配程度，是和循环流化床密切相关的整体性参数，受循环流化床结构、各种运行条件的影响。

b）环保性能指标是限定性指标，反映了循环流化床运行过程中污染物的控制，是循环流化床满足环保绿色化的关键。其二级指标包括CO均值、二噁英均值、$NO_x$均值（不投SNCR）、锅炉出口颗粒物浓度、炉膛内高温烟气停留时间，见表5-2。除烟气停留时间外，其他参数为消除波动性的影响，都是取24h均值。

表5-2　环保性能指标及其分级

| 一级指标 | 二级指标 | 评价分级 | 生物质循环流化床 | 生活垃圾循环流化床 |
|---|---|---|---|---|
| 环保性能指标 | 24h CO均值 | A级 | ＜50mg/m$^3$ | ＜50mg/m$^3$ |
| | | B级 | 50～80mg/m$^3$ | 50～80mg/m$^3$ |
| | | C级 | ＞80mg/m$^3$ | ＞80mg/m$^3$ |

表 5-2（续）

| 一级指标 | 二级指标 | 评价分级 | 生物质循环流化床 | 生活垃圾循环流化床 |
|---|---|---|---|---|
| 环保性能指标 | 24h 二噁英均值 | A 级 | — | ＜$3ng/m^3$ |
| | | B 级 | | $3ng$～$6ng/m^3$ |
| | | C 级 | | ＞$6ng/m^3$ |
| | 24h $NO_x$ 均值（不投 SNCR） | A 级 | ＜$100mg/m^3$ | ＜$250mg/m^3$ |
| | | B 级 | ≥$100mg/m^3$ 且≤$200mg/m^3$ | 250～$350mg/m^3$ |
| | | C 级 | ＞$200mg/m^3$ | ＞$350mg/m^3$ |
| | 24h 锅炉出口颗粒物浓度 | A 级 | ＜$15g/m^3$ | ＜$15g/m^3$ |
| | | B 级 | ≥$15g/m^3$ 且≤$25g/m^3$ | $15g$～$25g/m^3$ |
| | | C 级 | ＞$25g/m^3$ | ＞$25g/m^3$ |
| | 炉膛内高温烟气停留时间 | A 级 | — | ≥850℃，≥2s |
| | | B 级 | | 超出上述范围 |
| 注：表中 $m^3$ 指标准状态下，下同。 | | | | |

CO 均值。CO 气体无色无味，且有毒有害，超过限制将产生安全问题。CO 均值反映了炉膛在燃烧过程中的缺氧水平，和出口烟气中氧含量密切关联。因此，也受到锅炉结构、燃料的种类和性质、锅炉负荷的大小、运行配风工况及设备密封状况等因素影响。

二噁英均值。二噁英是一类剧毒物质，尤其容易在焚烧生活垃圾过程中生产。过程主要发生在炉膛内，因此是需要重点限制的参数。该参数具备温度敏感性，受炉膛温度和燃料特性的共同影响。该参数的控制是炉膛良好温控的重要体现。

$NO_x$ 均值（不投 SNCR）。氮氧化物对环境的损害作用极大，它既是形成酸雨的主要物质之一，也是形成大气中光化学烟雾的重要物质和消耗 $O_3$ 的一个重要因子，因此是典型的大气污染物监控项。该参数除了和固废性质有关外，热力型和瞬时型氮氧化物受炉膛燃烧过程影响，尤其是空气氧含量不足情况下大量生产。因此，该参数和 CO 均值、出口烟气中氧含量相互关联，受到锅炉结构、燃料的种类和性质、锅炉负荷的大小、运行配风工况及设备密封状况等因素影响。

锅炉出口颗粒物浓度。颗粒物同样是大气污染物主要的监控项，是雾霾生产的主要原因之一。该参数受炉膛内流场状态影响，和运行配风状况密切相关。该参数的控制是良好炉膛流场的保证。

炉膛内高温烟气停留时间。该参数在焚烧生活垃圾时是控制重点，代表了炉内的工作状态，是以上其他环保指标的整体性反映。

c）安全可靠性指标是核心指标之一，反映了循环流化床运行过程稳定性，是循环流化床长时间运行的关键。其二级指标包括锅炉连续运行小时数、锅炉年运行小时数、耐火材料耐磨或耐腐蚀层减薄速率、锅炉强迫停用率，见表 5-3。

表 5-3　安全可靠性能指标及其分级

| 一级指标 | 二级指标 | 评价分级 | 生物质循环流化床 | 生活垃圾循环流化床 |
| --- | --- | --- | --- | --- |
| 安全可靠性指标 | 锅炉连续运行小时数 | A 级 | ＞3600h | ＞2000h |
| | | B 级 | 1500～3600h | 1500h～2000h |
| | | C 级 | ＜1500h | ＜1500h |
| | 锅炉年运行小时数 | A 级 | ＞8000h | ＞8000h |
| | | B 级 | 7000～8000h | 6500～8000h |
| | | C 级 | ＜7000h | ＜6500h |
| | 耐火材料耐磨、耐腐蚀层减薄速率 | A 级 | ＜0.5cm/a | ＜0.5cm/a |
| | | B 级 | 0.5～1cm/a | 0.5～1cm/a |
| | | C 级 | ＞1cm/a | ＞1cm/a |
| | 锅炉强迫停用率 | A 级 | ＜1% | ＜1% |
| | | B 级 | 1%～2% | 1%～2% |
| | | C 级 | ＞2% | ＞2% |

锅炉连续运行小时数，是指循环流化床两次停运检修期间运行的时间，反映了循环流化床连续运行的能力，时间越长代表循环流化床越稳定，是典型的可靠性指标之一。

锅炉年运行小时数，是指循环流化床一年时间内除停炉检修外的累积运行的时间。该参数侧重反映全年的运行情况，且一定程度上影响经济性。运行时间越长，每年产生的效益也越多。

耐火材料耐磨或耐腐蚀层减薄速率反映了每年炉膛或管道内壁磨损的严重程度，能够显示循环流化床的运行状况是否符合健康。该参数需保持在合理范围内，代表了循环流化床的长期安全性。

锅炉强迫停用率，是指一年内循环流化床因各种原因被迫停用的小时数，占一年运行的总小时比例，该参数反映了设备整体运行情况。

d）运行管理指标和设备状况指标无法量化，而是以规定动作和执行情况的完成程度进行分级。这两个指标反映了运行过程中循环流化床设备整体的损耗情况和维护情况，是重要的保障性指标。

运行管理指标的二级指标包括系统监测和检修及维护见表 5-4。

表 5-4　运行管理指标及其分级

<table>
<tr><th>一级指标</th><th>二级指标</th><th colspan="2">评价内容</th><th colspan="2">评价分级</th></tr>
<tr><td rowspan="2">运行管理</td><td>系统监测</td><td colspan="2">①运行、台账日报和月报记录完整；<br>②运行过程参数和排放数据储存 3 年以上；<br>③检测分析报告齐全；<br>④在线监控系统校验周期不大于 6 个月</td><td colspan="2" rowspan="2">A 级：满足全部选项，5 分；<br>B 级：满足 2～3 个选项，3 分；<br>C 级：满足 1 个及以下的选项，0 分<br>A 级：满足全部选项，5 分；<br>B 级：满足 4～5 个选项，3 分；<br>C 级：满足 3 个及以下的选项，0 分</td></tr>
<tr><td>检修及维护</td><td colspan="2">①检修、维护记录完整；<br>②设备台账完整；<br>③实现两票三制，且记录完整；<br>④采用信息化管理系统；<br>⑤每年有安全演习，制定有检修计划和应急预案；<br>⑥运行人员持证上岗</td></tr>
<tr><td colspan="2">总分</td><td>10 分</td><td>得分</td><td></td><td>得分率</td></tr>
</table>

设备状况指标的二级指标根据循环流化床的组成单元进行分类，包括锅炉本体、给料及烟风系统、锅炉灰渣冷却及输送系统、锅炉耐火防腐层、飞灰再循环和补料系统，见表 5-5。

表 5-5　设备状况指标及其分级

<table>
<tr><th>一级指标</th><th>二级指标</th><th colspan="2">评价内容</th><th colspan="2">评价分级</th></tr>
<tr><td rowspan="5">设备状况</td><td>锅炉本体</td><td colspan="2">①水冷壁和屏式受热面无裂缝、无异常或严重磨损、无异常形变；<br>②物料循环系统无堵塞；<br>③启动和点火装置无碳化、无变形、无堵塞</td><td colspan="2">A 级：满足全部选项，2 分；<br>B 级：未满足全部选项，0 分</td></tr>
<tr><td>给料及烟风系统</td><td colspan="2">①给料系统无异常磨损、无堵塞；<br>②烟风系统无异音、无堵塞</td><td colspan="2">A 级：满足全部选项，2 分；<br>B 级：未满足全部选项，0 分</td></tr>
<tr><td>锅炉灰渣冷却及输送系统</td><td colspan="2">系统无裂纹、无异常磨损、无变形、无漏灰</td><td colspan="2">A 级：满足全部选项，2 分；<br>B 级：未满足全部选项，0 分</td></tr>
<tr><td>锅炉耐火防腐层</td><td colspan="2">耐火耐磨、保温浇注料无异常减薄</td><td colspan="2">A 级：满足全部选项，2 分；<br>B 级：未满足全部选项，0 分</td></tr>
<tr><td>飞灰再循环和补料系统</td><td colspan="2">①喷射输送装置无堵塞、无异常磨损、无泄漏；<br>②补料装置无形变、连接牢固、无裂纹</td><td colspan="2">A 级：满足全部选项，2 分；<br>B 级：未满足全部选项，0 分</td></tr>
<tr><td>总分</td><td>10 分</td><td>得分</td><td></td><td>得分率</td><td></td></tr>
</table>

#### 5.1.1.6　试验方法

（1）大气污染浓度检测

焚烧炉大气污染物浓度检测时的测定采用表 5-6 所列的方法标准。

表 5-6　污染物浓度测定方法

| 序号 | 污染物项目 | 方法标准名称 | 标准编号 |
|---|---|---|---|
| 1 | 二噁英 | 环境空气和废气　二噁英类的测定　同位素稀释高分辨气相色谱－高分辨质谱法 | HJ 77.2 |
| 2 | 飞灰 | 固定污染源排气中颗粒物测定与气态污染物采样方法 | GB/T 16157 |
| 3 | 一氧化碳（CO） | 固定污染源排气中一氧化碳的测定　非色散红外吸收法 | HJ/T 44 |
| 4 | 氮氧化物（$NO_x$） | 固定污染源废气　氮氧化物的测定　定电位电解法 | HJ 693 |
| 5 | 炉渣热灼减率 | 工业固体废物采样制样技术规范 | HJ/T 20 |
| 6 | 烟气中氧含量 | 固定污染源排气中颗粒物测定与气态污染物采样方法标准 | GB/T 16157 |

炉渣样品从渣坑取样，每日 100% 负荷下取样 9 次，混成 3 个样品。超负荷工况取样 1 次。每日样品测量值取平均，即为日均值；连续一个月日均值取平均，即为月均值。

（2）炉渣热灼减率

炉渣热灼减率按式（5-1）计算：

$$P=(A-B)/A\times 100\% \quad (5-1)$$

式中：$P$——炉渣热灼减率；

$A$——焚烧炉渣经 110℃干燥 2h 后冷却至室温的质量，g；

$B$——焚烧炉渣经 600℃（±25℃）灼烧 3h 后冷却至室温的质量，g。

（3）烟气停留时间

烟气停留时间主要取决于炉膛主温控区的高度、断面尺寸及焚烧规模（烟气流量）。可以根据焚烧炉设计图纸中显示的炉膛主控温度区尺寸和最大设计烟气量按式（5-2）估算烟气在炉膛主控温度区内的停留时间：

$$S=H/(Q/A) \quad (5-2)$$

式中：$S$——烟气在炉膛主控温度区内的停留时间，s；

$H$——炉膛主控温度区的高度，即最上（后）二次空气喷入口所在炉膛主控温度区温度监测断面至炉膛主控温度区顶部温度监测断面的高度，m；

$Q$——换算成炉膛主温控区平均温度下的设计最大烟气流量，$m^3/s$；

$A$——炉膛截面积，$m^2$。

（4）主汽的额定负荷范围

在确保达到主蒸汽温度的情况下，检测主汽的额定负荷范围在70%～100%。

（5）能效等级

能效等级依据燃料品种、锅炉容量和锅炉热效率来确定，具体见表5-7。

表5-7 能效等级

| 燃料品种 | 燃料收到基低位发热量 | 锅炉容量 $D$/（t/h）或 $Q$/MW | | 能效等级 |
|---|---|---|---|---|
| | | $6 \leqslant D \leqslant 20$（或 $4.2 \leqslant Q \leqslant 14$） | $D>20$（$Q>14$） | |
| | | 锅炉热效率/% | | |
| 生物质 | ≥9.2MJ/kg | ＞87% | ＞88% | Ⅰ |
| | | 85%～87% | 86%～88% | Ⅱ |
| | | 82%～85% | 83%～86% | Ⅲ |
| 生活垃圾 | ≥5MJ/kg | ＞79% | ＞80% | Ⅰ |
| | | 76%～79% | 78%～80% | Ⅱ |
| | | 74%～76% | 75%～78% | Ⅲ |

（6）炉热效率

采用热损失法计算焚烧炉热效率，按式（5-3）计算：

$$\eta_t=100\%-(q_1+q_2+q_3+q_4+q_5) \tag{5-3}$$

式中：$\eta_t$——焚烧炉热效率，%；

$q_1$——气体未完全燃烧热损失，%［按式（5-4）计算］；

$q_2$——固体未完全燃烧热损失，%［按式（5-5）计算］；

$q_3$——焚烧炉散热损失，%［按式（5-6）计算］；

$q_4$——灰、渣物理显热损失，%［按式（5-7）计算］；

$q_5$——其他热损失，%。

$$q_1=\frac{\mathrm{LHV_{CO}}\times V_d\times\frac{D_{CO}}{10^6}+\mathrm{LHV_C}\times V_d\times\frac{D_C}{10^6}}{Q_d\times B} \tag{5-4}$$

式中：$LHV_{CO}$——烟气中未燃尽 CO 的低位热值，kJ/kg；

$D_{CO}$——焚烧炉烟气量中 CO 的质量浓度，mg/m$^3$；

$LHV_C$——烟气中未燃尽炭颗粒的低位热值，kJ/kg；

$D_C$——烟气量中未燃尽炭颗粒的质量浓度，mg/m$^3$；

$V_d$——焚烧炉烟气量，m$^3$/h；

$Q_d$——燃料低位热值，kJ/kg；

$B$——燃料焚烧量，kg/h。

$$q_2 = \frac{B_a \times P_a \times LHV_C + B_f \times P_f \times LHV_f}{Q_d \times B} \tag{5-5}$$

式中：$B_a$——焚烧炉的炉渣量，kg/h；

$P_a$——炉渣的热灼减率，%；

$LHV_C$——炉渣中未燃尽物质热值，kJ/kg；

$B_f$——焚烧炉的飞灰量，kg/h；

$P_f$——飞灰的热灼减率，%；

$LHV_f$——飞灰中未燃尽物质热值，kJ/kg；

$Q_d$——燃料低位热值，kJ/kg；

$B$——燃料焚烧量，kg/h。

$$q_3 = \frac{\sum_{i=1}^{n}\left\{S_i \times \left[h \times (T_b - T_0) + C \times \sigma \times (T_b^4 - T_0^4)\right]\right\}}{Q_d \times \dfrac{B}{\dfrac{3600}{1000}}} \tag{5-6}$$

式中：$S_i$——焚烧炉本体某一外表面面积，m$^2$；

$n$——焚烧炉本体外表面面积数量之和；

$h$——锅炉房内对流换热系数，W/（m$^2$·K）；

$T_b$——焚烧炉表面温度，K；

$T_0$——锅炉房内环境温度，K；

$C$——黑体辐射常数，W/（m$^2$·K$^4$）；

$\sigma$——焚烧炉外表面发射率；

$Q_d$——燃料低位热值，kJ/kg；

$B$——燃料焚烧量，kg/h。

$$q_4 = \frac{c_{pa} \times B_a \times (T_a - T_0)}{Q_d \times B} \tag{5-7}$$

式中：$c_{pa}$——焚烧炉炉渣的比热容，kJ/（kg·K）；

$B_a$——焚烧炉的炉渣量，kg/h；

$T_a$——焚烧炉尾部的排渣温度，K；

$T_0$——环境温度，K；

$Q_d$——燃料低位热值，kJ/kg；

$B$——燃料焚烧量，kg/h。

（7）吨垃圾或吨生物质发电量

根据月度或年度发电量与垃圾或生物质焚烧量的比值按式（5-8）计算吨垃圾或吨生物质发电量：

$$w = \frac{w_0}{M_0} \tag{5-8}$$

式中：$w$——吨垃圾或吨生物质发电量，kWh/t；

$w_0$——发电量，kWh；

$M_0$——焚烧量，t。

（8）耐火材料耐磨或耐腐蚀层减薄速率

在焚烧炉投运之前，焚烧炉内耐火材料表面一个或多个基点处沿耐火材料厚度方向延伸至炉壳体内表面的距离，为耐火材料原始厚度；当焚烧炉运行若干时间后，再于原来位置的一个或多个基点，通过直接或者间接方法测量的耐火材料实际厚度，前后之差即为耐火材料耐磨、耐腐蚀层减薄的厚度。耐火材料耐磨、耐腐蚀层减薄速率按式（5-9）计算：

$$K = \frac{H}{T} \tag{5-9}$$

式中：$K$——耐火材料耐磨、耐腐蚀层减薄速率，cm/a；

$H$——耐火材料耐磨、耐腐蚀层减薄的厚度，cm；

$T$——耐火材料耐磨、耐腐蚀层使用的时间，a。

（9）强迫停用率

一年内因锅炉本体质量问题引起的强迫停用率小于2%。强迫停用率按式（5-10）计算：

$$q = \frac{t_1}{t_0} \times 100\% \tag{5-10}$$

式中：$q$——锅炉产品强迫停用率；

$t_1$——锅炉产品强迫停用小时数，h；

$t_0$——锅炉产品运行小时数，h。

#### 5.1.1.7　评价方法

（1）评价统计

单项考核为一级单项指标的评价考核，按式（5-11）计算：

$$P_i = \frac{X_i}{X_{i0}} \times 100\% \tag{5-11}$$

式中：$P_i$——单项相对得分率；

$X_i$——单项实际得分；

$X_{i0}$——单项标准分。

综合考核按式（5-12）计算：

$$P = \frac{\lambda \sum X_i}{X_0} \times 100\% \tag{5-12}$$

式中：$P$——综合相对得分率；

$\lambda$——时间折算因子，见表 5-8；

$X_0$——总标准分（100 分）。

表 5-8　运行考核时间折算因子

| 序号 | 日常统计数据连续考核时间 | 时间折算因子 $\lambda$ |
|---|---|---|
| 1 | 装备运行考核时间≥6 个月 | 1 |
| 2 | 装备运行考核时间≥8 个月 | 1.01 |
| 3 | 装备运行考核时间≥10 个月 | 1.02 |
| 4 | 装备运行考核时间≥12 个月 | 1.03 |
| 5 | 装备运行考核时间≥18 个月 | 1.04 |
| 6 | 装备运行考核时间≥24 个月 | 1.05 |

（2）综合评价结果

运行效果综合评价结果分为“优秀”“良好”“一般”，共计三档。综合评价结果见表 5-9。

表 5-9　综合评价结果

| 评价结果 | 综合相对得分率 | 单项相对得分率 |
|---|---|---|
| 优秀 | $P$≥90% | ≥70% |
| 良好 | 75%≤$P$<90% | ≥60% |
| 一般 | 60%≤$P$<75% | — |

当单项相对得分率不能满足表 5-9 的等级设定要求时，综合考核评价应作降一级处理。

#### 5.1.1.8　评价报告

固废处理装备——循环流化床评价报告应至少包括：

a）循环流化床环境保护工作概况；

b）循环流化床的系统流程和主要性能参数；

c）性能指标所执行的标准；

d）运行效果评价试验；

e）技术性能指标；

f）环保性能指标；

g）安全可靠性指标；

h）运行管理指标；

i）设备状况指标；

j）存在问题及整改建议；

k）综合评价结论；

l）附录（含重要运行数据、检测数据、批复文件、评分表等）。

#### 5.1.1.9　附录

附录内容略。

### 5.1.2　标准内容解读及编制依据

#### 5.1.2.1　范围

本文件适用于应用了循环流化床锅炉处理固废的企业。本文件的实施应该以政府为主导，以监管部门为执行主体，对辖区内各企业的处理固废用循环流化床锅炉的运行效果进行评价。

#### 5.1.2.2 规范性引用文件

本文件的规范性引用文件的选择以和固废处理、工业锅炉评价和技术指标规范等密切相关的技术文件为主。

#### 5.1.2.3 术语和定义

本部分给出了为执行本文件制定的专门的术语和对容易产生歧义的术语的定义和解释。GB/T 2900.48、GB/T 34552、GB/T 34911 界定术语和定义适用于本文件。

#### 5.1.2.4 总则

固废处理装备循环流化床运行效果评价除应执行本文件之外，尚应符合国家现行有关法律、法规、标准的规定，以达到国家标准、行业（专业）以及地方标准的要求为前提，科学、客观、公正、公平地评价固废处理装备循环流化床的运行效果。

本部分确定了固废处理装备循环流化床运行效果的评价原则。即通过指标评价并打分形式进行，总分设置为 100 分。按照重要性和涉及范围，设计循环流化床的指标。根据关联性设计不同权重，具体包括：技术性能指标计 40 分、环保性能指标计 20 分、安全可靠性指标 20 分，运行管理指标计 10 分、设备状况指标计 10 分。

#### 5.1.2.5 评价要求

本部分对指标的选择和分级做出要求，保证科学性。具体包括一般性要求和具体评价要求。

首先规定了一般性要求，主要是保证循环流化床稳定运行的前提条件。其次是具体评价要求，即规定详细指标内容并分级，通过表格的方式呈现。一级指标包括技术性能指标、环保性能指标、安全可靠性指标、运行管理指标和设备状况指标。二级指标则是一级指标的详细化。

技术性能指标、环保性能指标和安全可靠性指标所含指标能够量化，拥有具体数值，因此设计按照数值大小分级，从高到低依次为 A、B、C、D 四个等级，并根据指标所代表的工况参数在一级指标中的重要程度赋予每个等级不同分数。技术性能指标的二级指标包括炉渣含碳量、炉渣热灼减率、锅炉出口烟气中氧含量、能效等级、主汽温度的波动范围（70%～100% 负荷）、吨垃圾或吨生物质发电量、焚烧掺煤比（能量比），环保性能指标的二级指标包括 CO 均值、二噁英均值、$NO_x$ 均值

（不投 SNCR）、锅炉出口颗粒物浓度、炉膛内高温烟气停留时间（除烟气停留时间外，其他参数为消除波动性的影响，都是取 24h 均值），安全可靠性指标的二级指标包括锅炉连续运行小时数、锅炉年运行小时数、耐火材料耐磨或耐腐蚀层减薄速率、锅炉强迫停用率。

运行管理指标和设备状况指标无法量化，而是以规定动作和执行情况的完成程度进行分级。运行管理指标的二级指标包括系统监测和检修及维护，设备状况的二级指标包括锅炉本体、给料及烟风系统、锅炉灰渣冷却及输送系统、锅炉耐火防腐层、飞灰再循环和补料系统。

#### 5.1.2.6　试验方法

本部分规定了部分二级指标数值的测试方法，具体包括大气污染物浓度检测、炉渣热灼减率、烟气停留时间、主汽的额定负荷范围、能效等级、炉热效率、吨垃圾或吨生物质发电量、耐火材料耐磨或耐腐蚀层减薄速率、强迫停用率等。

对已有相关检测方法标准的指标，直接引用相应方法标准进行测试，其他指标的测试按所述方法进行测试或计算。

#### 5.1.2.7　评价方法

本部分规定了以二级指标分级为基础的评分方法，包括单项指标的考核和综合后的整体评分。还规定了评分结果与最终评价结果的对应关系，评价结果“优秀”“良好”“一般”，共计三档。需要注意的是，评分考虑了设备运行的时间维度。根据运行时间长短，有不同的折算因子。

#### 5.1.2.8　评价报告

本部分规定了固废处理装备——循环流化床的评价报告内容。

#### 5.1.2.9　附录

附录 A 给出了固废处理装备——循环流化床运行效果评价总表，列出了所有一级评价指标及相应分值。给出了二级评价指标的指引。

附录 B 给出了循环流化床基本信息，包括循环流化床编号、固废处理量、燃料种类、燃料热值、锅炉蒸汽温度、锅炉蒸汽压力、锅炉蒸汽量、炉膛主控温度区尺寸（包括高度和断面）、炉膛主控温度区温度、年垃圾或年生物质处理量、平均每吨垃圾或生物质烟气产生量、锅炉出口污染物浓度、锅炉出口氧气浓度、炉渣热灼减率、年累计正常运行时间、年累计被迫停运时间、年启停炉次数、炉渣量、炉渣中未燃尽物质热值、飞灰的热灼减率、飞灰中未燃尽物质热值、焚烧炉本体外表面积、锅炉房环境温度、炉墙外侧温度、炉渣的比热、焚烧炉尾部的排渣温度、环境温度、耐火材料耐磨或耐腐蚀层减薄的厚度、耐火材料耐磨或耐腐蚀层使用的时间、投入运行时间等内容。同时列明了设计和实际的差距，并备注相关说明。

附录 C、附录 D 和附录 E 分别列出了技术性能指标、环保性能指标、安全可靠性指标的详细内容、分级和分数权重。

附录 F 和附录 G 是分别列出了运行管理和设备状况指标的详细评价方法、分级方法和分数权重。

### 5.1.3 标准效益分析

本文件的技术内容以现有国家节能环保法律法规为基础进行编制，与节能环保政策、规划、制度所述的战略目标保持一致。

与本文件协调配套的相关技术文件：① GB/T 34552—2017《生活垃圾流化床焚烧锅炉》，属于产品标准，规定了生活垃圾流化床焚烧锅炉的基本技术要求，为本文件中的指标分级提供了重要参考；② GB/T 32326—2015《工业固体废物综合利用技术评价导则》，该标准综合性强，未具化到循环流化床锅炉，但为本文件中指标的确定和分类提供了重要参考；③ HJ 2035—2013《固体废物处理处置工程技术导则》，该标准提出了固体废物处理处置工程设计、施工、验收和运行维护的通用技术要求，为本文件中的指标分级提供了重要参考。已有相关技术文件与本文件各有侧重，互为补充，协调配套性良好。

本文件的制定，将对提升我国垃圾焚烧及资源化整体技术水平、规范我国固废处理处置市场秩序、促进产业健康发展有着重要的意义，并将产生积极的社会经济效果。

## 5.2 《回转窑回收次氧化锌装备运行效果评价技术要求》标准研究

### 5.2.1 运行效果评价指标体系构建

回转窑是以含锌固废为原料回收次氧化锌的典型且普遍的火法装备之一，基本原理是利用锌沸点较低（907℃）、高温易挥发的性质，通过还原使粉尘中的锌挥发再富集回收。

回转窑回收次氧化锌成套装备包括进料系统、回转窑系统、烟气净化系统、出料系统、循环水冷却系统、电气控制系统等。

（1）一级指标体系构建

《回转窑回收次氧化锌装备运行效果评价技术要求》（以下简称“本文件”）的指标体系采用二级结构，一级指标采用 GB/T 34340—2017《燃煤烟气脱销装备运行效果评价技术要求》、GB/T 34605—2017《燃煤烟气脱硫装备运行效果评价技术要求》、GB/T 34607—2017《钢铁烧结烟气脱硫除尘装备运行效果评价技术要求》中共性一级指标，分别为环保性能、资源能源消耗、技术经济性能、运行管理（生产管理指标）、设备状况（主要装备性能指标）等指标，上述指标同时切合前期调研所划定的回转窑装备运行系统边界。根据回转窑装备特点，确定了本文件的 5 个一级指标，分别为设施设备利用率指标（同 GB/T 34340、GB/T 34605、GB/T 34607 中设备状况或主要装备性能指标）、环境效益指标（同 GB/T 34340、GB/T 34605、GB/T 34607 中环保性能）、资源能源消耗指标、技术经济性能指标、运行管理指标（同 GB/T 34340、GB/T 34605、GB/T 34607 中运行管理或生产管理指标）。

（2）二级指标体系构建

二级指标及其权重分布确定依据：所选取的指标均为相应一级指标的主要影响因素，兼顾标准实施的可操作性和可行性，以定量指标为主，定性指标为辅。参照相关政策文件，吸收采纳了已颁布的相关标准的研究成果，并结合回转窑回收次氧化锌装备生产及运行企业的特点，根据调研情况筛选了企业实际生产过程中采用率较高、数据便于统计且具有代表性的二级指标。

a）设施设备利用率指标

设施设备利用率指标是反映回转窑装备运行过程中的设备、主要构筑物利用率的评价指标。二级指标为年运行率、年均处置负荷率。

类比 GB/T 34340、GB/T 34605、GB/T 34607 中设备状况或主要装备性能指标，本文件采用上述文件中系统投运率（本文件中定义为年运行率），以评价回转窑装备运行的效能。

类比 GB/T 34605 中负荷适应性指标，设置年均处置负荷率指标，以评价装备的运行负荷。

对于 GB/T 34340、GB/T 34605、GB/T 34607 中涉及的其他指标，如系统阻力、各类系统等，本文件根据实际调研结果未增加，这是因为回转窑自身尺寸的差异会导致设计参数有较大差异，而对于同一条窑大量运行参数接近设计值而在运行过程中变异较小，在一个评价期内几乎不会发生可观测的变动。因此，对于不同的窑体之间，由于设计参数差异较大，此类指标的变动范围较大，无法科学合理地进行设计参数范围划定，并且对于同一条回转窑，设计参数的差异不会对运行效果造成可观的影响。

b）环境效益指标

环境效益指标是回转窑装备运行过程中的环境影响（包括废气、固废、噪声等）的评价指标。二级指标为年均废气排放达标率、年均噪声达标率。

在 GB/T 34340、GB/T 34605、GB/T 34607 中均对装备涉及的污染物排放限值进行了准确的定义。然而，经过大量的实地调研发现，采用回转窑回收次氧化锌的企业涉及电锌冶炼企业、钢铁企业以及危险废物处理处置企业，由于涉及的企业不同，原料类型不同，导致各地采用不同的污染排放标准对回转窑回收次氧化锌的污染排放限值进行要求，例如 GB 9078《工业窑炉大气污染物排放标准》、GB 25466《铅、锌工业污染物排放标准》、GB 31574《再生铜、铝、铅、锌工业污染物排放标准》、GB 31573《无机化学工业污染物排放标准》。较难通过梳理罗列上述标准限值以囊括不同的目标企业。

另外，排污许可证制度在我国的实施，《排污许可管理办法》《排污许可管理条例》等文件的发布，进一步加强排污许可管理，规范企业事业单位和其他生产经营者排污行为，控制污染物排放。针对锌冶炼行业，HJ 863.1—2017《排污许可证申请与核发技术规范　有色金属工业——铅锌冶炼》的发布标志着锌冶炼行业的污染物排放限值可由当地主管部门核发的排污许可证规定。涉及的电锌冶炼企业、钢铁企业以及危险废物处理处置企业的污染排放限值均按照排污许可证的要求执行。

因此，环境效益指标所涉及的年均废气排放达标率和年均噪声达标率中达标限值根据排污许可证执行。此外，经调研，回转窑回收次氧化锌企业中均无废水外排，无产生或均已回用，将其作为资源能源消耗指标的二级指标；而固废均为水淬渣，将在一般要求中对水淬渣的浸出毒性予以要求。因此，水耗与水淬渣不在环境效益指标的二级指标中进行重复评价。

c）资源能源消耗指标

资源能源消耗指标是回转窑装备运行过程中反映水、电、燃料、助剂（空气、氧气等）等消耗水平的评价指标。二级指标为单位原料综合能耗。

在 GB/T 34340、GB/T 34605、GB/T 34607 中多涉及能耗（电耗）、水耗、压缩空气消耗、蒸汽消耗等，以及还原剂等消耗。但由于不同类型企业所采用的能源与资源差异较大，因此，本文件根据 GB/T 2589《综合能耗计算通则》将各类企业涉及的焦炭（无烟煤）消耗、电耗、燃气（天然气或煤气）消耗，以及采用富氧技术所造成的消耗通过折标准煤系数进行计算，将回转窑装备涉及的所有能源消耗以及焦煤（还原剂）消耗指标统一，采用单位原料综合能耗对回转窑装备的能源效果进行评价。

d）技术经济性能指标

技术经济性能指标是反映回转窑装备运行的主要技术、经济等的评价指标。二级指标为资源综合利用率、用地集约化。

在相关标准中对于技术经济指标的二级指标的规定具有一定差异，但均包含单位占地面积、单位投资费用，并涉及维修费用、人工费用等。不同于上述标准，回转窑回收次氧化锌企业的目的不同，由于电锌冶炼企业所采用的原料为电锌废渣，其含锌率最高可达 20%，企业对电锌废渣无害化的过程中同时重视对锌的回收；而对于其他二次资源企业主要利用回转窑处理处置危险废物，以降低锌等重金属对环境的影响，对于钢铁企业可以有效降低危险废物处置费，而对于危险废物处置企业可通过处置费形成经济利益。由于装备运行的主要目的差异，维修费用、人工费用等均无法采用统一的标准进行评价，因此，本文件分别从用地集约化与资源综合利用率的两方面进行评价。根据《铅锌行业规范条件》（中华人民共和国工业和信息化部公告 2020 年第 7 号）要求“建设项目用地应符合国家现行有关建设项目用地的规定，容积率应不低于 0.6，建筑密度应不低于 30%，单位用地面积产值应不低于地方发布的单位用地面积产值或所在省市的单位用地面积产值”，本文件将用地集约化列为重要评价指标。锌回收率作为回转窑回收次氧化锌的重要指标，根据《铅锌行业规范条件》要求“锌冶炼企业，电锌冶炼总回收率应达到 96% 及以上，含锌二次资源企业，锌总回收率应达到 88% 及以上”，本文件将资源综合利用率列为重要评价指标。

e）运行管理指标

运行管理指标是体现回转窑装备管理水平的评价指标。二级指标为运行管理、检修及维护管理。

GB/T 34340、GB/T 34605、GB/T 34607 中的运行管理指标均涉及运行、检修及维护生产管理二级指标，本文件经类比将此分解为 2 个二级指标，分别为“运行管理”和“检修及维护管理”。

综上所述，根据已有标准类比以及企业调研，形成回转窑装备运行效果评价体系，如图 5-1 所示。

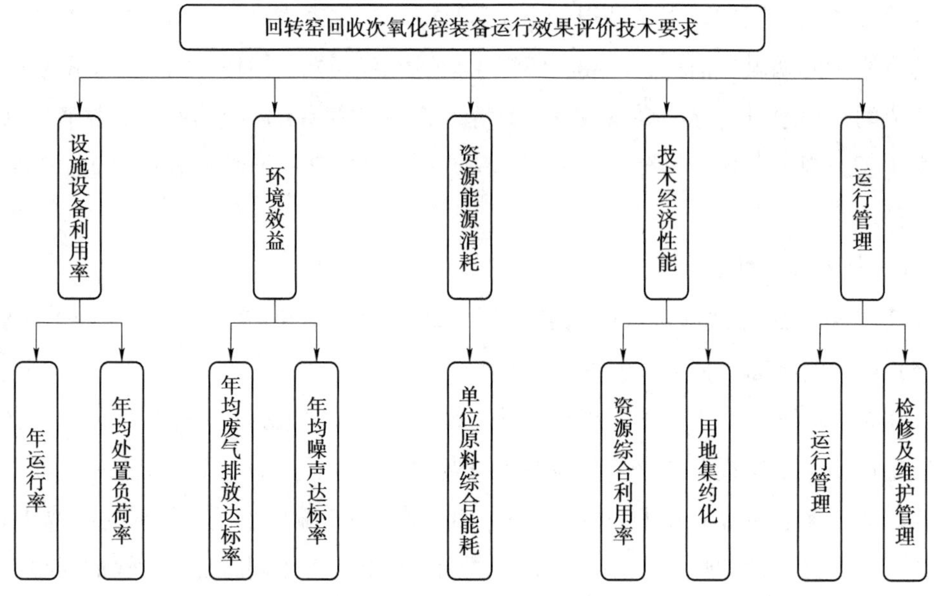

图 5-1　回转窑装备运行效果评价体系

### 5.2.2　运行效果评价依据

#### 5.2.2.1　标准核心内容

本文件的核心内容包括以下方面。

（1）范围。本文件规定了回转窑回收次氧化锌装备运行效果评价的评价原则和评价内容等，适用于采用回转窑处理有色金属冶炼行业与钢铁行业产生的电锌冶炼废渣、钢铁尘泥等含锌危险废物或一般废物，采用回转窑处理其他行业产生的含锌固体废物回收次氧化锌可参照执行。

（2）规范性引用文件。主要针对本文件的应用必不可少的文件，凡是注日期的引用文件，仅该日期对应的版本适用于本文件；凡是不注日期的引用文件，其最新版本（包括所有的修改单）适用于本文件。如，GB 5085.3《危险废物鉴别标准　浸出毒性鉴别》、GB 18597《危险废物贮存污染控制标准》、GB 18599《一般工业固体废物贮存和填埋污染控制标准》、YS/T 1403《有色金属冶炼业绿色工厂评价导则》。此外，还有部分参考文件，如 GB/T 34340—2017、GB/T 34605—2017、GB/T 34607—2017 等。

（3）术语和定义。本文件给出了含锌固体废物、含锌危险废物、含锌钢铁尘泥以及回转窑系统等 11 个术语和定义。

（4）总则。应符合以下要求：回转窑回收次氧化锌装备运行效果的评价应以环境保护法律、法规、标准为依据，以达到国家、地方以及行业（专业）标准要求为前提，科学、客观、公正、公平地评价回转窑回收次氧化锌装备的运行效果。回转窑回收次氧化锌装备运行效果的评价总分为 100 分，其中，设施设备利用率指标计 15 分、环境效益指标计 30 分、资源能源消耗指标计 25 分、技术经济性能指标计 20 分、运行管理指标计 10 分。评价基本原则为：环境治理效果明显，排放达标；经济性好，投资合理，能耗低；安全可靠，运行稳定，维护方便；自动化、标准化程度高，便于管理。

（5）评价要求。评价要求包括一般要求和评价技术要求。一般要求包括：回转窑回收次氧化锌装备运行效果评价应在其至少稳定运行一年后进行，且评价期间，处理量应达到或接近设计值；回转窑回收次氧化锌装备运行企业应建立统一的管理体系；含锌危险废物与钢铁尘泥等物料的贮存应符合 GB 18597、GB 18599 要求；回转窑回收次氧化锌装备运行考核时间不低于半年，运行数据内容见附录 B；回转窑回收次氧化锌的危险废物处理企业所产生的水淬渣浸出毒性应符合 GB 5085.3 的要求。评价技术要求包括：回转窑回收次氧化锌装备的运行效果评价包括设施设备利用率指标、环境效益指标、资源能源消耗指标、技术经济性能指标、运行管理指标 5 个一级指标，以及年运行率、年均处置负荷率、年均废气排放达标率、年均噪声达标率、单位原料综合能耗、资源综合利用率、用地集约化、运行管理、检修及维护管理 9 个二级指标。

（6）评价方法。规定了评价统计及评价等级分级。本文件共给出了回转窑回收次氧化锌装备运行效果的 A、B、C 三个等级：

a）综合相对得分率≥90% 且单项相对得分率≥70%，A 级；

b）综合相对得分率≥75%，综合相对得分率＜90% 且单项相对得分率≥60%，B 级；

c）综合相对得分率≥60%，综合相对得分率＜75%，C 级。

当单项相对得分率不能满足单项相对得分等级设定要求时，综合考核评价应作降一级处理。

（7）评价报告。本文件给出了回转窑回收次氧化锌装备运行效果评价报告应该包括的内容：

a）回转窑系统环境保护工作概况；

b）系统流程和主要性能参数；

c）污染物排放指标所执行的标准；

d）运行效果评价试验；

e）设施设备利用率评价；

f）环境效益评价；

g）资源能源消耗评价；

h）技术经济性能评价；

i）运行管理评价；

j）存在问题及整改建议的内容；

k）综合评价结论；

l）附录（含重要运行数据、检测数据、批复文件、评分表等）。

（8）附录。内容略。

#### 5.2.2.2 编制依据

为保证本文件的先进性和适用性，起草工作组在充分讨论和研究的基础上，明确了以下编制原则：

系统性原则。以国家现行标准指标为基础，结合企业调研结果确定主要评价指标，将总指标逐层分解，达到系统最优化。

科学性原则。针对回转窑回收次氧化锌装备运行效果评价指标体系，从回转窑回收次氧化锌装备的设施设备利用状况、环境效益、资源和能源消耗、技术经济性能、运行管理等方面出发，全面反映回转窑回收次氧化锌装备运行效果的水平。根据这一原则，要求指标的概念要明确，内涵和外延要清楚，统计和计算方法要科学，技术水平与生产实际要相统一。

可行性和可操作性原则。评价指标体系简繁适中，计算评价方法简便易行，评价指标的选择尽可能与现行计划口径、统计口径、会计核算口径相一致。

本文件充分参考相关标准进行编制。主要框架结构参考 GB/T 34340、GB/T 34605、GB/T 34607 进行编制，一般要求与各项指标得分限制参照 GB 5085.3、GB 18597、YS/T 1403。

#### 5.2.2.3 指标数据统计及指标值确定依据

（1）指标权重的确定

本文件以层次分析法（AHP 法）为主要方法，采用主成分分析法通过企业实际运行数据识别主成分，充分验证上述指标体系的合理性，并通过专家咨询法，补充定性指标，如运行管理指标等权重值，最终通过层次分析法计算指标权重。

通过所划分的隶属度计算判断矩阵并计算出各指标权重。其中各指标权重如下：设施设备利用率指标 14.8%、环境效益指标 30.3%、资源能源消耗指标 25.1%、技术经济性能指标 19.9%、运行管理指标 9.9%；年运行率 9.9%、年均处置负荷率 4.9%、年均废气排放达标率 20.2%、年均噪声达标率 10.1%、单位原料综合能耗 25.1%、资源综合利用率 10.0%、用地集约化 9.9%、运行管理 4.9%、检修及维护管理 5.0%。

最后进行一致性检验，检验计算结果，对指标体系进行修正。得出各指标最终权重：设施设备利用率指标 15.0%、环境效益指标 30.0 %、资源能源消耗指标 25.0%、技术经济性能指标 20.0%、运行管理指标 10.0%；年运行率 10.0%、年均处置负荷率 5.0%、年均废气排放达标率 20.0%、年均噪声达标率 10.0%、单位原料综合能耗 25.0%、资源综合利用率 10.0%、用地集约化 10.0%、运行管理 5.0%、检修及维护管理 5.0%。指标权重见表 5-10。

表 5-10 回转窑回收次氧化锌装备运行效果评价总表

| 序号 | 一级指标 | 标准分 | 序号 | 二级指标 | 标准分 $X_{i0}$ |
|---|---|---|---|---|---|
| 1 | 设施设备利用率指标 | 15 | 1 | 年运行率 | 10 |
| | | | 2 | 年均处置负荷率 | 5 |
| 2 | 环境效益指标 | 30 | 3 | 年均废气排放达标率 | 20 |
| | | | 4 | 年均噪声达标率 | 10 |
| 3 | 资源能源消耗指标 | 25 | 5 | 单位原料综合能耗 | 25 |
| 4 | 技术经济性能指标 | 20 | 6 | 资源综合利用率 | 10 |
| | | | 7 | 用地集约化 | 10 |
| 5 | 运行管理指标 | 10 | 8 | 运行管理 | 5 |
| | | | 9 | 检修及维护管理 | 5 |
| 合计 | | 100 | | | |
| 注：二级评价指标的标准分 $X_{i0}$ 中的 $i$ 是指二级评价指标对应的序号。 | | | | | |

在 GB/T 34340、GB/T 34605、GB/T 34607 中，设备状况（设施设备利用率指标）指标权重为 10%～40%，环保指标（环境效益指标）权重为 30%～50%，资源能源消耗指标权重为 10%～25%，技术经济性能指标权重 15%～20%，运行管理指标权重为 10%～20%。经类比，本文件的一级指标权重均在 GB/T 34340、GB/T 34605、GB/T 34607 相关权重范围内，并且 GB/T 34340、GB/T 34605、GB/T 34607 已广泛应用，这说明本文件一级权重的设置相对合理。

（2）指标数据统计及指标值确定依据

本文件通过以连续三年生产运营正常的回转窑回收次氧化锌企业作为数据调查对象，通过实地调研现场收集、问卷调查数据反馈等渠道，收集了多家企业的数据，对反馈的数据进行筛选统计，去掉异常、不合理的数据，并根据现行相关国家标准及行业标准，确定本文件相关指标值。

a）设施设备利用率指标

年运行率。根据回转窑装备运行天数与设计年运行天数的百分比得出年运行率，将年运行率乘以其单项标准得分得到其单项实际得分。

年均处置负荷率。根据回转窑装备实际年处理量与设计年处理量的百分比得出年均处置负荷率，将年均处置负荷率乘以其单项标准得分得到其单项实际得分。

b）环境效益指标

年均废气排放达标率。根据年度内废气处理设施废气排放综合达标天数与回转窑装备年运行总天数的百分比得出年均废气排放达标率，将年均废气排放达标率乘以其单项标准得分得到其单项实际得分。

年均噪声达标率。根据年度内所有厂界产生的噪声达标天数与回转窑装备年运行总天数的百分比得出年均噪声达标率，将年均噪声达标率乘以其单项标准得分得到其单项实际得分。

c）资源能源消耗指标

单位原料综合能耗。根据每处理单位原料的焦炭（或无烟煤）消耗、电耗、燃气（天然气或煤气）消耗，以及富氧供应消耗等按 GB/T 2589 的要求折算为标准消耗量之和得出单位原料综合能耗。通过调研典型的电锌冶炼企业、危险废物处理处置企业、钢铁企业，将企业积累的数据资料进行折算得到各自的单位原料综合能耗，上述企业单位原料综合能耗范围在 60～120kgce/t（原料）。对于新建企业，通过专家咨询意见，将单位原料综合能耗范围降低 10kgce/t（原料），具体为 50～110kgce/t（原料）。现有企业：≤60kgce/t（原料），得 25 分；＞60kgce/t（原料）且小于 120kgce/t（原料），得 15 分；≥120kgce/t（原料），得 0 分。新建企业：≤50kgce/t（原料），得 25 分；＞50kgce/t（原料）且小于 110kgce/t（原料），得 15 分；≥110kgce/t（原料），得 0 分。

d）技术经济性能指标

资源综合利用率。主要是指生产过程中的锌总回收率和水循环利用率。锌总回收率是次氧化锌中锌含量与原料中锌含量的百分比。水循环利用率是指回转窑运行考核时间内，一个单元生产过程中使用的循环水量与用水量的百分比。经调研，绝大多数回砖窑回收次氧化锌企业冷却过程产生的废水均实现了全部循环利用。因此，回转窑回收次氧化锌企业要求循环用水量达到100%。另外，参考《铅锌行业规范条件》中第四节第十五款、第十六款内容，结合实际企业调研情况，锌回收率受到原料锌品位的极大影响，因此，针对不同的企业，本文件针对不同原料，根据不同锌含量，提出不同锌回收率要求：原料中锌含量在8%以上时，锌回收率≥92%；原料中锌含量为3%～8%时，锌回收率≥90%；原料中锌含量在3%以下时，锌回收率≥80%。原料中锌含量在3%以下时，进窑主要是为了脱除含锌钢铁烟尘中的锌以后续返回烧结或高炉，也有情况是为了处理危险废物，本身收取了危险废物处置费，企业的盈利点不在锌回收率，因此部分企业在运行回转窑时不注重效能，为了引导企业回转窑的高效运行，所以本文件对此种情况也做了要求，规定原料中锌含量在3%以下时，锌回收率也应达到80%以上。综上，在锌回收率指标中，本文件以原料中锌含量8%为基准值，当原料中锌含量≥8%时，锌回收率达到≥92%，可得到10分；锌回收率达到≥90%，得分为5分；锌回收率<90%，则不得分。当原料中锌含量<8%时，锌回收率≥90%，得10分；锌回收率为80%～90%，得5分；锌回收率<80%，则不得分。

用地集约化。根据YS/T 1403，建设项目用地应符合国家现行有关建设项目用地的规定，容积率应不低于0.6；建筑密度应不低于30%；单位用地面积产值不应低于地方发布的单位用地面积产值的要求，未发布单位用地面积产值的地区，单位用地面积产值应超过本年度所在省市的单位用地面积产值。单位用地面积产值是总产值与整个工艺单元用地面积的比值，其中，用地面积包括设备、附属设施等，即能够保证设备正常运行的用地面积。由于容积率和建筑密度是在项目建设时已经满足，或者通过后期补建满足，相比单位用地面积产值较易满足，因此，只满足容积率和建筑密度只能得到用地集约化的一半分数。容积率≥0.6、建筑密度≥30%且单位用地面积产值≥地方发布的单位用地面积产值或所在省市的单位用地面积产值，得10分；满足容积率≥0.6且建筑密度≥30%，得5分；其他情况，得0分。

e）运行管理指标

运行管理。GB 34340和GB 34605中运行管理的评价方法为：运行记录、台账记录完整，符合HJ 2040《火电厂烟气治理设施运行管理技术规范》要求得2分，否则得0分；检测分析报告、化学分析记录齐全详细，符合HJ 2040要求得2分，否则得0分；运行人员持证上岗，符合HJ 2040要求得1分，否则得0分。由于不同装备运行效果评价具有不同的特点，为满足不同的回转窑回收次氧化锌企业正常的评价，另设置满足部分要求的评价方法，并对具体内容稍做修改。运行记录、台账记录完整，若企业为危险废物经营单位，则应符合危险废物经营单位台账管理要求，满足要求得 2 分，满足部分要求得 1 分，不满足要求得 0 分；检测分析报告、化学分析记录齐全详细，若企业为危险废物经营单位，应符合危险废物经营单位检测要求，满足要求得 2 分，满足部分要求得 1 分，不满足要求得 0 分；运行人员持证上岗，若企业为危险废物经营单位，应符合危险废物经营单位人员要求，满足要求得 1 分，满足部分要求得 0.5 分，不满足要求得 0 分。

检修及维护管理。GB 34340 和 GB 34605 中检修及维护管理的评价方法为：检修及维护记录、台账记录完整，符合 HJ 2040 要求得 2 分，否则得 0 分；设备台账完整，符合 HJ 2040 要求得 2 分，否则得 0 分；检修及维护人员持证上岗，符合 HJ 2040 要求得 1 分，否则得 0 分。由于不同装备运行效果评价具有不同的特点，为满足不同的回转窑回收次氧化锌企业正常的评价，另设置满足部分要求的评价方法，并对具体内容稍做修改。检修及维护记录、台账记录完整，若企业为危险废物经营单位，应符合危险废物经营单位台账管理要求，满足要求得 2 分，满足部分要求得 1 分，不满足要求得 0 分；设备台账完整，若企业为危险废物经营单位，应符合危险废物经营单位要求，满足要求得 2 分，满足部分要求得 1 分，不满足要求得 0 分；检修及维护人员持证上岗，若企业为危险废物经营单位，应符合危险废物经营单位人员要求，满足要求得 1 分，满足部分要求得 0.5 分，不满足要求得 0 分。

（3）评价方法的确定

参考 GB/T 34340、GB/T 34605、GB/T 34607，分为单项考核和综合考核。单项考核为单项指标的评价考核，根据单项实际得分与单项标准得分得出单项相对得分率，按式（5-13）计算：

$$P_i = X_i / X_{i0} \times 100\% \tag{5-13}$$

式中：$P_i$——单项相对得分率；

$X_i$——单项实际得分；

$X_{i0}$——单项标准得分。

综合考核是根据各项单项实际得分乘以时间折算因子与总标准分的比值得出综合相对得分率，按式（5-14）计算：

$$P = \lambda \sum X_i / X_0 \times 100\% \tag{5-14}$$

式中：$P$——综合相对得分率；

$\lambda$——时间折算因子，详见表 5-11；

$X_0$——总标准分（100 分）。

表 5-11 运行考核时间折算因子

| 序号 | 日常统计数据连续考核时间 | $\lambda$ |
|---|---|---|
| 1 | 6 个月≤装备运行考核时间＜8 个月 | 1 |
| 2 | 8 个月≤装备运行考核时间＜10 个月 | 1.01 |
| 3 | 10 个月≤装备运行考核时间＜12 个月 | 1.02 |
| 4 | 12 个月≤装备运行考核时间＜18 个月 | 1.03 |
| 5 | 18 个月≤装备运行考核时间＜24 个月 | 1.04 |
| 6 | 装备运行考核时间≥24 个月 | 1.05 |

回转窑回收次氧化锌装备运行效果评价技术要求分为以下三级：

a）综合相对得分率≥90% 且单项相对得分率≥70%，A 级；

b）综合相对得分率≥75%，综合相对得分率＜90% 且单项相对得分率≥60%，B 级；

c）综合相对得分率≥60%，综合相对得分率＜75%，C 级。

当单项相对得分率不能满足单项相对得分等级设定要求时，综合考核评价应作降一级处理。

（4）运行效果评价体系的验证

为证明二级指标权重的合理性，以及回转窑回收次氧化锌运行效果评价体系能够针对不同类型企业进行评价，并且评价结果能够符合企业生产实际，本文件编制组针对 3 个企业采用上述指标体系对其运行效果进行评价。

在充分调研 3 家企业后，采用回转窑回收次氧化锌运行效果评价体系对此 3 家企业进行评价。同时，通过专家咨询会，通过专家模糊打分，对上述 3 家企业进行运行效果主观评价。

企业实际评价结果见表 5-12。

表 5-12 企业回转窑装备运行效果实际评价

| 企业 | 一级指标 | | 二级指标 | | 总得分 | 等级 |
|---|---|---|---|---|---|---|
| | 指标名称 | 得分 | 指标名称 | 得分 | | |
| α企业 | 设施设备利用率指标 | 13.93 | 年运行率 | 8.932 | 98.93 | A |
| | | | 年均处置负荷率 | 5 | | |
| | 环境效益指标 | 30 | 年均废气排放达标率 | 20 | | |
| | | | 年均噪声达标率 | 10 | | |
| | 资源能源消耗指标 | 25 | 单位原料综合能耗 | 25 | | |
| | 技术经济性能指标 | 20 | 资源综合利用率 | 10 | | |
| | | | 用地集约化 | 10 | | |

表 5-12（续）

| 企业 | 一级指标 | | 二级指标 | | 总得分 | 等级 |
|---|---|---|---|---|---|---|
| | 指标名称 | 得分 | 指标名称 | 得分 | | |
| α企业 | 运行管理指标 | 10 | 运行管理 | 5 | 98.93 | A |
| | | | 检修及维护管理 | 5 | | |
| β企业 | 设施设备利用率指标 | 13.22 | 年运行率 | 8.22 | 95.22 | A |
| | | | 年均处置负荷率 | 5 | | |
| | 环境效益指标 | 30 | 年均废气排放达标率 | 20 | | |
| | | | 年均噪声达标率 | 10 | | |
| | 资源能源消耗指标 | 25 | 单位原料综合能耗 | 25 | | |
| | 技术经济性能指标 | 18 | 资源综合利用率 | 8 | | |
| | | | 用地集约化 | 10 | | |
| | 运行管理指标 | 9 | 运行管理 | 5 | | |
| | | | 检修及维护管理 | 4 | | |
| γ企业 | 设施设备利用率指标 | 13.22 | 年运行率 | 8.22 | 88.22 | B |
| | | | 年均处置负荷率 | 5 | | |
| | 环境效益指标 | 30 | 年均废气排放达标率 | 20 | | |
| | | | 年均噪声达标率 | 10 | | |
| | 资源能源消耗指标 | 25 | 单位原料综合能耗 | 25 | | |
| | 技术经济性能指标 | 13 | 资源综合利用率 | 8 | | |
| | | | 用地集约化 | 5 | | |
| | 运行管理指标 | 7 | 运行管理 | 4 | | |
| | | | 检修及维护管理 | 3 | | |

经企业专家研讨认为，本文件中的评价指标体系，即设施设备利用率指标、环境效益指标、资源能源消耗指标、技术经济性能指标、运行管理指标等一级指标以及年运行率、年均处置负荷率、年均废气排放达标率、年均噪声达标率、单位原料综合能耗、资源综合利用率、用地集约化、运行管理、检修及维护管理等二级指标所评价的结果符合 3 家企业的实际运行情况，因此，专家认为此体系能够客观地评价回转窑回收次氧化锌企业的实际运行效果。

### 5.2.3 标准效益分析

引领技术进步，填补回转窑回收次氧化锌装备在含锌危险废物、钢铁尘泥等领域的空白，本文件的制定将有利于推进这些技术向更广泛的固废处理领域扩展应用。本文件的实施也将有力推动回转窑处理含锌废物回收次氧化锌成套技术的发展，提高能效水平和环保水平，促进固危废的减量化、无害化和资源化，有力提高企业的经济效益和环保效益。同时，还可配合我国政府出台的一系列可持续发展政策的实施，促进企业节能减排、清洁生产工作的开展。

本文件的制定一方面可以弥补国内该项标准的缺失，另一方面可以规范市场秩序，为工程招投标提供相关标准依据，提高产品的竞争力。

## 5.3　《污泥热解资源化成套装备运行效果评价技术要求》标准研究

### 5.3.1　标准核心内容

《污泥热解资源化成套装备运行效果评价技术要求》（以下简称“本文件”）的核心内容包括以下方面。

#### 5.3.1.1　范围

本文件规定了污泥热解资源化成套装备运行效果评价的总则、评价技术要求、评价方法、评价程序和评价报告。

本文件适用于用热解法对市政污泥及含油污泥资源化处理处置的成套装备的运行效果评价，其他类型污泥可参照执行。

#### 5.3.1.2　规范性引用文件

下列文件中的内容通过文中的规范性引用而构成本文件必不可少的条款。其中，注日期的引用文件，仅该日期对应的版本适用于本文件；不注日期的引用文件，其最新版本（包括所有的修改单）适用于本文件。

GB/T 2589　综合能耗计算通则

GB 4284　农用污泥污染物控制标准

GB 5085.3　危险废物鉴别标准　浸出毒性鉴别

GB 8978　污水综合排放标准

GB 12348　工业企业厂界环境噪声排放标准

GB 16297　大气污染物综合排放标准

GB 18597　危险废物贮存污染控制标准

GB 18599　一般工业固体废物贮存和填埋污染控制标准

GB/T 19001　质量管理体系　要求

GB/T 19923　城市污水再生利用　工业用水水质

GB/T 23331　能源管理体系　要求及使用指南

GB/T 24001　环境管理体系　要求及使用指南

GB 31570　石油炼制工业污染物排放标准

GB 31571　石油化学工业污染物排放标准

GB/T 31962　污水排入城镇下水道水质标准

GB/T 45001　职业健康安全管理体系　要求及使用指南

#### 5.3.1.3　术语和定义

下列术语和定义适用于本文件。

（1）污泥热解：在无氧或缺氧条件下加热，污泥中有机物发生裂解，从而实现油气回收和污泥无害化、减量化的处理过程。

（2）评价指标：影响污泥热解资源化成套装备运行效果的各具体评价目标对象，包括一级指标和二级指标。

（3）环保性能指标：污泥热解资源化成套装备运行过程中反映污泥热解资源化的效果及环境影响（包括废气、废水、固废、噪声等）的评价指标。

（4）资源能源消耗指标：污泥热解资源化成套装备运行过程中反映电、水、天然气等消耗水平的评价指标。

（5）技术经济指标：反映污泥热解资源化成套装备运行的主要技术、经济等的评价指标。

（6）运行管理指标：反映污泥热解资源化成套装备管理水平的评价指标。

（7）设备状况指标：反映污泥热解资源化成套装备主要设备运行状况的评价指标。

（8）系统投运率：污泥热解资源化成套装备每年正常运行时间占总运行时间的百分比。正常运行指在热解后污泥矿物油含量达到目标值的前提下，装备处理量不低于额定量的 80% 的运行工况。

#### 5.3.1.4　总则

污泥热解资源化成套装备运行效果的评价应以环境保护法律、法规、标准为依据，以达到国家、地方以及行业标准要求为前提，科学、客观、公正、公平地评价污泥热解装备的运行效果。

污泥热解资源化成套装备运行效果的评价总分为100分，环保不达标，一票否决。其中，环保性能指标计35分、技术经济指标计15分、资源能源消耗指标计20分、运行管理指标计15分、设备状况指标计15分。评价基本条件为：

a）污染物达标排放；

b）能源消耗、物料消耗低；

c）技术先进，运行成本低；

d）运行管理制度、安全制度健全；

e）设施完好率高、利用率高。

#### 5.3.1.5　评价技术要求

（1）一般要求

污泥热解装备应采取先进、环保、高效的反应装置，在满足环保排放要求和安全运行的条件下，装备应该节能、降耗。污泥热解主体工程应同步建设完整的污泥热解烟气净化系统，处理后的烟气应满足环保排放标准的规定。污泥热解资源化成套装备运行企业应建立统一的管理体系和管理制度，其中，环境管理体系应符合GB/T 24001的要求、质量管理体系应符合GB/T 19001的要求、能源管理体系应符合GB/T 23331的要求、职业健康安全管理体系应符合GB/T 45001的要求。

（2）评价指标及技术要求

污泥热解资源化成套装备的运行效果评价包括环保性能指标、技术经济指标、资源能源消耗指标、运行管理指标、设备状况指标，具体要求见表5-13。

表5-13　污泥热解资源化成套装备评价

| 序号 | 一级指标 | 二级指标 | 评价要求 | 备注 |
|---|---|---|---|---|
| 1 | 环保性能指标（35分） | 1.1　污泥贮存 | 市政污泥符合GB 18599，含油污泥符合GB 18597的规定得5分，否则得0分 | 采用GB 18597、GB 18599中规定的方法进行评价 |
| | | 1.2　废水 | 市政污泥处理后废水若排放，应达到GB 8978或建厂所在地方污水排放标准的要求；含油污泥处理后废水若排放，应达到GB 31570、GB 31571或建厂所在地方污水排放标准的要求；若排入污水管网，应满足GB/T 31962的要求；若回用，应满足GB/T 19923或相应行业水回用标准的要求。满足以上其一，得5分，否则得0分 | 采用GB 8978、GB 31570、GB 31571、GB/T 31962、GB /T 19923中规定的方法进行评价 |

表 5-13（续）

| 序号 | 一级指标 | 二级指标 | 评价要求 | 备注 |
|---|---|---|---|---|
| 1 | 环保性能指标（35 分） | 1.3 废气 | 市政污泥处理达到 GB 16297 或建厂所在地方废气排放标准的要求排放，为 5 分；产生但处理不达标，为 0 分 | 采用 GB 16297 中规定的方法进行评价 |
|  |  |  | 含油污泥处理达到 GB 31570、GB 31571 或建厂所在地方废气排放标准的要求排放，为 5 分；产生但处理不达标，为 0 分 | 采用 GB 31570、GB 31571 中规定的方法进行评价 |
|  |  | 1.4 噪声 | 工业企业厂界噪声执行 GB 12348，成套生产装备空负荷运转时的噪声应不大于 75dB（A），负荷运转时的噪声应不大于 85dB（A）。每一项都达到要求为 5 分，否则得 0 分 | 采用 GB 12348 中规定的方法进行评价 |
|  |  | 1.5 浸出毒性 | 热解后污泥浸出液污染物浓度低于 GB 5085.3 规定限制要求的得 5 分，否则得 0 分 | 采用 GB 5085.3 中规定的方法测定 |
|  |  | 1.6 矿物油含量（以干基计） | 热解后污泥矿物油含量达到 GB 4284 A 级的得 5 分，达到 B 级的得 3 分，否则得 0 分 | 采用 GB 4284 中规定的方法测定 |
|  |  | 1.7 资源化 | 热解产生的不凝可燃气、油、固体产物等物质作为原料进行利用或者进行再生利用。对应标准分为 5 分，否则得 0 分 |  |
| 2 | 技术经济指标（15 分） | 2.1 人工费 | A 级：≤40 元 /t；<br>B 级：>40 元 /t 且≤50 元 /t；<br>C 级：>50 元 /t。<br>对应标准分：A 级为 5 分，B 级为 3 分，C 级为 1 分 |  |
|  |  | 2.2 设备维护费 | A 级：≤10 元 /t；<br>B 级：>10 元 /t 且≤20 元 /t；<br>C 级：>20 元 /t。<br>对应标准分为：A 级为 5 分，B 级为 3 分，C 级为 1 分 |  |
|  |  | 2.3 吨运行成本 | 市政污泥<br>A 级：≤250 元 /t；<br>B 级：>250 元 /t 且≤400 元 /t；<br>C 级：>400 元 /t。<br>对应标准分：A 级为 5 分，B 级为 3 分，C 级为 1 分 | 指人工费、药剂费、消耗的能源和资源的费用、设备运行和管理费等直接生产成本 |

表 5-13（续）

<table>
<tr><th>序号</th><th>一级指标</th><th>二级指标</th><th colspan="3">评价要求</th><th>备注</th></tr>
<tr><td rowspan="3">2</td><td rowspan="3">技术经济指标（15 分）</td><td rowspan="3">2.3 吨运行成本</td><td rowspan="3">含油污泥</td><td>含水率 / 含油率≤1.5</td><td>A 级：≤150 元 /t;<br>B 级：＞150 元 /t 且≤250 元 /t;<br>C 级：＞250 元 /t。<br>对应标准分为：A 级为 5 分，B 级为 3 分，C 级为 1 分</td><td rowspan="3">指人工费、药剂费、消耗的能源和资源的费用、设备运行和管理费等直接生产成本</td></tr>
<tr><td>含水率 / 含油率＞1.5，且≤2.5</td><td>A 级：≤250 元 /t;<br>B 级：＞250 元 /t 且≤400 元 /t;<br>C 级：＞400 元 /t。<br>对应标准分为：A 级为 5 分，B 级为 3 分，C 级为 1 分</td></tr>
<tr><td>含水率 / 含油率＞2.5</td><td>A 级：≤400 元 /t;<br>B 级：＞400 元 /t 且≤500 元 /t;<br>C 级：＞500 元 /t。<br>对应标准分为：A 级为 5 分，B 级为 3 分，C 级为 1 分</td></tr>
<tr><td rowspan="3">3</td><td rowspan="3">资源能源消耗指标（20 分）</td><td>3.1 电能消耗</td><td colspan="3">A 级：≤60kWh/t;<br>B 级：＞60kWh/t 且≤80kWh/t;<br>C 级：＞80kWh/t。<br>对应标准分为：A 级为 5 分，B 级为 3 分，C 级为 1 分</td><td></td></tr>
<tr><td>3.2 水量消耗</td><td colspan="3">A 级：≤1.5$m^3$/t;<br>B 级：＞1.5$m^3$/t 且≤2.0$m^3$/t;<br>C 级：＞2.0$m^3$/t。<br>对应标准分为：A 级为 5 分，B 级为 3 分，C 级为 1 分</td><td></td></tr>
<tr><td>3.3 天然气消耗</td><td>市政污泥</td><td colspan="2">A 级：≤50$m^3$/t;<br>B 级：＞50$m^3$/t 且≤70$m^3$/t;<br>C 级：＞70$m^3$/t。<br>对应标准分为：A 级为 5 分，B 级为 3 分，C 级为 1 分</td><td></td></tr>
</table>

表 5-13（续）

| 序号 | 一级指标 | 二级指标 | 评价要求 | | | 备注 |
|---|---|---|---|---|---|---|
| 3 | 资源能源消耗指标（20 分） | 3.3　天然气消耗 | 含油污泥 | 含水率 / 含油率≤1.5 | A 级：≤30m³/t；<br>B 级：＞30m³/t 且≤50m³/t；<br>C 级：＞50m³/t。<br>对应标准分为：A 级为 5 分，B 级为 3 分，C 级为 1 分 | |
| | | | | 含水率 / 含油率＞1.5，且≤2.5 | A 级：≤50m³/t；<br>B 级：＞50m³/t 且≤70m³/t；<br>C 级：＞70m³/t。<br>对应标准分为：A 级为 5 分，B 级为 3 分，C 级为 1 分 | |
| | | | | 含水率 / 含油率＞2.5 | A 级：≤100m³/t；<br>B 级：＞100m³/t 且≤120m³/t；<br>C 级：＞120m³/t。<br>对应标准分为：A 级为 5 分，B 级为 3 分，C 级为 1 分 | |
| | | 3.4　综合能耗 | 市政污泥 | A 级：≤70kgce/t；<br>B 级：＞70kgce/t 且≤100kgce/t；<br>C 级：＞100kgce/t。<br>对应标准分为：A 级为 5 分，B 级为 3 分，C 级为 1 分 | | 按 GB/T 2589 中规定的计算 |
| | | | 含油污泥 | 含水率 / 含油率≤1.5 | A 级：≤50kgce/t；<br>B 级：＞50kgce/t 且≤70kgce/t；<br>C 级：＞70kgce/t。<br>对应标准分为：A 级为 5 分，B 级为 3 分，C 级为 1 分 | |
| | | | | 含水率 / 含油率＞1.5，且≤2.5 | A 级：≤70kgce/t；<br>B 级：＞70kgce/t 且≤100kgce/t；<br>C 级：＞100kgce/t。<br>对应标准分为：A 级为 5 分，B 级为 3 分，C 级为 1 分 | |

表 5-13（续）

<table>
<tr><th>序号</th><th>一级指标</th><th>二级指标</th><th colspan="3">评价要求</th><th>备注</th></tr>
<tr><td>3</td><td>资源能源消耗指标（20 分）</td><td>3.4 综合能耗</td><td>含油污泥</td><td>含水率 / 含油率＞2.5</td><td>A 级：≤130kgce/t;<br>B 级：＞130kgce/t 且 ≤160kgce/t;<br>C 级：＞160kgce/t。<br>对应标准分为：A 级为 5 分，B 级为 3 分，C 级为 1 分</td><td>按 GB/T 2589 中规定的计算</td></tr>
<tr><td rowspan="3">4</td><td rowspan="3">运行管理指标（15 分）</td><td>4.1 管理体系规章制度</td><td colspan="3">规章和制度完备、有相应的环境管理组织机构、有培训计划和记录、有应急预案、有应急演练记录，每符合一条得 1 分，共 5 分</td><td rowspan="3">现场检查</td></tr>
<tr><td rowspan="2">4.2 运行、检修及维护生产管理</td><td colspan="3">运行、检修及维护台账记录完整；检测分析报告、化学分析记录齐全详细；装备台账完整；技术资料档案完整。每符合一条得 1 分，共 4 分</td></tr>
<tr><td colspan="3">安全文明生产满足系统安全、稳定、正常运行要求，得 2 分；企业安全生产标准化为一级，得 4 分，二级得 2 分，三级得 1 分</td></tr>
<tr><td rowspan="4">5</td><td rowspan="4">设备状况指标（15 分）</td><td>5.1 防堵塞</td><td colspan="3">出渣正常得 3 分，否则得 0 分</td><td>现场检查</td></tr>
<tr><td>5.2 烟道系统</td><td colspan="3">增压风机（若有）、烟道及其配套设备没有异常得 3 分，否则得 0 分</td><td></td></tr>
<tr><td>5.3 在线监测系统</td><td colspan="3">烟气检测系统安装位置合理，校验标定及时得 2 分，否则得 0 分；设备自控系统采用 PLC、DCS 等系统，运行正常得 2 分，否则得 0 分</td><td></td></tr>
<tr><td>5.4 系统投运率</td><td colspan="3">A 级：≥95%;<br>B 级：＜95% 且≥90%;<br>C 级：＜90%。<br>对应标准分：A 级为 5 分，B 级为 3 分，C 级为 1 分</td><td>根据生产统计报表</td></tr>
<tr><td colspan="7">注：1. 污泥热解资源化成套装备包括进料、热解、油气回收、烟气净化、固体产物出料、水处理等装备。<br>2. A 级、B 级和 C 级依次表示评价等级优劣。<br>3. 备注为二级指标的评价方法。<br>4. “技术经济指标”“资源能源消耗指标”均以热解前污泥为吨单位计算。<br>5. 运行费的指标，由于各地各项单价有差异，本文件计算单价为：人工：6 万元 /（人·年），电力：0.8 元 /kWh，水：4.2 元 /$m^3$，天然气：3.0 元 /$m^3$（其他燃料按热值转换为天然气）。</td></tr>
</table>

#### 5.3.1.6 评价方法

（1）评价统计

$S_{ij}$ 为第 $i$ 项一级指标对应第 $j$ 项二级指标的标准分满分值。$S'_{ij}$ 为第 $i$ 项一级指标对应第 $j$ 项二级指标的实际分值，其中 $S_{ij}' \leqslant S_{ij}$。一级指标共 $m$ 项，$i$ 分别为 1～$m$；二级指标共 $n$ 项，$j$ 分别为 1～$n$。二级指标的实际分值 $S_{ij}'$ 累加后计算出总分 $P$，即

$$P=\sum_{i=1}^{m}\sum_{j=1}^{n}S_{ij}{}'\left(i=1,\cdots,m;j=1,\cdots,n\right) \quad (5\text{-}15)$$

（2）评价等级分级

采取从高分到低分的取值原则得到评价等级的优劣顺序。污泥热解资源化成套装备运行效果评价技术要求分为以下三级：

90 分≤总分≤100，一级，优秀；

75 分≤总分＜90，二级，良好；

60 分≤总分＜75，三级，一般。

#### 5.3.1.7 评价程序和评价报告

（1）评价程序

污泥热解资源化成套装备处于稳定运行状态时，收集 3～12 个月各评价指标数据，得到日平均运行值。

污泥热解资源化成套装备各评价指标数据由第三方检测，检测结果依次经由第三方评价、专家评价，评价结果宜作为污泥热解资源化成套装备运行企业环境保护内部考核、主管部门考核和整改的依据。评价过程中发生的主要问题由管理企业制定整改方案。

评价结果应以评价报告的形式体现，污泥热解资源化成套装备评价报告和评价结论由第三方评价机构完成。

（2）评价报告

污泥热解资源化成套装备评价报告至少应包括但不限于：

——热解系统环境保护工作概况；

——污泥热解资源化成套装备评价方案；

——污泥热解资源化成套装备工艺流程和主要性能参数；

——污染物排放指标所执行的标准；

——污泥热解资源化成套装备环保性能评价；

——污泥热解资源化成套装备技术经济评价；

——污泥热解资源化成套装备资源能源消耗评价；

——污泥热解资源化成套装备运行管理评价；

——污泥热解资源化主要设备状况评价；

——存在问题及整改建议的内容；

——附录（含重要运行数据、检测数据、批复文件、评分表等）。

### 5.3.2 运行效果评价依据

#### 5.3.2.1 编制通则

为保证本文件的先进性和适用性，起草工作组在充分讨论和研究的基础上，明确了以下编制原则：

系统性原则。以国家现行标准指标为基础，结合企业调研结果确定主要评价指标，将总指标逐层分解，达到系统最优化。

科学性原则。针对污泥热解资源化成套装备运行效果评价指标体系，从污泥热解成套装备的环保性能、技术经济、资源能源消耗、运行管理和设备状况等多方面出发，全面反映污泥热解成套装备运行效果的水平。根据这一原则，要求指标的概念要明确，内涵和外延要清楚，统计和计算方法要科学，技术水平与生产实际要相统一。

可行性和可操作性原则。评价指标体系简繁适中，计算评价方法简便易行，评价指标的选择，尽可能与现行计划口径、统计口径、会计核算口径相一致。

#### 5.3.2.2 评价指标确定的依据

污泥热解技术是近年来迅速发展起来的一种污泥处理处置技术，被列入《国家鼓励发展的重大环保技术装备目录（2020 年版）》（工业和信息化部　科学技术部　生态环境部公告　2020 年第 52 号）。该技术使经过脱水后的污泥在无氧条件下发生热解，污泥中有机物大分子被分解成小分子物质，存在形态由固体转化为液体和气体，如果热解反应足够彻底，污泥热解产物可转化为固体产物和气体产物两种。根据污泥种类可分为市政污泥及油泥，市政污泥根据热解温度不同，可分为高温热解及低温热解。

污泥热解成套装备包括进料系统、热解系统、不凝可燃气净化系统、烟气净化系统、出料系统、循环水冷却系统、电气控制系统等。

（1）一级指标体系构建

起草工作组主要依据前期已经发布的装备运行效果评价技术要求系列标准的指标体系：GB/T 34340—2017《燃煤烟气脱硝装备运行效果评价技术要求》、GB/T 34605—2017《燃煤烟气脱硫装备运行效果评价技术要求》、GB/T 34607—2017《钢铁烧结烟气脱硫除尘装备运行效果评价技术要求》，确定了本文件的5个一级指标体系框架，分别为“环保性能指标”“技术经济指标”“资源能源消耗指标”“运行管理指标”“设备状况指标”。

应充分、全面考虑所选取评价指标的代表性、重要性，采用一级和二级指标，根据各项指标的重要程度确定分值分布。一级指标分值分布依据：为了满足环境效益最大化，首先突出环保要求，其次应能够以最经济及低能耗的方式达到环保目标，运行管理和设备状况可评价污泥热解资源化成套环保装备运行效果，但分值应小于环保、经济和能耗指标。

污泥热解资源化成套装备运行效果的评价总分为100分，其中，环保性能指标计35分、技术经济指标计15分、资源能源消耗指标计20分、运行管理指标计15分、设备状况指标计15分。

（2）二级指标筛选依据

二级指标及其权重分布确定依据：所选取的指标均为相应一级指标的主要影响因素，兼顾本文件实施的可操作性和可行性，以定量指标为主，定性指标为辅。参照相关政策等文件，吸收采纳了已颁布的相关标准的研究成果，并结合污泥热解资源化成套装备生产及运行企业的特点，根据调研情况筛选了企业实际生产过程中采用率较高、数据便于统计且具有代表性的二级指标。

a）环保性能指标

环保性能指标指污泥热解资源化成套装备运行过程中需要满足的环保要求，在5个一级指标中分值所占比重较大。环保性能指标的二级指标如下：

污泥贮存。污泥产生量大，如果不进行妥善处置，很容易造成二次污染。根据现行的《国家危险废物名录》规定，有多数行业废水处理污泥都属于危险废物。污泥热解可处理的对象为市政污泥以及含油污泥。在污泥进入热解炉之前，需要进行贮存，贮存条件应该符合GB 18597、GB 18599的规定。

废水、废气的处理及排放。污泥热解产生的废水若排放应达到GB 8978或建厂所在地方污水排放标准的要求；若排入污水管网应满足GB/T 31962的要求；若回用应满足GB 19923或相应行业水回用标准的要求。

废气主要是为热解过程提供能量的燃烧室产生的烟气，烟气经过烟气净化系统处理后达标排放。

噪声。噪声要求包含两方面，一是厂界噪声，二是污泥热解资源化成套装备的噪声，后者又分为空负荷运转噪声及负荷运转时的噪声。

浸出毒性。污泥处置基本原则之“稳定化”“无害化”，主要针对的是污泥热解后的重金属含量。热解虽不能去除污泥中的重金属，但固体残留物在高温下被玻璃化，重金属固化在玻璃体中，可避免重金属二次污染的危害。

矿物油含量。污泥经热解处理后，可作为土壤改良剂，而农用污泥对矿物油含量有明确的要求，因此本文件将矿物油含量作为环保性能的二级指标。

资源化。“资源化”是污泥处置基本原则中的终极目标，污泥热解的气态产物为不凝可燃气，将会优先用于热解设备的加热，从而达到不凝可燃气的回收利用。而热解产生的热解油能够作为化石燃料的替代品产生热、电和化学物质，可达到热解油的回收利用。热解产生的生物炭是一种含有大量孔结构、高比表面积的材料，具有良好的吸附性能，可用于制备水处理吸附剂、土壤改良剂等产品，具有一定的经济价值。

b）技术经济指标

技术经济指标是反映设备生产技术水平和经济的某一方面情况的绝对数、相对数或平均数。在评价设备运行效果时，应首先突出环保要求，其次应能够以最经济的方式达到环保目标。技术经济指标的二级指标如下：

人工费。人工费是指处理一吨污泥，所需要的人工费。

设备维护费。污泥热解资源化成套装备运行不可缺少的是对其维护环节。

吨运行成本。吨运行成本是处理一吨污泥所消耗的所有的生产资料折合成的费用，比如人工费、药剂费、消耗的能源和资源的费用、设备运行和管理费等直接生产成本。能够从整体上反映污泥热解资源化成套装备运行的经济水平。

c）资源能源消耗指标

资源能源消耗指标反映了整套装备在运行过程中，所消耗的资源和各种能源的情况。资源能源消耗指标的二级指标如下：

电能消耗。电能主要用于设备运行，如风机。该指标能够反映整套设备的电能的消耗情况。

水量消耗。系统在运行过程中，需要水来对设备进行冷却，分为间接冷却和直接冷却，用系统内的循环水冷却相比于直接用新鲜水冷却所消耗的水资源少。该指标能够反映整套设备的水资源的消耗情况。

天然气消耗。系统在运行过程中，产生的不凝可燃气回用于热解炉的加热，当不足以提供系统运行时，需要外界提供天然气。该指标能够反映整套设备的天然气的消耗情况。

综合能耗。热解产生的不凝可燃气首先回用于系统，当系统自身能量不能维持自身平衡时，燃烧室需外加燃料（天然气或油）作为补充，以达到维持系统能量平衡的目的。将系统消耗的各种燃料折算成标准煤，得出综合能耗，可从整体上评价装备的耗能情况。

d）运行管理指标

运行管理指标主要包括管理体系规章制度和运行、检修及维护生产管理 2 个二级指标，从规章和制度完备、有相应的环境管理组织机构、有培训计划和记录、有应急预案及演练记录、运行检修及维护台账记录、安全文明生产等方面进行评价。

e）设备状况指标

设备状况指标的二级指标如下：

防堵塞。在污泥热解过程中，如果污泥的含水率较高、黏性较强，就会造成堵塞现象，同时，含油污泥富含矿物油，在热解时可能会出现结焦现象，这些都会导致热解出渣装置的堵塞。这一指标能够反映装备出渣情况。

烟道系统。烟道系统由壁炉、复合烟道、烟囱等部件组成，主要用于排除燃烧室燃烧后的废气。

在线监测系统。烟气检测系统安装位置合理，校验标定及时；设备自控系统采用 PLC、DCS 等系统。

系统投运率。系统投运率指污泥热解炉每年正常运行时间占整套装备总运行时间的百分比。

本文件筛选确定后的评价指标如表 5-14 所示。

表 5-14　筛选确定后的评价指标

| 序号 | 一级指标 | 二级指标 |
| --- | --- | --- |
| 1 | 环保性能指标 | 1.1　污泥贮存 |
| | | 1.2　废水 |
| | | 1.3　废气 |
| | | 1.4　噪声 |
| | | 1.5　浸出毒性 |
| | | 1.6　矿物油含量（以干基计） |
| | | 1.7　资源化 |

表 5-14（续）

| 序号 | 一级指标 | 二级指标 |
| --- | --- | --- |
| 2 | 技术经济指标 | 2.1 人工费 |
| | | 2.2 设备维护费 |
| | | 2.3 吨运行成本 |
| 3 | 资源能源消耗指标 | 3.1 电能消耗 |
| | | 3.2 水量消耗 |
| | | 3.3 天然气消耗 |
| | | 3.4 综合能耗 |
| 4 | 运行管理指标 | 4.1 管理体系规章制度 |
| | | 4.2 运行、检修及维护生产管理 |
| 5 | 设备状况指标 | 5.1 防堵塞 |
| | | 5.2 烟道系统 |
| | | 5.3 在线监测系统 |
| | | 5.4 系统投运率 |

#### 5.3.2.3 指标数据统计及指标值确定依据

本文件通过以连续 3 年生产运营正常的污泥热解企业作为数据调查对象，通过实地调研现场收集、问卷调查数据反馈等渠道，收集了多家企业的数据，对反馈的数据进行筛选统计，去掉异常、不合理的数据，并根据现行相关国家标准及行业标准，确定本文件相关指标值。起草工作组根据调研情况，将污泥热解资源化成套装备分为市政污泥、含油污泥热解两种装备。

（1）环保性能指标

a）污泥贮存。含油污泥属于危险废物，市政污泥属于一般工业固体废物，因此贮存条件应该分别符合 GB 18597、GB 18599 的规定。符合规定得 5 分，否则得 0 分。

b）废水。目前废水的处理方式有三种：一是直接排放，二是间接排放，三是回用。

处理后废水若直接排放，市政污泥应达到 GB 8978 或建厂所在地方污水排放标准的要求，含油污泥应达到 GB 31570、GB 31571 或建厂所在地方污水排放标准的要求；若排入污水管网，应满足 GB/T 31962 的要求；若回用，应满足 GB/T 19923

或相应行业水回用标准的要求。满足其一，得 5 分，否则得 0 分。

c）废气。污泥热解产生的废气经烟气系统，脱硫脱硝排放。

市政污泥处理达到 GB 16297 或建厂所在地方废气排放标准的要求；含油污泥处理达到 GB 31570、GB 31571 或建厂所在地方废气排放标准的要求。满足要求，为 5 分；产生但处理不达标或产生但不处理，为 0 分。

d）噪声。噪声包括两方面，一是厂界噪声，二是污泥热解资源化成套装备的噪声，后者又分为空负荷运转噪声及负荷运转时噪声。

市政污泥及含油污泥处理，工业企业厂界噪声执行 GB 12348，成套生产装备空负荷运转时的噪声应不大于 75dB（A），负荷运转时的噪声应不大于 85dB（A）。每一项都达到要求为 5 分，否则得 0 分。

企业调研数据见表 5-15。

表 5-15 噪声企业调研数据

| 二级指标 | 企业 1（市政污泥） | 企业 2（市政污泥） | 企业 3（含油污泥） | 企业 4（含油污泥） |
|---|---|---|---|---|
| 空负荷运转噪声 | 65dB（A） | 75dB（A） | 70dB（A） | 35dB（A） |
| 负荷运转噪声 | 70dB（A） | 85dB（A） | 80dB（A） | 75dB（A） |

e）浸出毒性。市政污泥及含油污泥处理后的固体产物，其浸出液污染物浓度低于 GB 5085.3 规定限制要求的得 5 分，否则得 0 分。

f）矿物油含量。市政污泥及含油污泥处理后的固体产物中污泥矿物油含量（以干基计）应达到 GB 4284 中的要求。热解后污泥矿物油含量达到 GB 4284 A 级的得 5 分，达到 B 级的得 3 分，否则得 0 分。

企业调研数据见表 5-16。

表 5-16 矿物油含量企业调研数据

| 二级指标 | 企业 1（市政污泥） | 企业 2（市政污泥） | 企业 3（含油污泥） | 企业 4（含油污泥） |
|---|---|---|---|---|
| 矿物油含量 | A 级 | B 级 | A 级 | A 级 |

g）资源化。热解产生的不凝可燃气、油、固体产物等物质作为原料进行利用或者进行再生利用。对应标准分为 5 分，否则得 0 分。

企业调研数据见表 5-17。

表 5-17 资源化企业调研数据

| 二级指标 | 企业 1（市政污泥） | 企业 2（市政污泥） | 企业 3（含油污泥） | 企业 4（含油污泥） |
|---|---|---|---|---|
| 不凝可燃气 | 99.9% | 100% | ≥98% | 燃烧 |
| 油 | 99% | 无 | 100% | 气化燃烧 |
| 固体产物 | 99% | 100% | 100% | 暂存 |

（2）技术经济指标

a）人工费。分三档：A 级，≤40 元 /t；B 级，＞40 元 /t 且≤50 元 /t；C 级＞50 元 /t。对应标准分：A 级为 5 分，B 级为 3 分，C 级为 1 分。

b）设备维护费。分三档：A 级，≤10 元 /t；B 级，＞10 元 /t 且≤20 元 /t；C 级，＞20 元 /t。对应标准分：A 级为 5 分，B 级为 3 分，C 级为 1 分。

c）吨运行成本。含人工费、药剂费、消耗的能源和资源的费用、设备运行和管理费等直接生产成本，不含污水处理费、设备折旧费、原料和产出物运输成本等。

市政污泥热解。分三档：A 级，≤250 元 /t；B 级，＞250 元 /t 且≤400 元 /t；C 级，＞400 元 /t。对应标准分：A 级为 5 分，B 级为 3 分，C 级为 1 分。

含油污泥热解，按含水率与含油率的比值分三个范围：①含水率 / 含油率≤1.5，分三档：A 级，≤150 元 /t；B 级，＞150 元 /t 且≤250 元 /t；C 级，＞250 元 /t。对应标准分：A 级为 5 分，B 级为 3 分，C 级为 1 分。②含水率 / 含油率＞1.5 且≤2.5，分三档：A 级，≤250 元 /t；B 级，＞250 元 /t 且≤400 元 /t；C 级，＞400 元 /t。对应标准分：A 级为 5 分，B 级为 3 分，C 级为 1 分。③含水率 / 含油率＞2.5，分三档：A 级，≤400 元 /t；B 级，＞400 元 /t 且≤500 元 /t；C 级，＞500 元 /t，对应标准分：A 级为 5 分，B 级为 3 分，C 级为 1 分。

企业调研数据见表 5-18。

表 5-18 技术经济指标企业调研数据

<table>
<tr><th>二级指标</th><th>企业 1<br>（市政污泥）</th><th>企业 2<br>（市政污泥）</th><th colspan="2">企业 3<br>（含油污泥）</th><th>企业 4<br>（含油污泥）</th></tr>
<tr><td>人工费<br>元 /t</td><td>37</td><td>50</td><td colspan="2">25</td><td>17.36</td></tr>
<tr><td>设备维护费<br>元 /t</td><td>15</td><td>20</td><td colspan="2">10</td><td>22</td></tr>
<tr><td rowspan="3">运行成本<br>元 /t</td><td rowspan="3">226</td><td rowspan="3">226</td><td>含水率 / 含油率≤1.5</td><td>150～250</td><td>274.5</td></tr>
<tr><td>含水率 / 含油率＞1.5 且≤2.5</td><td>250～350</td><td>396.4</td></tr>
<tr><td>含水率 / 含油率＞2.5</td><td>400～500</td><td>512.3</td></tr>
</table>

（3）资源能源消耗指标

a）电能消耗。分三档：A 级，≤60kWh/t；B 级，>60kWh/t 且≤80kWh/t；C 级，>80kWh/t。对应标准分：A 级为 5 分，B 级为 3 分，C 级为 1 分。

b）水量消耗。分三档：A 级，≤1.5m$^3$/t；B 级，>1.5m$^3$/t 且≤2.0m$^3$/t；C 级，>2.0m$^3$/t。对应标准分：A 级为 5 分，B 级为 3 分，C 级为 1 分。

c）天然气消耗。市政污泥热解。分三档：A 级，≤50m$^3$/t；B 级，>50m$^3$/t 且≤70m$^3$/t；C 级，>70m$^3$/t。对应标准分：A 级为 5 分，B 级为 3 分，C 级为 1 分。

含油污泥热解，根据含水率和含油率的比值分三个范围：①含水率 / 含油率≤1.5，分三档：A 级，≤30m$^3$/t；B 级，>30m$^3$/t 且≤50m$^3$/t；C 级，>50m$^3$/t。对应标准分：A 级为 5 分，B 级为 3 分，C 级为 1 分。②含水率 / 含油率>1.5 且≤2.5，分三档：A 级，≤50m$^3$/t；B 级，>50m$^3$/t 且≤70m$^3$/t；C 级，>70m$^3$/t。对应标准分：A 级为 5 分，B 级为 3 分，C 级为 1 分。③含水率 / 含油率>2.5，分三档：A 级，≤100m$^3$/t；B 级，>100m$^3$/t 且≤120m$^3$/t；C 级，>120m$^3$/t。对应标准分：A 级为 5 分，B 级为 3 分，C 级为 1 分。

d）综合能耗。市政污泥热解。分三档：A 级，≤70kgce/t；B 级，>70kgce/t 且≤100kgce/t；C 级，>100kgce/t。对应标准分：A 级为 5 分，B 级为 3 分，C 级为 1 分。

含油污泥热解，根据含水率和含油率的比值分三个范围：①含水率 / 含油率≤1.5，分三档：A 级，≤50kgce/t；B 级，>50kgce/t 且≤70kgce/t；C 级，>70kgce/t。对应标准分：A 级为 5 分，B 级为 3 分，C 级为 1 分。②含水率 / 含油率>1.5 且≤2.5，分三档：A 级，≤70kgce/t；B 级，>70kgce/t 且≤100kgce/t；C 级，>100kgce/t。对应标准分：A 级为 5 分，B 级为 3 分，C 级为 1 分。③含水率 / 含油率>2.5，分三档：A 级，≤130kgce/t；B 级，>130kgce/t 且≤160kgce/t；C 级，>160kgce/t。对应标准分：A 级为 5 分，B 级为 3 分，C 级为 1 分。

企业调研数据见表 5-19。

表 5-19　资源能源消耗指标企业调研数据

| 二级指标 | 企业 1（市政污泥） | 企业 2（市政污泥） | 企业 3（含油污泥） | 企业 4（含油污泥） |
|---|---|---|---|---|
| 电能消耗 kWh/t | 21 | 70 | 40～50 | 63.4 |
| 水量消耗 m$^3$/t | 1.4 | 2.0 | 0.5～0.75 | 4 |

表 5-19（续）

| 二级指标 | 企业 1（市政污泥） | 企业 2（市政污泥） | 企业 3（含油污泥） | | 企业 4（含油污泥） |
|---|---|---|---|---|---|
| 天然气消耗 $m^3/t$ | 30 | 45 | 含水率 / 含油率≤1.5 | 20～30 | 62.2 |
| | | | 含水率 / 含油率＞1.5 且≤2.5 | 50～60 | 70.6 |
| | | | 含水率 / 含油率＞2.5 | 100～120 | 120.5 |
| 综合能耗 kgce/t | 58 | 60.04 | 含水率 / 含油率≤1.5 | 35～50 | 101.4 |
| | | | 含水率 / 含油率＞1.5 且≤2.5 | 70～85 | 168.1 |
| | | | 含水率 / 含油率＞2.5 | 130～160 | 196.2 |

（4）运行管理指标

a）管理体系规章制度。规章和制度完备、有相应的环境管理组织机构、有培训计划和记录、有应急预案、有应急演练记录，每符合一条得 1 分，共 5 分。

b）运行、检修及维护生产管理。运行、检修及维护台账记录完整；检测分析报告、化学分析记录齐全详细；装备台账完整；技术资料档案完整。每符合一条得 1 分，共 4 分。

安全文明生产满足系统安全、稳定、正常运行要求，得 1 分。企业安全生产标准化为一级，得 4 分，二级得 2 分，三级得 1 分。

企业调研数据见表 5-20。

表 5-20 安全生产标准化企业调研数据

| 二级指标 | 企业 1（市政污泥） | 企业 2（市政污泥） | 企业 3（含油污泥） | 企业 4（含油污泥） |
|---|---|---|---|---|
| 安全生产标准化 | 三级 | 二级 | — | 二级 |

（5）设备状况指标

a）防堵塞。出渣正常得 3 分，否则得 0 分。

b）烟道系统。增压风机（若有）、烟道及其配套设备没有异常得 3 分，否则得 0 分。

c）在线监测系统。烟气检测系统安装位置合理，校验标定及时得 2 分，否则得 0 分；设备自控系统采用 PLC、DCS 等系统，运行正常得 2 分，否则得 0 分。

d）系统投运率。分三档：A 级，≥95%；B 级，＜95% 且≥90%；C 级，＜90%。对应标准分：A 级为 5 分，B 级为 3 分，C 级为 1 分。

企业调研数据见表 5-21。

表 5-21 系统投运率企业调研数据

| 二级指标 | 企业 1<br>（市政污泥） | 企业 2<br>（市政污泥） | 企业 3<br>（含油污泥） | 企业 4<br>（含油污泥） |
|---|---|---|---|---|
| 系统投运率 | 95% | 100% | 100% | 98% |

#### 5.3.2.4 评价方法的确定

采用各个二级指标实际得分累计加和的方式进行计算，计算方法参见式（5-15）。

采取从高分到低分的取值原则得到评价等级的优劣顺序。污泥热解资源化成套装备运行效果评价技术要求分为以下三级：

a）90 分≤总分≤100，一级，优秀；

b）75 分≤总分<90，二级，良好；

c）60 分≤总分<75，三级，一般。

### 5.3.3 标准主要内容解读

本文件共包括七部分内容。

（1）范围。本文件规定了污泥热解资源化成套装备运行效果评价的总则、评价技术要求、评价方法、评价程序和报告，适用于用热解法对市政污泥及含油污泥资源化处理处置的成套装备的运行效果评价，其他类型污泥可参照执行。

（2）规范性引用文件。主要针对本文件的应用必不可少的文件，凡是注日期的引用文件，仅该日期对应的版本适用于本文件；凡是不注日期的引用文件，其最新版本（包括所有的修改单）适用于本文件。如，GB/T 18597《危险废物贮存污染控制标准》、GB 18599《一般工业固体废物贮存和填埋污染控制标准》。此外，还有部分参考文件，如 GB/T 34340—2017《燃煤烟气脱硝装备运行效果评价技术要求》、GB/T 34605—2017《燃煤烟气脱硫装备运行效果评价技术要求》、GB/T 34607—2017《钢铁烧结烟气脱硫除尘装备运行效果评价技术要求》等。

（3）术语和定义。本文件给出了 8 个术语和定义。

（4）总则。应符合以下要求：污泥热解资源化成套装备运行效果的评价应以环境保护法律、法规、标准为依据，以达到国家、地方以及行业（专业）标准要求为前提，科学、客观、公正、公平地评价污泥热解装备的运行效果。污泥热解资源化成套装备运行效果的评价总分为100分，环保不达标，一票否决。其中，环保性能指标计35分、技术经济指标计15分、资源能源消耗指标计20分、运行管理指标计15分、设备状况指标计15分。评价基本条件为：污染物达标排放；能源消耗、物料消耗低；技术先进，运行成本低；运行管理制度、安全制度健全；设施完好率高、利用率高。

（5）评价技术要求。污泥热解资源化成套装备的运行效果评价包括环保性能指标、技术经济指标、资源能源消耗指标、运行管理指标、设备状况指标等5个一级指标，以及污泥贮存、废水、废气、噪声、浸出毒性、矿物油含量（以干基计）、资源化、人工费、设备维护费、吨运行成本、电能消耗、水量消耗、天然气消耗、综合能耗、管理体系规章制度、运行和检修及维护生产管理、防堵塞、烟道系统、在线监测系统、系统投运率等20个二级指标。

（6）评价方法。规定了评价统计及评价等级分级。本文件共给出了污泥热解资源化成套装备运行效果的优秀、良好、一般三个等级。

（7）评价报告。规定了污泥热解资源化成套装备运行效果评价报告应该包括的内容。

### 5.3.4 标准效益分析

本文件的制定是根据我国污泥热解资源化成套装备的发展现状进行的，具有可靠的技术措施保证。

污泥热解技术的推广应用将具有以下效益：

（1）环保效益。①本文件的实施可对污泥减量化、无害化处理，控制现产污泥污染，减少存量污染。②减少污泥填埋和倾倒产生的渗滤液对土壤和地下水体污染。③污泥无害化后有机污染物无逸出，减少大气污染。④可将污泥中的有害病原菌杀灭，切断病菌传播途径。

（2）经济效益。①装备的运行实施可大幅减少占用大量的土地资源，减少填埋场地用地建设和维护成本。②污泥无害化附加产物实现资源化再利用或以废治废，产生较好经济利益，提高产品附加值。

（3）社会效益。①污泥无害化处理后可以实现资源化再利用，符合循环经济要求，与国家提出的绿色发展、生态文明建设要求一致。②污泥环保无害化处理符合实践国家环保行动要求，解决前段发展时期遗留的民生环保难题。③大胆创新，勇于探索，寻求环保治理与经济的协同发展，符合国家倡导的先行先试精神，具有非常好的示范作用。

本文件制定的规范，将确定污泥热解资源化成套装备的运行效果与评价原则、评价指标体系、指标值以及指标的计算方法等，因此本文件的制定将产生以下效益：

（1）引领技术进步，填补污泥热解资源化成套装备技术的空白。污泥热解资源化成套装备目前在市政污泥、含油污泥等领域已成功得到了极大推广和应用，本文件的制定，将有利于推进该项技术向更广泛的污泥处理及回用领域扩展应用。另外，本文件还可配合我国政府出台的一系列可持续发展政策的实施，促进企业节能减排、清洁生产工作的开展，减轻企业向环境排放的污染负荷，为环境保护工作作出贡献。

（2）制定污泥热解资源化成套装备运行效果评价标准化考核指标，为企业提供技术指导。本文件对装备运行效果与评价的总则、评价要求（指标体系和指标值）、评价方法、评价报告等方面均作出了详细的规定，可以作为污泥热解资源化成套装备的设计、制造、检验及调试运行的技术依据，为制造厂商提供技术指导，引导设备制造厂商推进污泥热解资源化成套装备的不断完善和改进，提高其生产管理效率。

（3）本文件的制定一方面可以弥补国内该项标准的缺失，另一方面可以规范市场秩序，为工程招投标提供相关标准依据，提高产品的竞争力。

# 参 考 文 献


[ 1 ] 王超，郭宇峰，杨凌志，等 . 含锌渣尘中有价金属回收利用现状与研究进展 [J]. 金属矿山，2019(3): 21-29.

[ 2 ] YAN Xiangshu ( 晏祥树 ), CHEN Chunlin ( 陈春林 ). Discussion on pyrometallurgical process for zinc leaching residues[J]. China Nonferrous Metallurgy ( 中国有色冶金 ), 2012, 41(5): 58-62.

[ 3 ] 邓志敢，魏昶，张帆，等 . 湿法炼锌赤铁矿法除铁及资源综合利用新技术 [J]. 有色金属工程，2016，6(5): 38-43.

[ 4 ] 何启贤，周裕高 . 锌浸出渣回转窑富氧烟化工艺研究 [J]. 中国有色冶金，2017，46 (3): 49-54.

[ 5 ] 李林涛 . 有色金属冶炼废渣中的有价金属可回收技术探讨 [J]. 世界有色金属，2019 (19): 9+12.

[ 6 ] 阙正斌，李德波，肖显斌，等 . 垃圾焚烧发电厂炉排炉数值模拟研究进展 [J]. 洁净煤技术，2022，28 (10): 15-29.

[ 7 ] 喻武，朱浩. 协同焚烧污泥对垃圾焚烧炉燃烧过程的影响实验和模拟研究 [J]. 可再生能源，2021，39 (11): 1435-1440.

[ 8 ] 李德波，曾庭华，蔡永江，等. 循环流化床锅炉超低排放关键技术研究与工程实践 [J]. 广东电力，2017，30 (3) : 1-6.

[ 9 ] 韩乃卿，周国顺，付志臣，等. 高热值垃圾炉排炉焚烧过程的数值模拟研究 [J]. 环境保护与循环经济，2020，40 (3): 25-28.

[ 10 ] 于斌，董岩峰，李文军，等 . 大型燃煤电站循环流化床锅炉运行问题及应对措施 [J]. 能源科技，2021，19 (5): 60-64.

[ 11 ] 赵发敏，李兴杰，冯楠，等 . 污泥处置技术的应用研究及进展 [J]. 有色冶金节能，2021，37 (6): 50-54.

[ 12 ] 李明峰，文炯. 市政污泥热解固体产物特性与应用研究 [J]. 中国资源综合利用，2021，39 (1): 5-7+22.

[ 13 ] 胡文静，徐梦兰，杨林 . 危险废物处置技术研究现状及趋势分析 [J]. 广东化工，

2021，48 (17): 114-115.

［14］罗铎元，柴晖，孙甜甜 . 等离子体熔融技术处理焚烧灰渣探讨 [J]. 广州化工，2020，48 (15): 41-42+67.

［15］金兆荣，徐宏，侯峰，等 . 热等离子体技术处理危险废物的应用探讨 [J]. 现代化工，2018，38 (5): 6-10.

［16］张洋，姜天 . 高盐废水处理工艺技术研究进展 [J]. 科技创新，2015 (33): 69.

［17］赵玉潮，曾香梅 . 综合污水处理零排放工程设计与实践 [J]. 山东冶金，2018，40 (5): 51-53.

［18］卢晗，何珊珊，等 . 火电厂废水零排放的技术研究 [J]. 科技通报，2017，33 (11): 11-15.

［19］李维凤，基于模块化的膜产品的方案设计 [D]. 天津：天津工业大学，2007.

［20］黄进，王月萍，林翎，等 . 高效能旋转曝气机评价技术要求国家标准研究 [J]. 标准科学，2020 (6): 74-77.

［21］李贵宝，谭红武，朱瑶 . 中国水环境污染物排放标准的现状 [J]. 中国标准化，2002 (9): 47-48.

［22］李冰晶，仝纪龙，马卫东，等 . 炼焦行业新旧污染物排放标准的差异分析 [J]. 环境污染与防治，2013，35 (5): 105-109.

［23］柏凌，张建良，郭豪，等 . 高炉内碱金属的富集循环 [J]. 钢铁研究学报，2008，20 (9): 5.

［24］徐春阳，周军民，徐文婧 . 回转窑处理高炉瓦斯灰的生产试验和分析 [J]. 中国冶金，2015，25 (11): 61.

［25］任岩军，张铮，何京东，等 . 我国燃煤电厂大气汞控制技术综合评估与对策探讨［J］. 环境科学研究，2020，33 (4): 841-848.

［26］修彩虹，李会泉，张懿 . 钢铁生产流程污染贡献综合评价方法研究 [J]. 环境科学研究，2008，21 (3): 207 - 210.

［27］许晓芳，谭全银，刘丽丽，等 . 基于层次分析法的医疗废物处置技术评价 [J]. 环境科学，2018，39 (12): 5717-5722.